本书是国家社会科学基金重大项目"实行耕地轮作休耕制度研究"（项目号：15ZDC032）的部分成果

中国休耕制度：利益主体、补偿机制与实施模式

杨庆媛　苏康传　涂建军　　著
阎建忠　王亚辉　向　慧

科学出版社

北京

内 容 简 介

　　本书以耕地休耕制度为研究对象，以制度经济学理论、管理学理论、地理学相关理论、粮食安全理论、生态安全理论、可持续发展理论等作为指导，以"休耕制度主体识别–休耕补偿测算–休耕制度落地"为研究主线，以"理论基础及分析框架构建–多视角差异化休耕补偿测算–差异化休耕模式及技术措施探讨–可持续休耕影响因素实证–休耕补偿机制及可持续休耕对策建议"为逻辑脉络，以地下水漏斗区、生态严重退化区为重点研究区域开展论证。主要内容包括休耕制度的利益主体及其行为策略、休耕补偿及其标准测算理论分析、基于休耕农户生计与福利变化的差异化补偿需求分析；差异化休耕模式及技术措施、可持续休耕影响因素的实证分析等方面。以期为完善休耕制度提供理论支撑，为休耕实施过程中利益主体识别、休耕补偿标准确定、休耕模式选择及可持续休耕等提供理论依据及案例参考。

　　本书可作为高等院校土地管理及农业经济管理等专业的教学参考书，也可为农业农村、自然资源等政府相关行政部门研究人员、管理人员提供参考。

审图号：GS(2021)5550 号

图书在版编目(CIP)数据

中国休耕制度：利益主体、补偿机制与实施模式/杨庆媛等著 . —北京：科学出版社，2021.8

ISBN 978-7-03-069464-5

Ⅰ.①中… Ⅱ.①杨… Ⅲ.①休耕–耕作制度–研究–中国　Ⅳ.①S344

中国版本图书馆 CIP 数据核字（2021）第 150486 号

责任编辑：杨逢渤／责任校对：樊雅琼
责任印制：吴兆东／封面设计：无极书装

科学出版社 出版
北京东黄城根北街 16 号
邮政编码：100717
http://www.sciencep.com

北京建宏印刷有限公司 印刷
科学出版社发行　各地新华书店经销

*

2021 年 8 月第 一 版　开本：720×1000　1/16
2022 年 11 月第二次印刷　印张：16
字数：330 000
定价：198.00 元

前　言

美国于 1956 年启动土地银行项目，把在农地上种植保护性植被为特色的休耕提上议事日程，标志着美国休耕制度的初步建立。从 1985 年开始，为减少土地侵蚀和缓解粮食生产过剩，美国加速实施耕地休耕，并且以土地保护储备项目（Conservation Reserve Program，CRP）作为休耕制度的重点。同一时期，欧美也实施了大规模的耕地休耕，至此休耕成为发达国家普遍推行的一种耕地保护制度。尽管中国历史上早就存在休耕行为并延续数千年，但均为农民个体的、零星的、非组织化的、非制度化的农地利用行为。中华人民共和国成立以来的很长一段时间内，人地关系高度紧张，在"以粮为纲"的导向下缺乏休耕的内在动力和客观条件。改革开放以来，中国的农业生产得到长足发展，粮食产量多年持续增长，但也导致耕地超强度利用、水资源过度消耗、化肥农药过量使用、农业生态环境严重透支等一系列问题，以及粮食产量过剩、价格下降等农业供给侧问题，严重制约着农业和农村社会经济的可持续发展，因此迫切需要改变农业生产经营方式，推动农业供给侧结构性改革，同时修复受损耕地生态系统，促进生态文明建设和绿色发展。鉴于此，国家提出实行耕地轮作休耕制度试点，并将其作为加快生态文明建设的重要任务。可见，实行让耕地得到休养生息的轮作休耕制度，是当前在经济发展与生态环境权衡下中国农耕制度转型的要求和选择，是对农业生产方式变革的积极探索。

2016 年以来，中国先后在地下水漏斗区、重金属污染区、生态严重退化区等地区开展轮作休耕试点，中国休耕工作走向组织化、制度化、规范化。然而，作为国家战略层面的制度安排，轮作休耕制度尚处于试点阶段，与发达国家较为完善的休耕理论和技术体系相比还存在较大差距。而且在经济全球化不断深入、农业科技突飞猛进、生态文明要求不断提高和中国农业供给侧结构性改革不断深化等新时代背景下，耕地休耕面临着人多地少、小农经济与社会化大生产之间的矛盾约束。中国休耕制度的理论研究滞后于实践需求，相关研究尚处于起步阶段，休耕的理论和技术体系尚未建立。因此，急需开展耕地休耕相关领域的理论与实证研究，为建立和完善具有中国特色的休耕制度提供科学依据。现阶段，迫切需要厘清休耕利益主体及其利益博弈关系、明确休耕补偿标准测算及调整的理论与方法等关键问题，以便为完善耕地轮作休耕的制度和政策体系提供指导。此外，中国耕地细碎化和小农经济特征突出，必须探索出适合国情并具有中国特色的休耕理论、技术方法和模式体系，以指导休耕实践。

基于以上背景和问题，本书以耕地休耕制度为研究对象，以系统论、制度经济学理论（效用理论、机会成本理论等）、管理学理论（博弈理论、风险管理理论等）、地理学相关理论（空间分异理论、人地关系理论等）以及粮食安全理论、生态安全理论、可持续发展理论等为理论指导，围绕"休耕利益主体识别及博弈关系分析""休耕农户合理补偿""不同区域休耕模式及技术措施设计"等核心问题，遵循"理论准备—实地调研—数据收集与处理—结果分析—总结讨论"的研究脉络，重点从休耕利益主体及其行为策略、休耕农户福利变化及补偿标准测算、差异化休耕模式及技术措施等方面开展研究，并以地下水漏斗区（河北省）、生态严重退化区（贵州省、云南省、甘肃省）为重点研究区域开展实证分析。

根据上述研究思路，本书形成五部分内容，共9章，具体内容如下：

第一部分为绪论，具体为第1章。重点介绍和阐述研究背景及意义、研究目标与内容、研究思路与方法等。

第二部分为休耕制度的利益主体及行为策略研究，具体为第2章。以利益主体理论为基础，界定休耕制度利益主体的内涵；根据米切尔评分法对利益主体进行分类，对休耕制度利益主体的利益诉求及行为特征进行精准识别；运用演化博弈论厘清各利益主体之间的利益关系，分析各利益主体间的利益均衡点，针对研究结论提出协调各利益主体相关利益的决策建议。

第三部分为休耕补偿的理论分析和不同视角的休耕补偿标准测算及补偿模式分析，包括第3章~6章。第3章重点构建休耕补偿的理论分析构架，阐述休耕补偿的理论逻辑和不同视角的休耕补偿理论内涵。第4章以休耕农户"生计变化—福利变化—补偿需求"为脉络展开研究，分析研究区休耕农户的基本生计特征，诊断其生计脆弱性；评估不同生计类型农户休耕后的福利变化，探讨休耕农户差别化的补偿需求，为合理制定休耕补偿标准提供依据。第5章基于微观利益主体的效用视角，构建"补偿分析框架—补偿标准测算—补偿标准合理性验证"的研究思路，并对云南省石林县和砚山县休耕试点区进行休耕补偿标准测算实证分析。第6章在阐述休耕补偿的实质及休耕补偿测算的理论逻辑基础上，采用机会成本法测算不同生计来源农户休耕的机会成本，对河北省平乡县休耕补偿模式开展实证研究。

第四部分为休耕制度落地的内容，包括差异化休耕模式及技术措施探讨、可持续休耕影响因素实证，具体为第7章和第8章。第7章运用归纳总结法、系统分析法及案例分析法等，结合中国耕地休耕主要试点区实地调研资料及数据，总结、提炼差异化耕地休耕模式，并结合西南石漠化区（云南省石林县和砚山县）生态修复休耕模式和西北生态严重退化地区（甘肃省环县）防沙化、盐渍化生态治理休耕模式进行案例实证。第 8 章以生态严重退化区的国家休耕试点县——甘肃省环县为案例，分析农户对休耕的认知和政策满意度等，构建可持续休耕影响因素评价指标体系，运用结构方程模型，诊断影响休耕可持续性的关键因素，提出实现可持续休耕的对策建议。

第五部分为主要结论及政策建议，具体为第 9 章。本章包括主要研究结论、政策建议、研究特色及展望等内容。

本书是国家社会科学基金重大项目"实行耕地轮作休耕制度研究"（15ZDC032）的主要成果之一。在项目研究过程中，得到了云南省石林彝族自治县农业技术推广总站及砚山县农业农村和科学技术局、甘肃省环县及会宁县农业农村局、河北省邢台市巨鹿县、平乡县及广宗县农业农村局等单位领导及相关人员的大力支持，特此向支持和关心作者研究工作的所有单位及个人表示衷心的感谢！王成教授、吕刚武老师、印文老师、石飞博士、陈展图博士、博士生李元庆、毕国华、杨人豪、张晶瑜、硕士生曾黎、陈伊多、龙玉琴、彭清、宿瑞、罗运超、李南曦、毛凯、黄安塑、贺新军、童小容、刘亚男、胡涛、祁敖雪、李佳欣、何逸帆、袁零、黄祁琦、李琪、朱月等参与了调研和部分研究报告的撰写，为本书的顺利完成做出了积极贡献，现在这些学生有的已经远赴国外继续深造，有的已经走上了工作岗位，在此对他们的贡献一并表示感谢！感谢课题组成员的齐心协力与默契配合，感谢出版社同仁为本书出版付出的辛勤劳动！

由于作者水平有限，虽经多次修改，书中难免有疏漏和不妥之处，敬请各位专家和读者不吝赐教！

杨庆媛

2020 年 12 月

目　　录

第1章 绪 论

1.1 研究背景及意义

1.1.1 研究背景

（1） 实行耕地轮作休耕制度是落实生态文明战略的重要途径

党中央、国务院作出了推进生态文明建设的重大部署，对农业可持续发展提出了明确要求。近年来，中国粮食连年增产，农业稳定发展，为经济社会发展做出了重要贡献，为国家"五位一体"战略布局提供了良好基础。但是，中国农业发展方式较为粗放，耕地被掠夺性利用，农业资源过度开发，农业化学品过量投入，地下水超采，农业面源污染加剧等，引发了地力下降、土壤污染、生态环境恶化等一系列问题，农业可持续发展面临重大挑战。必须加快转变农业发展方式，推进生态修复治理，提高耕地质量，改善农业生态环境。因此，实现耕地利用方式由掠夺型向保护型转变，让受损的耕地休养生息，恢复健康，是新时代生态文明建设和绿色发展对耕地利用提出的新要求。

党的十八届五中全会通过的《中共中央关于制定国民经济和社会发展第十三个五年规划的建议》和习近平总书记《关于〈中共中央关于制定国民经济和社会发展第十三个五年规划的建议〉的说明》提出"探索实行耕地轮作休耕制度试点"，并强调以保障国家粮食安全和不影响农民收入为前提，休耕不能减少耕地面积、搞非农化、削弱农业综合生产力，目的是促进耕地休养生息和农业可持续发展。2016年6月，农业部等十部委联合印发《探索实行耕地轮作休耕制度试点方案》，明确提出重点在地下水漏斗区、重金属污染区、生态严重退化地区开展试点，安排一定面积的耕地用于休耕。2016年、2017年连续两年的中央一号文件中均提出了通过轮作休耕加快农业环境突出问题的治理。党的十九大报告和2018年中央一号文件均强调要扩大轮作休耕试点工作，加大生态系统保护力度，加强生态系统的修复。

（2） 实行耕地轮作休耕制度是适应中国农业发展转型的重要方式

随着农业生产技术的不断革新，农业现代化水平不断提高，为了平衡粮食供需矛盾和实现耕地资源可持续利用，实行轮作休耕制度已成为中国农业制度转型的必然选择。近几十年来，中国农业正在实现两个转型：一是由自给农业向市场农业、现代农业的转型。改革开放以后，中国农业生产经营方式率先发生转型，由人民公社制转变为家庭联产承包责任制，20 世纪 80 年代以后，伴随着全国经济体制改革，中国农业生产力水平得到了进一步提高，传统的自给自足小农经济加快向商品化和市场化转变；2001 年，中国加入 WTO 以来，农业生产开始向现代化、全球化、市场化转型，中国农业正在走向世界。二是由家庭作坊式小规模经营向适度规模经营的转型。随着城镇化发展、农村人口大量转移、资本下乡和土地流转的增加，农业经营方式由家庭作坊式小规模经营向农户家庭经营与家庭农场、企业等新型经营主体规模化经营并存转变。以上两个方面的转型提升了中国农业生产力水平，增加了粮食产量，为将部分耕地进行休耕，以调控粮食供需，深化农业供给侧结构性改革提供了可能。

（3）实行耕地轮作休耕制度是实现联合国《2030 年可持续发展议程》相关目标的客观要求

2016 年联合国大会第七十届会议通过并于当年 1 月 1 日正式启动《2030 年可持续发展议程》，呼吁各国采取行动为今后 15 年实现 17 项可持续发展目标而努力。目标涉及可持续发展社会、经济和环境、与和平、正义和高效机构相关的重要方面，其中"消除饥饿，实现粮食安全，改善营养状况和促进可持续农业"（目标 2）和"采用可持续的消费和生产模式"（目标 12）对农业可持续发展提出了新要求，而实行耕地轮作休耕制度正是实现耕地可持续利用、农业生产可持续发展的重要举措和制度保障。

（4）实行耕地轮作休耕制度是贯彻健康中国行动的具体体现

实现国民健康长寿，是国家富强、民族振兴的重要标志，也是全国各族人民的共同愿望。"民以食为天，食以地为根"。土壤不仅是植物的根本，也是人类健康发展的根本。有土兹有粮，耕地健康是国际公认的国家粮食安全生命线。只有耕地健康、粮食安全，才能保证民族和国家健康发展。2016 年 8 月，习近平总书记在全国卫生与健康大会上首次提出健康中国的概念，同年 10 月，中共中央、国务院印发了《"健康中国 2030"规划纲要》（简称《纲要》），确定"共建共享、全民健康"是建设健康中国的战略主题。2019 年 7 月 15 日，国务院印发《国务院关于实施健康中国行动的意见》（简称《意见》）。《纲要》和《意见》中均要求"深入开展大气、水、土壤等污染防治，推进地下水超采区治理与污染综合防治。开展国家土壤环境质量监测网络建设，建立建设用地土壤环境质量调查评估制度，开展土壤污染治理与修复。以耕地为重点，实施农用地分类管理。全面加强农业面源污染防治，有效保护生态系统和遗传多样性"。

美国休耕立法中将有机农业纳入休耕制度，2014年颁布的《食物、农业及就业法案》（*Food，Farm and Jobs Act*）把生态保护、有机农业纳入休耕制度。中国实行耕地轮作休耕的目标除保障粮食安全、保护耕地生态外，应上升到实现食品安全、有机农业等价值取向的高度，因此，只有将耕地轮作休耕的最终落脚点放到有机农业、可持续农业以及实现全民健康发展上来，才能实现"健康中国战略"的总体目标。

1.1.2 研究意义

1.1.2.1 理论意义

1）识别轮作休耕利益主体及其行为特征，为确定耕地休耕责权利提供指引。借鉴退耕还林等耕地保护制度的利益主体分析，界定休耕利益主体的内涵，识别休耕利益主体类型，通过剖析各利益主体的博弈关系，建立休耕利益主体间的协商共赢机制，为耕地休耕制度实施中明晰各利益主体的权利义务和利益分配提供理论指导。

2）构建"补偿分析框架—补偿标准测算—补偿标准合理性验证"的休耕补偿标准测算理论体系，为休耕补偿标准测算提供理论依据。应用效用理论，基于微观利益主体的效用视角，建立休耕农户效用的线性函数，探寻农户受偿意愿的影响因素，进一步测算休耕经济补偿标准，并以相对收入理论为支撑，运用倾向得分匹配法对补偿标准的合理性进行验证，丰富休耕补偿研究的理论体系。

3）界定休耕模式的内涵，提出中国差异化休耕模式构建的基本原则及理论分析框架，从解决耕地利用面临问题的角度提出不同的休耕模式设计方案，并对不同模式的技术措施进行深入分析，可丰富中国休耕模式的理论内容。

1.1.2.2 现实意义

休耕利益主体的识别和博弈分析是休耕制度实施的基本前提和内容，在利益主体识别的基础上进行两两博弈，分析各利益主体的行为选择，找到相互协调并实现各自利益最大化的途径，以期为休耕制度顺利实施与可持续推进提供现实指导。

1）基于"农户生计—农户损失—农户补偿"的逻辑思路，根据不同区域社会经济发展状况，评估农户生计脆弱性，分析不同生计类型农户休耕后的福利变化情况，构建休耕农户福利变化和休耕补偿标准测算的技术体系，为合理制定休耕补偿标准提供依据。

2）休耕补偿标准的测算受到社会经济发展差异、休耕主体受偿意愿等多方面因素的影响。通过引入效用理论、机会成本理论等，以农户参与休耕的最低受偿意愿为切入点，构建休耕补偿标准测算理论体系，测算出效用视角和机会成本视角下休耕受偿意愿的补偿标准，并设置区间弹性值，可为国家和地方政府制定差异化的休耕补偿标准提供科学依据。

3）在休耕试点区域进行了大量访谈和农户问卷调查，在地下水漏斗区的河北省邢台市巨鹿县、广宗县、平乡县，生态严重退化区的云南省砚山县、石林彝族自治县（简称石林县）及甘肃省环县，对休耕农户补偿诉求、休耕模式、休耕制度运行等进行了较为细致和全面的考察与研究，可为相似区域实行耕地休耕制度提供政策参考和技术指导，同时为国家和地方政府制定和完善耕地休耕制度提供决策依据。

4）对休耕补偿标准调控以及农户生计转型、休耕地管护、休耕地质量监测调控以及土地整治措施配套等核心内容进行了深入研究，为完善和细化具有中国特色的休耕制度奠定了良好的基础。

1.2 研究对象及目标

1.2.1 研究对象与范围

当前，中国耕地休耕制度试点区域主要涉及生态严重退化区、地下水漏斗区及重金属污染区。生态严重退化区包括西北干旱半干旱区和西南喀斯特石漠化区，该区域经济相对落后，人口压力和脆弱本底环境的相互作用是生态退化的主要原因。地下水漏斗区主要位于华北平原，是中国重要的粮食主产区之一，一直面临着严重的水资源短缺问题，地下水的过度开采利用造成了严重的地面沉降和地裂缝现象，已成为中国乃至全球水环境最为脆弱的地区之一。重金属污染区分散分布于全国，以湖南省长沙市等地为代表。本书以国家首批休耕制度试点的云南省、贵州省、甘肃省、河北省和湖南省为重点研究区域，具体涉及河北省邢台市及其广宗县、平乡县和巨鹿县，云南省昆明市石林县、文山壮族苗族自治州（简称文山州）砚山县、保山市隆阳区，甘肃省环县、会宁县，贵州省晴隆县、铜仁市，湖南省长沙市。根据区域土地利用面临问题的差异性和研究的多样本需求，本书将平乡县、巨鹿县、石林县、晴隆县、环县作为农户调研的重点区域。

1.2.2 研究目标

(1) 明晰实行耕地休耕制度利益主体的相互作用机理

制度是各相关利益主体博弈、协调统一的契约形式，是利益各方均衡的结果。本书在精准识别实行耕地轮作休耕制度利益主体类型的基础上，明确各利益主体的行为特征和角色功能，厘清各利益主体的相互作用机理，建立轮作休耕制度利益主体相互协调的机制，为制定主体利益最大化的耕地休耕制度提供理论依据。

(2) 明确休耕农户的合理补偿标准及补偿模式

通过深入分析研究区休耕农户的基本生计特征，评价其生计脆弱性，根据休耕农户生计脆弱性评价结果对其进行分类，分析不同农户休耕前后的福利变化，厘清不同生计来源农户休耕所受的损失。阐释休耕补偿的实质、原则及目标，实证分析不同休耕模式下的补偿标准，结合农户的实际情况探讨合理的休耕补偿策略。通过探讨不同补偿方法的适用性，构建休耕补偿激励机制，为地方制定休耕农户的补偿标准提供参考。

(3) 探析基于区域特征的差异化休耕模式及技术措施

分析典型地区休耕制度试点的模式特点及存在的问题，总结提炼出未来休耕模式的优化方向，为其他区域开展休耕工作提供借鉴，并促进典型休耕模式的推广应用和休耕可持续推进。

1.3 研究内容主线：制度主体–补偿测算–制度落地

习近平总书记在关于《中共中央关于制定国民经济和社会发展第十三个五年规划的建议》的说明中特别指出"耕地轮作休耕情况复杂，要先探索进行试点"，"重点在地下水漏斗区、重金属污染区、生态严重退化地区开展试点，安排一定面积的耕地用于休耕，对休耕农民给予必要的粮食或现金补助"。因此，落实耕地休耕制度的关键在于明确休耕利益主体及其博弈关系，合理确定休耕农户补偿标准，科学制定体现区域特征的差异化休耕模式，并提出可持续性休耕的对策建议。围绕当前休耕研究的不足，考虑中国实行休耕制度迫切需要解决的关键问题，同时借鉴制度研究的基本范式，主要从制度主体、休耕补偿及制度落地三个方面展开研究。

1.3.1 制度主体：休耕利益主体及其行为策略

制度主体即实行耕地休耕制度的利益相关者，是耕地休耕制度的制定者和实施者。研究重点包括：识别休耕的利益主体，分析各行为主体的角色功能与行为特征，明晰各利益主体的博弈关系，剖析各主体之间的相互作用机理，探求各利益主体的共赢机制。具体内容如下。

1）休耕的利益主体识别研究。休耕的利益主体是在制度实行过程中所涵盖和涉及的所有利益相关者。目前，关于休耕制度利益主体并无统一的定义，本部分主要对休耕利益主体的内涵进行界定，同时参考耕地保护主体等研究成果，参照米切尔分类法，结合休耕制度的现实基础，对休耕制度的利益主体类型进行划分。

2）休耕的利益主体诉求及行为特征研究。本部分主要分析相关利益主体（中央政府、地方政府、农户和社会公众）在制度实行过程中所承担的角色功能，并按照不同的标准，分析各主体的利益诉求；在统计分析和多元情景模拟的基础上确定耕地休耕制度的主体行为特征，包括社会规范行为、适应性行为、个体主观行为和个体价值行为等。

3）休耕利益主体博弈关系研究。基于新制度经济学中的行为理论和博弈论中的"均衡理论"，采用结构方程对农户利益主体意愿形成的心理感知进行定量评价，判别不同利益主体作用关系形成的现状、基础及发展演变趋势；运用演化博弈模型分析相关利益主体的博弈关系作用类型，并阐述不同博弈关系的特征。

1.3.2 休耕补偿：休耕农户生计与福利变化及其补偿策略

农户作为实行耕地休耕的重要主体之一，其生计水平不降低是休耕制度得以正常运行的重要前提。具体内容如下。

1）农户生计特征及生计脆弱性评价。采取入户调查形式，对休耕区域农户家庭基本情况、家庭资本占有情况、家庭农业发展情况和家庭非农业收入情况等进行分析。从自然资本、社会资本、物质资本、人力资本和金融资本五方面选取指标，测度休耕农户生计资本状况；从自然风险成本和家庭风险成本两方面选取指标，测度休耕农户风险成本状况。

2）休耕农户福利水平评价。基于农户生计来源的经济福利与非经济福利视角，从农户的经济状况、社会保障、景观环境、心理状况四个维度构建休耕农户福利水平评价体系，采用模糊综合评价法对研究区休耕农户福利水平进行量化和评价。

3）休耕补偿标准测算。在休耕制度运行期间，为保障休耕制度的顺利运行，在不同阶段目标的指引下，通过不同的方式进行补偿，保障农民的基本权益不因休耕而受损。研究基于效用理论、机会成本等方法，构建休耕补偿测算模型对其进行测算，并分析不同补偿的适用性及局限性。

4）休耕补偿绩效评估及策略制定。利用休耕试点区调研数据，以休耕农户的经济福利为研究视角，借鉴相对收入理论，应用倾向评分匹配分析方法，探讨休耕经济补偿的绩效，在此基础上，通过最小二乘法考察补偿绩效的边际影响。理清休耕制度运行各阶段的主要目标诉求，探讨并制定合理的休耕补偿策略。

1.3.3　制度落地：休耕模式及可持续性休耕

实行耕地休耕制度研究既是制度研究也是对策性应用研究，让制度落地，实现理论研究与实践应用的融合是本书的出发点，该部分内容主要包括典型地区的休耕模式研究和可持续休耕及其影响因素研究。

（1）典型地区的休耕模式研究

《探索实行耕地轮作休耕制度试点方案》提出在东北冷凉区、北方农牧交错区、地下水漏斗区、重金属污染区和生态严重退化区开展轮作休耕试点。但中国区域类型多样，自然禀赋、土地利用、经济发展差异明显。因此，应基于各区域的问题导向、资源本底和耕地利用特点，针对性地设计差异化的轮作休耕模式。本研究主要对生态严重退化区中的西北干旱半干旱区和西南石漠化区休耕制度试点模式进行分析。生态严重退化区土地承载力差，水土流失、荒漠化或石漠化等生态问题突出，休耕的主要目的是缓解土地压力，恢复和修复受损土地生态，维护区域生态安全。该区域休耕模式设计应立足生态环境本底特征，对土地生态状况进行科学把握，对休耕的技术路线、实施模式、组织模式、优化方向等进行深入分析。

（2）可持续休耕及其影响因素研究

休耕区域耕地有效保护和可持续休耕既是休耕制度建设及实施的重要目标，也是需要解决的关键问题，而农户对休耕政策的认知、满意度和后期管护意愿均是影响可持续休耕的重要因素。本研究以外部性理论、公共产品理论和福利经济学理论等为指导，以生态严重退化区的国家休耕试点县——甘肃省环县为研究案例，调研农户对休耕的认知和政策满意度等情况，构建可持续休耕影响因素评价指标体系；运用结构方程模型，诊断影响休耕可持续性的关键因素，提出实现可持续休耕的对策。

1.4　研究思路及关键问题

1.4.1　研究思路

　　根据以上研究内容及研究框架设计，按照以下思路展开研究：以系统论、制度经济学理论（效用理论、机会成本理论等）、管理学理论（博弈理论、风险管理理论等）、地理学相关理论（空间分异理论、人地关系理论等）以及粮食安全理论、生态安全理论、可持续发展理论等为指导，遵循"制度基础、制度内核、制度实践"的总体框架，按照"理论准备—数据收集与处理—数据分析—结果分析—总结讨论"的方法步骤，从"休耕利益主体及其行为策略、休耕农户福利变化及其补偿策略、典型地区休耕模式、可持续休耕影响因素"等实行耕地休耕制度需要关注的几个重要方面进行系统研究。技术路线见图1-1。

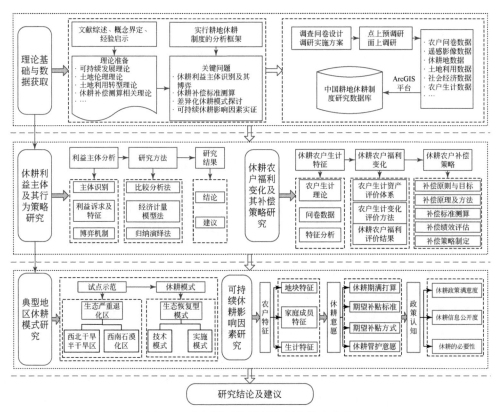

图 1-1　实行耕地休耕制度研究技术路线

1）阐明实行耕地休耕制度的主体。本书从制度经济学的视角研究制度主体，探讨实施耕地休耕会对哪些主体产生影响及其如何响应。明晰各主体的行为特征与功能，剖析利益主体的相互作用机理，研究利益主体的博弈关系，探索协调机制。

2）根据休耕农户问卷调查数据，对农户生计水平进行量化和评价，同时基于效用理论及机会成本法对休耕补偿标准进行测算，并对休耕补偿模式需求进行分析。

3）以休耕典型地区为具体对象，通过实地调查和实证研究，分析探讨典型地区休耕技术模式、实施模式，围绕实际案例分析休耕模式的科学性和实用性，并提出未来休耕模式的优化方向。

4）可持续休耕影响因素实证是基于农户视角，以甘肃省环县为例，通过休耕农户对休耕的认知及政策实施情况进行研究，在农户政策满意度分析的基础上运用结构方程模型建立可持续休耕指标体系，找出影响可持续休耕发展的关键因素，提出实现可持续休耕的对策，为甘肃省环县及其他地区的可持续休耕实施提供新的理论视角。

本书是典型的理论阐述与应用对策相结合的研究，最终目的是为中国全面开展休耕工作提供理论指导和决策依据，因此，上述研究思路既考虑了当前国际休耕制度完善的经验，又充分考虑了中国耕地利用特点和小农经济等现实因素对实行耕地休耕的特殊要求，具有较强的科学性和可行性。

1.4.2　几个关键问题

（1）休耕利益主体之间的博弈关系和相互作用机理

休耕制度涉及一系列利益主体，各主体的行为目标并非一致，最终的制度是各相关利益主体谈判博弈的结果。因此，开展实行休耕制度研究必须对涉及的主体进行识别，包括从中央政府到各级地方政府，再到农地产权主体，以及各种社会主体，对各主体在制度框架中的角色地位（或功能）进行界定，探索制度运行对各主体造成的冲击，并研判主体可能采取的应对行为。探索各主体之间相互作用的机理，主要研究如何兼顾各方利益，达到利益均衡的路径。从国家层面来说，轮作休耕制度是在综合考虑粮食安全、生态安全、保持地力等形势下所作出的战略决策，很有必要；从农户个体层面来说，轮作休耕制度会影响其收入和生计，所以会对休耕制度实施产生一定的阻力。因此，主体间的博弈不可避免，且随着主体的增多，博弈关系和作用机理将趋于复杂。厘清利益主体之间的博弈关系和相互作用机理是本研究拟解决的关键问题。

（2）休耕农户的合理补偿标准测算

保证农户生计水平不因实行休耕而降低是休耕制度持续稳步推进的重要前提，因此，科学合理测算休耕农户的休耕补偿标准是本研究须解决的关键问题之一。本研究从不同视角进行农户休耕补偿标准测算：一是根据研究区休耕农户的基本生计特征，在诊断和评估农户生计脆弱性的基础上，沿着"休耕农户生计变化—休耕农户福利变化—休耕农户补偿需求"的脉络展开研究。二是将效用理论引入休耕补偿研究中，结合微观农户的社会经济特征，构建"补偿框架→补偿标准测算→补偿标准合理性验证"的逻辑框架，以此作为休耕补偿标准研究的基础；在休耕补偿理论框架的基础上，构建补偿函数，测算满足微观农户效用最大化的受偿意愿，以此作为休耕补偿标准制定的核心。

（3）体现区域特征的差异化休耕模式探索

中国幅员辽阔，地域分异特征显著，不同的自然地理条件和土地利用背景下，休耕的技术经济要求也不同。因此，需要根据地域分异特征和社会经济状况筛选合适的休耕模式。目前，我国休耕的重点区域主要是地下水漏斗区、重金属污染区、生态环境严重退化区三类地区。通过对不同区域试点区的实地调研、访谈及农户问卷调查，分析、总结、提炼各区域典型休耕技术模式，以供相似区域实行休耕参考借鉴。

第2章 休耕制度的利益主体及行为策略研究

本章研究对象"利益主体"（stakeholder）为休耕制度的制度主体，即休耕的实施者和管理者，是休耕制度运行的人力资本。休耕过程涉及利益的再分配，本质上是不同利益主体之间相互博弈的结果（王培刚，2007）。不同休耕主体的利益诉求、行为特征等各有差异，休耕主体间的利益冲突也呈现出多元化特征，只有准确识别休耕制度的利益主体类型，分析各个主体利益诉求，厘清利益主体间的博弈关系，才能构建科学和可行的休耕经济补偿体系和运行机制（牛海鹏等，2011）。本章以利益主体理论（stakeholder theory）为基础界定休耕制度利益主体的内涵；根据米切尔评分法对利益主体进行分类，对休耕制度利益主体的利益诉求及行为特征进行精准识别；运用演化博弈论厘清各利益主体之间的利益关系，分析各利益主体间的利益均衡点，针对研究结论提出协调各利益主体相关利益的决策建议。

2.1 理论基础

2.1.1 利益主体理论

2.1.1.1 利益主体理论及其发展

利益主体理论起源于19世纪的利益相关者理论。利益相关者是能够影响一个组织目标实现的人（叶维青，2013）。1959年Penrose在其著作《企业成长理论》中提出了"企业是人力资产和人际关系的集合"的观念，对企业的利益相关者进行了界定。但此后，该思想一直不受重视，甚至被人遗忘（侯志强等，2006）。1963年，斯坦福研究所（Stanford Research Institute）提出"利益主体"概念。1984年，弗里曼提出利益主体理论是一种关于协作或合作的观念（龙开胜等，2015），他认为利益主体是指任何可以影响该组织目标或被该目标影响的群体或个人（Freeman，1984）。1999年，索特（Sautter）和莱森（Leisen）认为利益主体之间的合作是影响企业可持续发展的关键要素（Sautter and Leisen，

1999）。目前，利益主体理论广泛应用于管理学、经济学、社会学等各领域。

2.1.1.2 利益主体内涵

"利益主体"从股东一词套用而来，最早出现在 1708 年版的《牛津辞典》中，表示在某一项活动或某企业中"下注"的人，而后相继出现"有争议的财产保管人""赌金保管者""利益共享者""干系人"等解释。依据研究对象及研究内容的不同，国外学者对利益主体的定义已有近百种，其中，现代西方管理学界对利益主体的定义大体有两种，一种强调企业对利益主体的单向影响，即认为利益主体是环境中所有受组织决策和政策影响的有关者（罗宾斯，1997）；另一种则强调企业与利益主体的相互影响，认为利益主体是能够影响企业或受企业决策和行为影响的个人与团体（Trevino and Nelson，1999）。本质上说，利益主体就是与企业发展密切相关的股东、雇员、政府等个人和团体（Mitchell et al.，1997）。国内学者于 20 世纪 90 年代引进利益主体概念，将其定义为依靠企业来实现其个人目标，而企业也依靠他们来维持生存的个体或群体（杨瑞龙和周业安，2000）；或认为利益主体是指那些在企业中进行了一定的专用性投资，并承担了一定风险的个体和群体，其活动能够影响该企业目标的实现，或者受到该企业实现其目标过程的影响（贾生华和陈宏辉，2002）；或认为利益主体是指在企业中进行了一定的专用性投资，或与企业有一定直接或间接、长期或短期的互动关系，并承担了一定风险，其活动能够影响该企业目标的实现，或者受到该企业实现目标过程影响的个体和群体（刘利，2008）。尽管学术界对利益主体概念的内涵与外延还没有完全统一，但本质基本相同，即能够影响企业或被企业所影响，并对确保企业的持续健康发展有着至关重要作用的个人和团体。

2.1.1.3 利益主体识别原则

利益主体的界定应当清晰、准确，且应易于实践应用，才能使研究结论接近真实。因此，在利益主体的识别上，应遵循"真实而又易于处理"的总则。具体而言，应遵循以下两项原则。

一是科学性原则。利益主体识别应与区域的客观环境相结合，在考虑区域利益冲突和利益协调的基础上，力求客观、准确、可靠。相关利益主体的识别应反映客观实际，符合事物的本质和内在规律。

二是可操作性原则。秉承力求简明、易于处理的原则，对同种类型进行合并、归类，提炼出合适的主体类型。确立利益主体类型时应将抽象化事物转变为可观察、测量和操作的具体形式，使操作简单化，便于实践应用。

2.1.1.4　利益主体分类方法

分析组织中不同利益主体承担的角色功能，理解各自的利益诉求，确定主体行为特征（包括社会规范行为、适应性行为、个体主观行为和个体价值行为等）有利于保障组织稳定运行，提高制度运行效率和实现公共利益最大化。目前学术界从不同角度研究了利益主体的划分标准和类型，最具代表的是米切尔（谭东烜，2016）、查克汉姆、克拉克森、弗里曼（张晓丽和尹贻林，2013）、李维安和王世权（2007）等学者提出的分类方法（表2-1）。

表 2-1　利益主体的分类方法

分类方法	分类标准	利益主体类型
米切尔评分法	合法性、权力性以及紧迫性	确定型利益主体：同时拥有三种属性 预期型利益主体：拥有三种属性中的任意两种 潜在型利益主体：拥有三种属性中的任意一种
查克汉姆分类法	相关的个人、群体与企业是否存在交易性合同关系	契约型利益主体：有交易性合同关系 公众型利益主体：无交易性合同关系
克拉克森分类法	相关群体在企业中承担的风险、相关群体与企业联系的紧密性	自愿利益主体：自愿承担风险 非自愿利益主体：被动承担风险 首要利益主体：直接影响 次要利益主体：间接影响
弗里曼分类法	所有权、经济依赖性、社会利益	对企业拥有所有权的利益主体 与企业有经济依赖性的利益主体 与企业有社会关系的利益主体
李维安和王世权分类法	与企业价值实现的关系、是否在企业中占有重要位置	广义的利益主体：有利于或者不利于企业价值的实现 狭义的利益主体：在企业中占有重要位置

米切尔评分法由 Mitchell 和 Wood 于 1997 年提出（王一洋，2009），该方法根据利益主体在合法性、权力性及紧迫性三个方面的属性，将其分为三种类型，即同时拥有三种属性的为确定型利益主体，拥有三种属性中任意两种的为预期型利益主体，拥有三种属性中的任意一种的为潜在型利益主体。

米切尔评分法具有较好的科学性和可操作性，是利益主体分类最常用的方法之一。因此，本研究在界定休耕制度利益主体类型时也参照米切尔评分法。

2.1.2　博弈论及其在土地利用领域的应用

2.1.2.1　博弈论及其发展

博弈论又称对策论、游戏论，是指运用数学方法研究各利益主体之间在限定条件下的策略选择理论。我国古代著名的军事著作《孙子兵法》是最早涉及博弈论的著作（谢花林等，2018）。博弈论最开始是为了研究赌博中的胜负问题，但人们对赌博胜负结果的猜测仅仅是依靠经验，没有上升为理论。现代博弈论起源于20世纪初，在第二次世界大战后发展成为一门完整而丰富的理论学科。19世纪到20世纪30年代是博弈论的萌芽期，古诺（Cournot）是早期研究数理经济学和博弈论的重要人物，他在1838年对垄断竞争的数量分析成为数理经济学研究的经典之作，并被视为这种经济理论的起点，而现代博弈论中最重要的概念——纳什均衡有时就被称为古诺-纳什均衡（黄涛，2004）。20世纪40~50年代是博弈论的体系建立时期，此期间最为突出的事件是1944年约翰·冯·诺依曼（John von-Neumann）和奥斯卡·摩根斯坦（Oskar Morgenstern）的巨著《博弈论和经济行为》（*Theory of Games and Economic Behavior*）的出版，它标志着博弈论作为一门学科的建立，也被视为数理经济学学科建立的里程碑。1950年，约翰·纳什（John Nash）提出非合作博弈和"纳什均衡"概念，为非合作博弈论奠定了基础，推动了博弈论和经济学的发展。20世纪60~80年代是博弈论体系的发展壮大期。其中，赖因哈德·泽尔滕（Reinhard Selten）在动态分析中引用"纳什均衡"概念，提出动态博弈中的"子博弈完美纳什均衡"和求解方法；约翰·豪尔绍尼（John Harsanyi）研究博弈中的不完全信息，提出"海萨尼转换"分析方法，并形成"贝叶斯纳什均衡"概念（袁浩斌，2016）。20世纪80年代至今是博弈论的完善和应用期，博弈论在各种经济学科中得到了广泛应用，在政治学、生物学、计算机科学、道德哲学、社会学等领域也产生了重要影响，成为学术界的又一热门话题。

2.1.2.2　博弈的分类

博弈论主要分为两大领域——非合作博弈论和合作博弈论。其中，非合作博弈论是博弈论研究的主流领域。对于非合作博弈论，比较流行的一种分类方式是将它分为四类：完全信息静态博弈、完全信息动态博弈、不完全信息静态博弈和不完全信息动态博弈。其中，完全信息是指博弈中的决策者对于博弈整体结构有着充分了解，唯一需要考虑的就是策略选择问题；不完全信息则是指博弈中的决策者对博弈结构中某些部分了解不充分；静态博弈是指博弈中每个决策者仅进行一次策略选择，在选择时不知道其他人的策略选择；动态博弈则引入了决策的先后次序，局中人在进行选择时可以得到关于行动历史的一些信息。这两种划分是非合作博弈论中对理性结局影响最大的两种因素，两两组合就形成了上述四类博弈。

2.1.2.3　博弈的基本要素

博弈主要包括 5 个基本要素：第一，局中人。任何一场博弈中，每一个拥有决策权的人都是局中人。第二，策略。博弈中每个人都将有一个可行的方案。第三，得失。指博弈的结果，博弈的结果不仅与自己所选择的策略有关，还与博弈中其他人所选择的策略有关。第四，次序。各博弈方的决策有先后之分，且一个博弈方要进行不止一次的决策选择，于是就出现了次序问题。其他要素相同，次序不同，博弈也不同。第五，均衡。博弈涉及均衡问题，博弈最终会趋向均衡。

2.1.2.4　演化博弈论及其复制动态

按逻辑顺序，博弈可以分为传统博弈和演化博弈。Maynard Smit 和 Price（1973）及 Maynard Smith（1974）提出了演化博弈中的演化稳定策略，为演化博弈论的发展做出了巨大贡献；演化博弈广泛应用于经济学之中，其中 Friedma 对其进行了广泛的探讨。在传统的博弈论中，对参与人的假设均基于"完全理性"，即博弈参与人能够通过理性判断、客观推理准确选择最优的策略行为，而这在现实中难以实现。基于此问题，针对现实中的"有限理性"行为人，演化博弈论更贴近实际参与人的情况而得到迅速关注和发展。不同于传统博弈论，演化博弈论基于"有限理性人"假设，认为参与人在决策过程中不是通过理性客观的逻辑推理来选择策略，而是通过在动态博弈中看到产生最优结果的策略而进行模仿学习。为追求自身利益最大化而在实践中不断学习和调整，最终使得自己的策略选择无限靠近完全理性下的选择，达到一种动态平衡，即演化稳定策略（孙庆文等，2003）。在这个学习的过程中，较劣策略选择者向较优策略选择者学习模仿的过程恰是生物进化中的"复制动态"过程。谢识予（2002）在其《经济博弈论》一书中指出，演化博弈中参与人的动态学习和模仿的速度是演化博弈分析的核心，而这种动态变化的速度与模仿对象的数量和模仿的成功程度有关，用动态微分方程表示其动态变化速度如下：

$$\frac{\mathrm{d}x}{\mathrm{d}t} = x(u_y - \bar{u}) \tag{2-1}$$

式中，x 为较优策略类型博弈方的比例；u_y 为采取较优策略的期望收益；$\bar{u}$ 为所有博弈方的平均策略；$\dfrac{\mathrm{d}x}{\mathrm{d}t}$ 为较优策略博弈方比例随着时间的变化率，此时称式（2-1）为动态复制方程。在稳定状态处的 $F(x)=\dfrac{\mathrm{d}x}{\mathrm{d}t}$ 的导数 $F'(x)$ 必须小于 0，即微分方程的稳定性定理。

2.1.2.5 博弈论在土地利用及管理领域应用的相关研究

Chellappan 和 Sudha（2015）通过对印度西部农户参与土地保护项目的调查发现，农户的耕地面积、农场规模、农场收入与土壤保护意愿有正相关性，农户家庭规模、年龄与土地保护意愿有负相关性，建议采用自下向上的农户参与模式，政府制定政策方案以保证技术推广和经济补贴补偿；Ajayi 和 Kwesiga（2003）通过对赞比亚东部休耕制度推行的实践研究发现，制定正式文件是有益的，农业技术利益的分配成本、社区成员之间的政策对话、对各种选择的认识和多样化也是重要影响因素；Tress B 和 Tress G（2003）分析了丹麦南部土地保护与非农化利用各利益主体的矛盾关系，提出了一种跨学科的方法，即使用逼真的视觉景观场景来讨论农村未来的发展，让利益相关者通过视觉化的真实感受参与，以使他们支持环境保护政策。

自博弈论被引入中国以来，已广泛应用于多个领域利益主体间的行为关系研究。在土地利用及管理领域，博弈论用于探讨退耕还林中各利益主体之间的博弈关系（邵传林和何磊，2010），研究农地流转策略的影响机理及流转策略演化过程（林彤和宋戈，2018），研究中国农地非农化中各级政府间的利益关系及矛盾焦点（张丽凤和吕赞，2012），以及从行为主体博弈的视角对城市规划与土地利用规划互动关系演进机制和融合策略进行了分析（冯健和苏黎馨，2016）。然而，当前不少博弈模型是在假设利益主体为完全理性人以及完全信息的前提下建立的，难以全面客观地反映各利益主体的相互作用关系（柯水发和赵铁珍，2008）。休耕过程中各利益主体作为有限理性人，其策略选择不是一次性做出，而是在博弈过程中通过不断学习，不断试错找到较好的策略（唐可华，2018）。因此，需要运用演化博弈论，在确定休耕主要利益主体的基础上，构建演化博弈模型，以探讨休耕政策实施中主要利益主体间的策略选择，分析其相互作用机理，对各主要利益主体间的博弈稳定策略和影响因素进行动态演化分析（王广成和曹飞飞，2017）。根据博弈结果，提出促进各利益主体相互协调，实现利益最大化的途径，为推动休耕政策的顺利实施奠定基础。

2.2　休耕利益主体的内涵与类型

2.2.1　休耕利益主体的内涵

目前，关于休耕利益主体尚无统一的定义，本研究借鉴了土地流转、耕地保护等制度关于利益主体的界定（郝亮等，2018）。农村宅基地流转中的利益主体是涉及利益关系的微观主体（关江华和黄朝禧，2013）；集体建设用地流转的利益主体是制度变迁中涉及的主要部门、个人等相关主体（李静和廖晓明，2017）；耕地保护经济补偿的相关利益主体是指耕地保护经济补偿的给付主体和受偿主体（任旭峰，2012）。本研究结合休耕制度的内容及实施情况，将休耕利益主体定义为：与休耕制度实施有直接或间接利益关系的单位、组织或个人，他们的行为影响着休耕目标的实现。

制定统一的利益主体划分标准，研究客观的划分依据，是休耕政策推行的基础工作。休耕政策设计、推行及反馈过程中，涉及不同类型的利益主体。各利益主体不仅是社会要素，更是复杂社会关系中的一个因子。随着时间的推移，经济形势及政策的变化，利益主体构成更加多元化（安筱鹏，2003），其作用的深度和广度也发生变化，故休耕利益主体的识别应当因时而异。

2.2.2　休耕利益主体的类型

尽管在中国关于休耕利益主体的研究成果不丰，但休耕是耕地保护的重要形式，可近似地将耕地保护利益主体视为休耕利益主体，而耕地保护利益主体的研究成果则颇为丰富，可为休耕利益主体的类型研究提供借鉴。

国外学者通常将利益主体称为利益相关者，已从不同角度对进行了类型划分。Langston 等（2017）对印度尼西亚热带雨林土地开发与保护的研究认为，利益相关者为油棕农户、经营油棕的企业、政府机构、保护和发展组织等。Suwarto和 Anantanyu（2016）认为农户就是实施农地保护的主体，鼓励农民保护自己的土地是政策实施关键。Curtis 等（1995）认为社区参与对土地保护政策有重要影响，农户个人参与是有效参与土地养护方法的先决条件。Hejnowicz 等（2016）认为除了农户和土地管理者，私人农场顾问也在农业环境保护中发挥着重要作用。对耕地保护利益主体的界定一般依据不同地区的具体情况而定，利益主体类型多样，但大都认为土地利用者（农户、社区、农场顾问等）是最重要的利益主体，农户的参与是耕地保护最重要的方面。

目前国内学者对休耕利益主体尚未形成统一认识。杨欣等（2017）认为农户、合作社（企业）和地方政府是休耕利益主体，牛海鹏等（2011）认为耕地保护的管理主体是中央政府、地方政府，社会监督主体是各社会组织和个人等，经营主体是农户和国有农场。

中央政府统一管理全国的所有土地，是休耕制度设计和规划的主体，其主要职责是负责设计休耕制度与政策的总体框架和指引休耕制度的总体方向。2006年8月31日，国务院颁布《国务院关于加强土地调控有关问题的通知》，指出"地方各级人民政府主要负责人应对本行政区域内耕地保有量和基本农田保护面积、土地利用总体规划和年度计划执行情况负总责"。可见，地方政府是耕地保护的责任主体，当然也是休耕的责任主体，地方政府是休耕政策的具体组织者和引导者，应结合本区的实际情况，根据要求推行休耕政策；农民是休耕政策的落实主体，休耕政策也直接影响农民的土地经营收益及农民的就业岗位。由于中国实行承包地"三权分置"（土地的所有权、承包权和经营权分离），休耕地的产权人可以是土地直接利用与经营的家庭和个人（农户，拥有土地的承包权和经营权），也可以是负责集体土地经营管理和监督农户耕地利用的单位或组织（农村集体经济组织，拥有土地的所有权）。随着党的十八大明确提出要培育新型经营主体，发展多种形式规模经营，构建集约化、专业化、组织化、社会化相结合的新型农业经营体系以来，新型农业经营主体也迅速发展成为土地经营主体的重要组成部分，主要包括专业大户、家庭农场、农民合作社、农业产业化龙头企业等。据农业农村部统计，截至2016年底，我国家庭农场、农民合作社、农业产业化龙头企业等新型农业经营主体竞相发展，总量达到280万个。其中，家庭农场达到87.7万家，农民合作社达到179.4万家，农业产业化组织达到38.6万个。中国经济趋势研究院和中国人民大学发布的《新型农业经营主体土地流转调查报告》显示，2017年，中国约有27.28%的耕地由新型农业经营主体（不含合作社）经营，其中，龙头企业平均经营耕地面积为783.19亩[①]，家庭农场平均经营耕地面积为177.30亩，专业大户平均经营耕地面积为102.13亩，而普通农户平均经营的耕地面积仅为7.53亩（余瑶，2017）。通过这组数据可以看出，相较普通农户，龙头企业、家庭农场、专业大户等新型农业经营主体经营土地规模更大，已成为当前我国土地规模化经营的主体。但就实际调研的情况来看，休耕政策试点地块多为农户个体分散经营，很少涉及专业大户、家庭农场、农民合作社、农业产业化龙头企业等规模化新型农业经营主体，故本研究主要讨论个体农

---

① 1亩≈666.7m²。

户的利益诉求及行为特征。社会公众受到休耕制度实施的间接影响，休耕政策引发的粮食供求以及生态环境变化会对其生活产生影响。综上所述，休耕制度的利益主体有：中央政府、地方政府、农民（农户和农村集体经济组织）及社会公众（当地居民、环保组织、社会团体、新闻媒体等）（图2-1）。

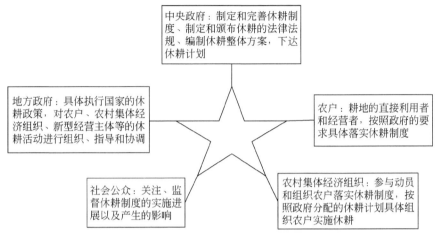

图 2-1　中国休耕制度的利益主体及其行为角色

参照米切尔分类法，结合休耕制度的现实基础，对主要利益主体的禀赋特征进行分析，得出休耕制度的利益主体类型如表2-2所示。

表 2-2　休耕制度的利益主体类型

项目	中央政府	地方政府	农民	社会公众
合法性	√	√	√	√
权力性	√	√		
紧迫性	√		√	
类型	确定型利益主体	预期型利益主体	预期型利益主体	潜在型利益主体

中央政府拥有休耕的合法性、权力性和紧迫性三种属性，为休耕制度的确定型利益主体。地方政府具有休耕的合法性、权力性的属性，为休耕制度实施的执行者，但因需要在耕地保护与地方经济发展间进行权衡，不具有紧迫性的属性；农民具有合法的土地承包权、使用权，可以根据自身利益及土地利用的传统习惯做出休与不休的选择（自愿原则），因此，地方政府和农民是休耕政策的预期型利益主体。社会公众的切身利益与休耕政策间接相关，不具备权力性的属性，但其利益得到法律的认可，是休耕制度的潜在型利益主体。不同利益主体的诉求差异是影响休耕制度有效实施的重要因素。

2.3 休耕利益主体的利益诉求及行为特征

2.3.1 中央政府的利益诉求和行为特征

2.3.1.1 利益诉求

中央政府是生态补偿机制的环境保护受益者和休耕制度的环境营造者，积极参与生态保护及生态建设（潘佳，2016）。中央政府为良好的农业生态环境提供多方面的规制与激励（匡兵等，2018），在休耕制度的实施中，环境型政策工具占主导地位。故中央政府制定休耕政策，希望获得生态效益最大化（谢花林和金声甜，2018）。同时，中央政府基于国家整体利益的考虑，需兼顾当代人与后代人的利益，实现国家的可持续发展（马爱慧等，2012）。因此，中央希望通过休耕在改善土地生态环境的同时带动经济的发展，力求实现环境友好、社会和谐、经济有序发展等整体利益最大化的目标，即中央政府制定休耕政策与法规以恢复耕地地力、改善生态环境、保障粮食安全、发展生态农业为基本目标，在生态环境优先的前提下，追求社会、经济、文化等各方面的协调发展及整体利益最大化。

2.3.1.2 行为特征

为实现以耕地质量提升和生态效益为基础的整体利益最大化，中央政府行为具有一定的宏观性和强制性。土地是农户基本的生产资料，农户对休耕政策的实施难免会产生各种不同意见。为保证休耕制度与政策的顺利实施，中央政府的宏观调控和干预十分必要。在休耕政策的实施过程中，中央政府并不参与耕地的直接利用、经营和管理，而是通过制定相应的宏观政策和法律法规，引导、规范、约束休耕行为，并对休耕中可能出现的违法行为进行惩戒。但由于区域资源禀赋差异巨大，不同区域经济发展水平及地方政府执政理念也存在差异，政策的执行力度会有一定的灵活性。为兼顾效率与公平，中央政府也会考虑不同区域地方政府和农户的意愿与需求，实行自上而下推行与自下而上申请相结合的耕地休耕制度试点。

2.3.2 地方政府的利益诉求和行为特征

2.3.2.1 利益诉求

上级政府和地方公众的满意度是地方政府治理效能的重要体现（时影，

2018），而政绩考核多以经济发展为首要目标。因而，地方政府在生态环境治理中容易出现重视短期经济利益，消极执行或者抵制环保产品的心理（杨博文和王勇军，2014）。在耕地生态补偿政策执行的过程中，地方政府的主要目的是经济发展和地方财政增收（马爱慧等，2012）。随着执政理念的改变，环境效益也逐渐成为考核地方政府政绩的重要指标，同时地方政府也有维护区域稳定与和谐的义务。因此，地方政府的利益诉求日趋多元化，在力求稳定经济回报的基础上，让上级政府满意和社会认可，实现自身利益最大化，即地方政府注重发展经济，在经济利益不受影响的前提下治理耕地退化，保障农户收入稳定，得到社会认可，提升政府形象。

2.3.2.2　行为特征

地方政府在休耕政策实施过程中起着主导作用，行为表现为有限理性。地方政府是休耕政策的具体代理人，具有一定的经济自主权及与中央政府沟通协商的能力。地方政府又是休耕制度的直接实施者与监督者，承担着休耕地管护、农户行为监督等具体职能，可以根据本区域的实际利益需求有所变化。从经济目标来讲，地方政府部门享有土地资源收益分配权（李争等，2017），为防止区域经济发展受休耕政策的影响，地方政府会利用地区的自然禀赋积极争取各种"优惠"政策（王琛伟和陈凤仙，2014），实现土地资源配置与利用最大化；为突出政绩，完成上级下达的休耕指标，地方政府又必须配合工作，制定实行休耕制度的地方性法规及实施方案；为得到社会认可，地方政府既要保障农户的就业机会不减少，又要积极推行休耕政策，使耕地退化和农业环境污染等问题得到有效防治。地方政府的出发点是地方利益最大化，在保障地方经济发展的前提下执行中央政府的休耕及退耕等制度与政策。当各类目标出现矛盾时，地方政府往往将地方经济发展作为首要任务；当与中央政府的目标发生冲突时，地方政府可能采取变通方式执行中央政府的决策，从而影响休耕制度的实施效果。

2.3.3　农民的利益诉求和行为特征

2.3.3.1　利益诉求

农民通过直接利用与管理土地获得经济收入（任旭峰，2011），农业生产为家庭主要生计来源。受小农意识的局限，农民对耕地的投入注重短期效益（牛海鹏等，2011），故农民利益诉求是获得更多的收益，实现利润最大化（蒋和胜和王蔷，2018）。在保障其合理收入的前提下，农民有投入耕地保护的愿望，但无具体的行动（陈美球等，2007）。此外，农民希望通过职业技能培训等方式实现自我发展（苏世燕和杨俊孝，2016）。通过调查发现，农民的文化程度对休耕有着显著的正向影响（谢花林和程玲娟，2017）。因此，合理的休耕补贴是农户最直接的利益焦点，农户休耕意愿受到休耕补偿标准、休耕后家庭生活保障的直接影响。除个人经济利益外，市场需求、就业岗位、劳动待遇、技能培训、投资收益等影响农民个人发展的因素也是农民关注的热点。受认识的限制，农民很少考虑生态环境问题，但文化教育水平对农户的休耕态度有一定的正向影响。对于知识水平有限的农民来说，只要休耕补偿标准合理就可以接受；对于接受过较高水平教育与培训的农民来说，因耕地保护意识较强，对休耕政策前景看好，其具有较强的休耕意愿。

2.3.3.2 行为特征

在经济利益最大化的驱动下，农民的行为表现具有趋利性。对于农民来说，只要休耕补贴不低于农业生产的收益，休耕政策就可能顺利实施。随着农业比较效益的下降，农户外出务工人数增加，耕地撂荒越发严重。通过相关政策的宣传及引导，农民愿意将耕地进行休耕，获取补偿，以增加家庭收入，提高生活水平。农民的行为具有一定的盲目性。休耕政策使得农村劳动力过剩，受年龄、文化水平或职业技能的限制，休耕的部分农户无法继续生产经营，也无法获得良好的就业保障。虽然农民有增加就业机会、提升劳动技能、改善生态环境的需求，但缺乏有效提升的能力。一旦休耕导致家庭生计、就业方式改变而农民又无从适应时，容易引发这些人的不满情绪。因此，农民需要必要的资金支持、技术指导及就业引导以解决休耕后的生计问题和劳动就业问题。

2.3.4 社会公众的利益诉求和行为特征

2.3.4.1 利益诉求

社会公众享受耕地带来的粮食安全和社会稳定等公共利益，起着重要的监督作用（李灿和张凤荣，2012）。通过对耕地保护社会监督主体的问卷调查发现，社会公众关注粮食安全、生态安全和社会安全（牛海鹏等，2011），但较少考虑耕地的可持续利用（高和平，2013）。因此，社会公众不愿意因休耕政策而引发食物短缺，导致生活成本提升，同时又希望通过休耕政策的实施能够改善区域土地生态环境，提升粮食品质。由于休耕政策并没有直接影响其经济利益，社会公众一般都积极支持该政策，希望扩展参与的广度与深度。一旦休耕导致物价上涨，又可能引发社会公众的恐慌。因此，公众期望在粮食价格平稳的前提下，平稳推进耕地休耕，以有效防治耕地退化，保障粮食安全。

2.3.4.2　行为特征

社会公众参与意识不强，监督作用有限。社会公众是广泛、客观、及时的有效监督群体，但人民群众参与监督的意识不强及相关法律制度的不完善，导致社会监督严重缺乏（刘亚丁，2012）。同时社会公众无执法权，只能用舆论的压力影响休耕行为（谢花林等，2018）。休耕过程中需要公民的积极配合，也需要全社会的共同推动，社会公众的监督有利于弥补政府治理中的不足。可借鉴欧美等国家和地区公民直接参与生态治理的决策和事务管理的模式，将权力下放到基层。通过宣传、引导、教育可以使相关政策深入人心，使政策更加透明，从而提升群众的参与意识。

休耕制度利益主体的利益诉求和行为特征如表 2-3 所示。

表 2-3　休耕制度利益主体的利益诉求和行为特征

利益主体	利益诉求			行为特征
	经济效益	生态效益	社会效益	
中央政府	★★★★	★★★★★	★★★★	宏观性，强制性，灵活性
地方政府	★★★★★	★★★★	★★★	有限理性，迎合或者规避
农民	★★★★★	★	★★★	趋利性，盲目性
社会公众	★	★★★★	★★★★★	参与意识不强，作用有限

注：★★★★★代表利益诉求强度为强，★★★★代表利益诉求强度为较强，★★★代表利益诉求强度为一般，★★代表利益诉求强度为较弱，★代表利益诉求强度为弱

2.4　主要休耕利益主体间的博弈分析

2.4.1　主要利益主体间的博弈关系

休耕制度的实施是一个漫长且复杂的过程，涉及的利益主体众多，包括地方政府、中央政府、农户、农村集体经济组织、社会公众（当地居民、社会群体、社会组织企业等）。参照米切尔分类法，依据合法性、权力性以及紧迫性的划分原则，将休耕的主要利益主体确定为农户、中央政府、地方政府和集体经济组织。其中，中央政府是休耕政策的制定者，决定休耕政策的大方向，设计休耕政策的总体框架；地方政府是休耕政策的具体组织者和引导者，结合当地实际情

况，根据中央政府要求推行休耕政策；农户是休耕政策的落实主体，也是休耕政策的直接利益影响者；集体经济组织作为耕地所有者，享有对集体土地进行集中处置和经营管理的权利，是休耕制度实施中的"委托人"。在实际调研中发现，在休耕制度的实施过程中，通常是由集体经济组织作为中间人，与地方政府和个体农户或新型经营主体进行沟通协商，因此，集体经济组织与地方政府以及农户的关系较为紧密。然而，就集体经济组织和农户而言，一方面，由于目前的休耕政策涉及的主要是农户的经济利益问题，并未涉及土地产权的变动，因此，不存在农户与集体经济组织之间的土地产权纠纷；另一方面，作为农户集体利益的代表，集体经济组织与农户之间的利益存在一致性，因而集体经济组织与农户间不具有明显的利益冲突，即博弈焦点。就集体经济组织和地方政府而言，由于广义上的农民包括个体农户和集体经济组织，在休耕制度实施中，集体经济组织作为农民整体的权益代表与地方政府进行沟通协商，其与地方政府的博弈类似于农户与地方政府间的博弈。基于以上分析，集体经济组织尽管是休耕的重要利益主体之一，但其与农户之间不存在明显博弈焦点且与地方政府的博弈相当于农户与地方政府间的博弈，故本研究着重针对中央政府、农户、地方政府三大主体进行博弈分析（图 2-2）。

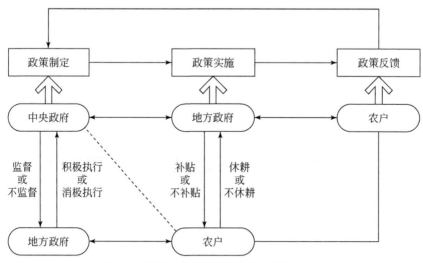

图 2-2　休耕中主要利益主体间的博弈关系

2.4.1.1　地方政府与农户之间的博弈关系

在地方政府与农户对于休耕的博弈中，地方政府对农户休耕起引导作用，问题主要聚焦在农户是否休耕的行为策略上。农户寻求利益的最大化，休耕与否关键在于休耕前后农户的收益差距，即每亩休耕地补偿金额与休耕前的收益差额。当补偿金额高于种植收入时，农户休耕意愿强烈；当补偿金额低于种植收入时，农户休耕意愿较弱。地方政府采取经济补偿的方式引导农户实行休耕，需要较多的财政支出，但休耕顺利完成后，有利于保障粮食安全，也有利于推进生态文明建设，同时中央政府还会给予一定的奖励（谢花林和金声甜，2018）。所以，休耕实施前后农户的收益差距大小是农户的博弈焦点，而休耕实施过程中是否能够实现收支平衡是地方政府的博弈焦点。

2.4.1.2　地方政府与中央政府之间的博弈关系

在地方政府和中央政府对于休耕的博弈中，中央政府作为休耕政策的制定者，负责监督地方政府的政策执行过程。博弈的矛盾焦点是地方政府积极执行或消极执行休耕的行为策略选择。寻求自身收益最大化是地方政府的目标，在休耕政策的执行过程中，地方政府希望得到中央政府的支持以及农户的配合，以保证休耕政策的顺利实施，从而获得最大的社会、经济、生态效益。当休耕财政补贴和其他收益低于所需成本或受到政策实施风险不可预估性等因素影响时，地方政府可能会选择消极执行策略；中央政府追求整体利益最大化，希望各地方政府积极配合，严格执行休耕政策，并监督地方政府的休耕行为。因此，在休耕政策的执行过程中，由于两者目标的不一致，出现了动态博弈行为。

2.4.2　休耕利益主体间的博弈分析

根据前文所述，传统博弈模型都是在假定参与主体完全理性的条件下构建的，具有一定的局限性。演化博弈理论则是一种把动态演化和博弈分析融合的理论，与传统博弈论相比，其最突出的特点是融入了生物进化的思想，不再假定参与主体为完全理性并且知晓其中所有细节，包括彼此对博弈结果的偏好（王天琪和黄立军，2018）。有限理性说明博弈主体不是一开始就找到最优选择及最优均衡点，而是依据既得利益持续改变策略选择从而达到自身利益最大化的目标，进而实现动态平衡（蒋和胜和王蔷，2018）。在分析博弈持续变化过程中的策略选择问题方面，其有限理性的特点，使得演化博弈更加接近于现实（王直民等，2018）。

在休耕政策实施过程中，中央政府、农户、地方政府作为三个主要利益相关方，其相互之间的博弈是一个动态缓慢的过程。在博弈过程当中，中央政府作为休耕政策的制定者，在长期规划和资金投入等方面具有权威性和信息优势，地方政府作为休耕政策的实施者，只能在接受并执行的条件下，在一定程度上选择有利于自身利益最大化的政策措施。因为中央政府和地方政府之间存在职权差异和信息孤岛现象，所以其面对的施政环境也有所不同，且各地方政府仅具备有限的政策选择能力，因此形成有限理性主体（王欢明等，2017）。在地方政府与农户的博弈过程中，地方政府对本地区的经济发展和休耕实施情况等具有完全信息优势，而对于农户来说，休耕政策及其所带来的收益的复杂性及不确定性使得他们只能根据其所拥有的局部信息作出令其满意的决策，因此农户并非完全理性人，且存在不完全信息博弈；在农户与农户的博弈过程中，农户并不具备完全的理性思考能力，在信息不完全的现实条件下所采取的行为决策具有一定的从众模仿现象。综上所述，中央政府与地方政府、地方政府与农户、农户与农户之间的博弈符合演化博弈论的假设条件，故本书选择演化博弈模型对三者之间的博弈关系进行分析。

2.4.2.1 地方政府与农户的博弈分析

（1）博弈模型的假设

1）假设地方政府和农户均为有限理性群体，地方政府的决策集为（补贴，不补贴），农户的决策集为（休耕，不休耕），双方在有限理性条件下都会不断根据对方的策略来调整自己的策略，并且两方博弈的行为是重复且动态的。

2）假设农户休耕的总面积为 b，单位面积年补偿额为 I；农户选择休耕后从事其他产业所获得的收益为 r；农户选择不休耕的种地年收益为 a[①]；农户选择不休耕兼作其他事项生产的年收益为 z；地方政府从休耕中所获得的社会、经济、生态效益总和为 R；地方政府每年对单位休耕地采取管护措施所需的人力、物力等投入为 c。

3）假设初始状态下，农户采取休耕的概率为 x，反之为 $1-x$；地方政府给予补贴的概率为 y，反之为 $1-y$。

（2）博弈模型的构建

在休耕过程中，地方政府为保证农户的生计，提高农户休耕的积极性，会给予休耕农户一定的补偿金额。同时，休耕也能给地方政府带来一定的社会、经济、生态效益。地方政府与农户间的博弈满足演化博弈论的前提，故由假设条件得到地方政府与农户博弈模型收益矩阵（表2-4）。

---

① 由于对农户而言，休耕所带来的未来土地收益具有不确定性，可能增加或减少（如农产品价格下降等造成休耕后经济收益反而下降），且大部分农户只考虑短期收益而忽略了土地的长远效益，故本书暂不讨论休耕的未来土地收益。

表 2-4　地方政府与农户博弈模型收益矩阵

博弈选择		地方政府	
		补贴（y）	不补贴（$1-y$）
农户	休耕（x）	（$lb+r$，$R-lb-cb$）	（r，$R-cb$）
	不休耕（$1-x$）	（$lb+a+z-r$，$-lb$）	（$a+z-r$，0）

（3）博弈模型的演化稳定性分析

根据矩阵，设农户选择休耕的期望收益为 U_{11}，选择不休耕的期望收益为 U_{12}，采取不同策略的平均收益为 $\overline{U_1}$，则有

$$U_{11} = y(lb+r)+(1-y)r = ylb+r \tag{2-2}$$

$$U_{12} = y(lb+a+z-r)+(1-y)(a+z-r) = ylb+a+z-r \tag{2-3}$$

$$\overline{U_1} = x\,U_{11}+(1-x)U_{12} = x(ylb+r)+(1-x)(ylb+a+z-r)$$
$$= 2xr+ylb+a+z-r-xa-xz \tag{2-4}$$

得到农户采取休耕的复制动态方程是

$$\frac{\mathrm{d}x}{\mathrm{d}t} = F(x) = x(U_{11}-\overline{U_1}) = x(1-x)(2r-a-z) \tag{2-5}$$

设地方政府给予补贴的期望收益为 U_{21}，不给予补贴的期望收益为 U_{22}，采取不同策略的平均收益为 $\overline{U_2}$，则有

$$U_{21} = x(R-lb-cb)+[(1-x)(-lb)] = xR-xcb-lb \tag{2-6}$$

$$U_{22} = x(R-cb)+(1-x)\cdot 0 = xR-xcb \tag{2-7}$$

$$\overline{U_2} = y\,U_{21}+(1-y)U_{22} = y(xR-xcb-lb)+(1-y)(xR-xcb)$$
$$= -ylb+xR-xcb \tag{2-8}$$

得到地方政府给予补贴的复制动态方程如下：

$$\frac{\mathrm{d}y}{\mathrm{d}t} = F(y) = y(U_{21}-\overline{U_2}) = y(y-1)lb \tag{2-9}$$

当 $x=0$、$x=1$ 时，方程 $F(x)=0$，即农户采取休耕策略的比例是稳定的；当 $y=0$、$y=1$ 时，方程 $F(y)=0$，即地方政府采取补贴策略的比例是稳定的。由此可得该博弈矩阵的四个均衡点分别为 $A_1(0,0)$、$B_1(0,1)$、$C_1(1,0)$、$D_1(1,1)$。根据 Friedman 的思想，可借用雅可比矩阵分析该演化博弈系统四个均衡点的稳定性。Friedman 指出，若在点（x，y）处有行列式 det. J>0，迹 tr. J<0，那么（x，y）即为稳定均衡点（Friedman，1991）。该系统的雅可比矩阵为

$$J = \begin{matrix} \dfrac{\partial F(x)}{\partial x} & \dfrac{\partial F(x)}{\partial y} \\ \dfrac{\partial F(y)}{\partial x} & \dfrac{\partial F(y)}{\partial y} \end{matrix} \tag{2-10}$$

$$\det. \ J = \frac{\partial F(x)}{\partial x} \cdot \frac{\partial F(y)}{\partial y} - \frac{\partial F(x)}{\partial y} \cdot \frac{\partial F(y)}{\partial x} \tag{2-11}$$

$$\text{tr.} \ J = \frac{\partial F(x)}{\partial x} + \frac{\partial F(y)}{\partial y} \tag{2-12}$$

其中，$\frac{\partial F(x)}{\partial x} = (1-2x)(2r-a-z)$，$\frac{\partial F(x)}{\partial y} = 0$，$\frac{\partial F(y)}{\partial x} = 0$，$\frac{\partial F(y)}{\partial y} = (2y-1)Ib$。代入得系统的均衡点稳定性分析如表 2-5 所示。

表 2-5　系统均衡点的行列式值和迹

均衡点	det. J	tr. J
$A_1(0,0)$	$-Ib(2r-a-z)$	$(2r-a-z)-Ib$
$B_1(0,1)$	$Ib(2r-a-z)$	$(2r-a-z)+Ib$
$C_1(1,0)$	$Ib(2r-a-z)$	$-(2r-a-z)-Ib$
$D_1(1,1)$	$-Ib(2r-a-z)$	$-(2r-a-z)+Ib$

上述矩阵行列式和迹表达式中，r 为农户选择休耕后从事其他产业所获得的收益；a 为农户选择不休耕的种地年收益；z 为农户选择不休耕兼作其他事项生产的年收益；Ib 为地方政府对休耕地的年补偿总额。依据雅可比矩阵的局部稳定性分析法，对不同情形的演化稳定策略进行讨论，并进行相应的数值仿真分析。

（4）演化稳定策略讨论及数值仿真

为探究农户与地方政府之间的博弈模型中基于农户从事非种地的收益、种地收益、兼业收益及补偿金额等指标的农户与地方政府博弈的渐近稳定性运行轨迹，本书运用 Matlab 演化仿真软件，对不同情形下利益主体演化过程进行仿真分析。假设情景 1、情景 2 和情景 3 中，系统演化的初始点（x，y）为（0.4，0.6），横轴表示时间 t，纵轴表示点（x，y）的概率。

1）情景 1：$2r>a+z$ 且 $2r-a-z>Ib$。当农户选择休耕后从事其他产业所获得的收益的两倍 $2r$ 大于农户选择不休耕的种地年收益 a 与农户选择不休耕兼作其他事项生产的年收益 z 之和，且二者之差大于地方政府对休耕地的年补偿总额时，由表 2-6 可知，此时系统有 4 个局部稳定点，其中，$A_1(0，0)$、$D_1(1，1)$ 为鞍点，$B_1(0，1)$ 为不稳定点，只有 $C_1(1，0)$ 为演化博弈系统的 ESS 均衡点。由图 2-3 可知，系统演化的初始点为（0.4，0.6），即假定农户最初选择休耕策略的概率为 0.4，地方政府选择补贴策略的概率为 0.6，从假定参数来看，当农户选择休耕后通过转移至第二、第三产业（如外出务工）所获得收益远大于农户种植农作物的收益与兼作其他事项生产的收益之和时，其选择休耕的期望收益 U_{11} 大于选择不休耕的期望收益 U_{12}，越来越多的农户会选择休耕，且农户转变策略的速度较快，此时，地方政府出于自身利益最大化，倾向于向不补贴策略转变，从而实现既定政策目标并能够获得一定的社会、经济、生态效益。经过一段时间的演化后，最终农户都将选择休耕，地方政府都将选择不补贴。

表 2-6　局部均衡点稳定性分析结果（情景 1）

条件	均衡点	det. J 符号	tr. J 符号	结果
$2r>a+z$ 且 $2r-a-z>lb$	$A_1(0,0)$	−	+	鞍点
	$B_1(0,1)$	+	+	不稳定点
	$C_1(1,0)$	+	−	ESS
	$D_1(1,1)$	−	−	鞍点

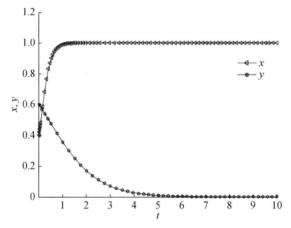

图 2-3　农户与地方政府的演化博弈仿真（情景 1）

$r=10\,000$，$a=5000$，$z=5000$，$I=800$，$b=10$

2）情景 2：$2r>a+z$ 且 $2r-a-z<Ib$。当农户选择休耕后从事其他产业所获得的收益的两倍 $2r$ 大于农户选择不休耕的种地年收益 a 与农户选择不休耕兼作其他事项生产的年收益 z 之和，且二者之差小于地方政府对休耕地的年补偿总额时，由表 2-7 可知，此时系统有 4 个局部稳定点，其中，$A_1(0,0)$、$D_1(1,1)$ 为鞍点，$B_1(0,1)$ 为不稳定点，只有 $C_1(1,0)$ 为演化博弈系统的 ESS 均衡点。由图 2-4 可知，系统演化的初始点为（0.4，0.6），即假定农户最初选择休耕策略的概率为 0.4，地方政府选择补贴策略的概率为 0.6，从假定参数来看，当农户选择休耕后从事其他产业所获得的收益远大于选择不休耕的种地收益与兼作他项生产的收益之和时，无论地方地府对休耕地的年补偿总金额是否小于二者收益之差，农户选择休耕的期望收益 U_{11} 都远大于选择不休耕的期望收益 U_{12}，农户会逐

渐倾向于选择休耕，此时，最初选择补贴策略的地方政府在意识到这一问题后，为追求自身利益最大化，倾向于改变策略，经过一段时间的演化后，最终农户选择休耕，地方政府选择不补贴。该结果是较为理想的演化稳定策略，但在现实情况中，尽管理论上地方政府知道当农户选择休耕后从事其他产业所获得的收益大于选择不休耕的种地收益与兼作他项生产的收益之和时，无论是否采取补贴策略，农户都会选择休耕，但农户追求利益最大化的本性可能促使他们做出将耕地出租或流转以此来获取收益等其他选择，地方政府仍然会选择补贴策略。

表 2-7　局部均衡点稳定性分析结果（情景 2）

条件	均衡点	det. J 符号	tr. J 符号	结果
$2r>a+z$ 且 $2r-a-z<lb$	$A_1(0, 0)$	−	−	鞍点
	$B_1(0, 1)$	+	+	不稳定点
	$C_1(1, 0)$	+	−	ESS
	$D_1(1, 1)$	−	+	鞍点

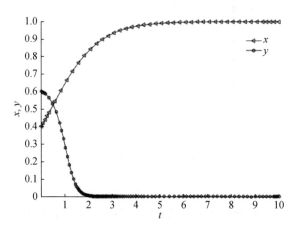

图 2-4　农户与地方政府的演化博弈仿真（情景 2）

$r=10\,000$，$a=5000$，$z=5000$，$l=1200$，$b=10$

3）情景 3：$2r<a+z$ 且 $2r-a-z<lb$。当农户选择休耕后从事其他产业所获得的收益的两倍 $2r$ 小于农户选择不休耕的种地年收益 a 与农户选择不休耕兼作其他事项生产的年收益 z 之和，且二者之差小于地方政府对休耕地的年补偿总额时，由表 2-8 可知，此时系统有 4 个局部稳定点，其中，$B_1(0, 1)$、$C_1(1, 0)$ 为鞍点，$D_1(1, 1)$ 为不稳定点，只有 $A_1(0, 0)$ 为演化博弈系统的 ESS 均衡点。由图 2-5 可知，系统演化的初始点为 （0.4，0.6），即假定农户最初选择休耕策略

的概率为 0.4，地方政府选择补贴策略的概率为 0.6，从假定参数来看，当农户休耕后从事其他产业所获得的收益远小于农户不休耕的种地收益与兼作其他事项生产的收益之和时，农户选择不休耕的期望收益超过选择休耕的期望收益，农户选择休耕的概率将越来越低，最终达到不休耕的演化稳定状态。同时，地方政府此时选择补贴策略不仅无法促使休耕计划的顺利实施，无法获得更多的社会、经济、生态效益，还会增加地方政府的支出成本，因此地方政府的最佳选择是不补贴，这使得地方政府选择不补贴的概率越来越高，最终达到不补贴的演化稳定状态。

表 2-8　局部均衡点稳定性分析结果（情景 3）

条件	均衡点	det. J 符号	tr. J 符号	结果
2r<a+z 且 2r−a−z<lb	$A_1(0, 0)$	+	−	ESS
	$B_1(0, 1)$	−	+	鞍点
	$C_1(1, 0)$	−	−	鞍点
	$D_1(1, 1)$	+	+	不稳定点

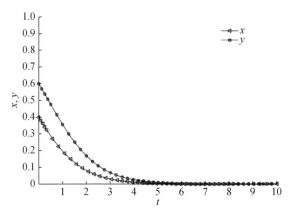

图 2-5　农户与地方政府的演化博弈仿真（情景 3）

$r=5000$，$a=6000$，$z=6000$，$I=800$，$b=10$

根据以上分析结果可知，农户休耕后从事其他产业所获得收益 r 越大，对农户休耕的正向激励作用越强，农户休耕的可能性越大，故要想得到理想的演化稳定策略，促进休耕计划的顺利完成，应加大对农户的就业培训，提高农户休耕后从事其他产业所获得收益，从而增加农户休耕后的期望收益，进而减小地方政府的财政补贴压力，使两者都能达到利益最大化。

2.4.2.2 地方政府与中央政府之间的博弈分析

（1）博弈模型的假设

1）假设地方政府与中央政府均为有限理性群体，地方政府的决策集为（积极执行，消极执行），中央政府的决策集为（监督，不监督），双方在有限理性条件下都会不断根据对方的策略来调整自己的策略，并且两方博弈的行为是重复且动态的。

2）假设中央政府履行监督职能，地方政府积极执行休耕：这时，中央政府可获得的休耕的社会、经济、生态效益的总和为 E_C，中央政府监督所需人力、物力等投入为 C_C，中央政府给予的休耕补贴投入为 S，中央政府对地方政府的经济奖励为 P；地方政府可获得的休耕的社会、经济、生态效益的总和为 E_L，地方政府所需人力、物力等投入为 C_L。

3）假设中央政府履行监督职能，地方政府消极执行休耕：这时，中央政府可获得的休耕的社会、经济、生态效益的总和为 E_{CC}，中央政府监督所需人力、物力等投入为 C_C，中央政府给予的休耕补贴投入为 S，中央政府对地方政府的经济处罚为 F；地方政府可获得的休耕的社会、经济、生态效益的总和为 E_{LL}，地方政府所需人力、物力等投入为 C_{LL}，地方政府政绩的损益为 P_L。

4）假设中央政府不履行监督职能，地方政府积极执行休耕：这时，中央政府可获得的休耕的社会、经济、生态效益的总和为 E_C，中央政府给予的休耕补贴投入为 S；地方政府可获得的休耕的社会、经济、生态效益的总和为 E_L，地方政府所需人力、物力等投入为 C_L。

5）假设中央政府不履行监督职能，地方政府消极执行休耕：这时，中央政府可获得的休耕的社会、经济、生态效益的总和为 E_{CC}，中央政府给予的休耕补贴投入为 S；地方政府可获得的休耕的社会、经济、生态效益的总和为 E_{LL}，地方政府所需人力、物力等投入为 C_{LL}，地方政府政绩的损益为 P_L。

6）假设初始状态下，中央政府采取监督的可能性大小为 x，反之为 $1-x$；地方政府采取积极执行的可能性大小为 y，反之为 $1-y$。

（2）博弈模型的构建

在休耕政策的实施过程中，中央政府试图通过各项监管措施促进地方政府积极执行休耕政策，地方政府会根据休耕的收益大小，选择是否积极实施休耕。地方政府与中央政府间的博弈满足演化博弈论的前提，故由假设条件得地方政府与中央政府博弈模型收益矩阵如表2-9所示。

表 2-9　地方政府与中央政府博弈模型收益矩阵

策略选择		地方政府	
		积极执行（y）	消极执行（$1-y$）
中央政府	监督（x）	（E_C-C_C-S-P，E_L+P-C_L）	（$E_{CC}+F-C_C-S$，$E_{LL}-C_{LL}-F-P_L$）
	不监督（$1-x$）	（E_C-S，E_L-C_L）	（$E_{CC}-S$，$E_{LL}-C_{LL}-P_L$）

（3）博弈模型的演化稳定性分析

根据矩阵，设中央政府采取监督的期望收益为 U_{11}，采取不监督的期望收益为 U_{12}，采取不同策略的平均收益为 $\overline{U_1}$，则有

$$U_{11}=y(E_C-C_C-S-P)+(1-y)(E_{CC}+F-C_C-S)$$
$$=yE_C-yp+E_{CC}+F-C_C-S-yE_{CC}-yF \tag{2-13}$$

$$U_{12}=y(E_C-S)+(1-y)(E_{CC}-S)=yE_C+E_{CC}-S-yE_{CC} \tag{2-14}$$

$$\overline{U_1}=xE_{11}+(1-x)E_{12}$$
$$=x(yE_C-yp+E_{CC}+F-C_C-S-yE_{CC}-yF)+(1-x)(yE_C+E_{CC}-S-yE_{CC})$$
$$=-xyP+xF-xC_C-xyF+yE_C+E_{CC}-S-yE_{CC} \tag{2-15}$$

得到中央政府采取监督的复制动态方程如下：

$$\frac{\mathrm{d}x}{\mathrm{d}t}=F(x)=x(U_{11}-\overline{U_1})$$
$$=-xy(P+F)+xF-xC_C+x^2y(P+F)-x^2(F-C_C) \tag{2-16}$$

设地方政府采取积极执行休耕政策的期望收益为 U_{21}，采取消极执行休耕政策的期望收益为 U_{22}，采取不同策略的平均收益为 $\overline{U_2}$，则有

$$U_{21}=x(E_L+P-C_L)+(1-x)(E_{LL}-C_{LL}-F-P_L)$$
$$=xE_L+xP-xC_L+E_{LL}-C_{LL}-F-P_L-xE_{LL}+xC_{LL}+xF+xP_L \tag{2-17}$$

$$U_{22}=x(E_L-C_L)+(1-x)(E_{LL}-C_{LL}-P_L)$$
$$=xE_L-xC_L+E_{LL}-C_{LL}-P_L-xE_{LL}+xC_{LL}+xP_L \tag{2-18}$$

$$\overline{U_2}=yE_{21}+(1-y)E_{22}$$
$$=xyP-yF+xyF+xE_L-xC_L+E_{LL}-C_{LL}-P_L-xE_{LL}+xC_{LL}+xP_L \tag{2-19}$$

得到地方政府采取积极执行休耕政策的复制动态方程如下：

$$\frac{\mathrm{d}y}{\mathrm{d}t}=F(y)=y(U_{21}-\overline{U_2})=xyP-yF+xyF-xy^2P+y^2F-xy^2F \tag{2-20}$$

当 $x=0$、$x=1$ 时，方程 $F(x)=0$，即中央政府采取监督策略的比例是稳定的；当 $y=0$、$y=1$ 时，方程 $F(y)=0$，即地方政府采取积极执行策略的比例是稳定的。由此可得该博弈矩阵的四个均衡点，分别为 $A_2(0,0)$、$B_2(0,1)$、

$C_2(1，0)$、$D_2(1，1)$。借用雅可比矩阵分析四个均衡点的稳定性，其中$\frac{\partial F(x)}{\partial x}=$

$-yP-yF+F-C_C+2xyP+2xyF-2xF+2xC_C$，$\frac{\partial F(x)}{\partial y}=-x(P+F)+x^2(P+F)$，$\frac{\partial F(y)}{\partial y}=xP$

$-F+xF-2xyP+2yF-2xyF$，$\frac{\partial F(y)}{\partial x}=yP+yF-y^2P-y^2F$，代入得系统均衡点稳定性分析结果（表2-10）。

表2-10　局部均衡点的行列式值和迹

均衡点	det. J	tr. J
$A_2(0，0)$	$(F-C_C)(-F)$	$-C_C$
$B_2(0，1)$	$(-P-C_C)F$	$-P+F-C_C$
$C_2(1，0)$	$(F-C_C)P$	C_C-F-P
$D_2(1，1)$	$-(P+C_C)P$	C_C

上述矩阵行列式和迹表达式中，C_C为中央政府监督所需人力、物力等投入；F为中央政府对地方政府的经济处罚。依据雅可比矩阵的局部稳定性分析法，对不同情形的演化稳定策略进行讨论，并进行相应的数值仿真分析。

（4）演化稳定策略讨论及数值仿真

为探究中央政府与地方政府之间的博弈模型中基于中央政府监督所需人力、物力等投入及中央政府对地方政府的经济处罚指标的中央政府与地方政府博弈的渐近稳定性运行轨迹，本书运用 Matlab 演化仿真软件，对不同情形下利益主体演化过程进行仿真分析。假设情景 1 和情景 2 中，系统演化的初始点 $(x，y)$ 为 $(0.4，0.6)$，横轴表示时间 t，纵轴表示点 $(x，y)$ 的概率。

1）情景 1：$C_C>F$。当中央政府监督所需人力、物力等投入 C_C 大于中央政府对地方政府的经济处罚 F 时，由表 2-11 可知，此时系统有 4 个局部稳定点，其中，$B_2(0，1)$、$C_2(1，0)$、$D_2(1，1)$ 为鞍点，只有 $A_2(0，0)$ 为演化博弈系统的 ESS 均衡点。由图 2-6 可知，系统演化的初始点为 $(0.4，0.6)$，即假定中央政府最初选择监督策略的概率为 0.4，地方政府选择积极执行策略的概率为 0.6，从假定参数来看，当中央政府监督所需人力、物力等投入大于中央政府对地方政府的经济处罚时，中央政府因耗费的成本较大而休耕实施成效不明显，无法获得理想的社会、经济、生态效益，加之地方政府受到的惩罚力度不够，经济处罚金额偏小，导致中央政府无法保持收支平衡，实现效益最大化，因此，中央政府选择监督策略的概率将越来越小，最终达到不监督的演化稳定状态。由于地方政府受到的惩罚力度不够，加之受到休耕风险不可预估性或补贴农户成本较高等影响，地方政府选择积极执行策略的概率越来越低，最终达到消极执行的演化稳定状态。

表 2-11　局部均衡点稳定性分析结果（情景 1）

条件	均衡点	det. J 符号	tr. J 符号	结果
$C_C>F$	$A_2(0, 0)$	+	−	ESS
	$B_2(0, 1)$	−	−	鞍点
	$C_2(1, 0)$	−	不确定	鞍点
	$D_2(1, 1)$	−	+	鞍点

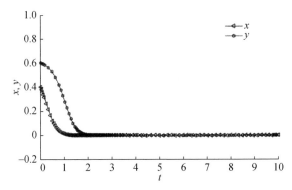

图 2-6　中央政府与地方政府的演化博弈仿真（情景 1）
$C_C = 10，\ F = 4$

2）情景 2：$C_C<F$。当中央政府监督所需人力、物力等投入 C_C 小于中央政府对地方政府的经济处罚 F 时，由表 2-12 可知，此时系统有 4 个局部稳定点，其中，$A_2(0, 0)$、$B_2(0, 1)$、$D_2(1, 1)$ 为鞍点，只有 $C_2(1, 0)$ 为演化博弈系统的 ESS 均衡点。由图 2-7 可知，系统演化的初始点为（0.4，0.6），即假定中央政府最初选择监督策略的概率为 0.4，地方政府选择积极执行策略的概率为 0.6，从假定参数来看，当中央政府监督所需人力、物力等投入大于中央政府对地方政府的经济处罚时，中央政府由于能够保持收支平衡而倾向于采取 "监督"，而地方政府仍然倾向于采取 "消极执行"，这可能是受到地方政府选择积极执行休耕政策的支出成本较高的影响，从理论上看该策略并非理想的演化稳定策略。因此，为使系统朝着（监督，积极执行）的理想稳定状态演化，中央政府一方面需加大对地方政府不积极执行休耕政策的惩罚力度，另一方面要信守承诺，给予地方政府足够的财政拨款，从而减轻地方政府的财政压力，促使地方政府积极执行休耕政策。

表 2-12　局部均衡点稳定性分析结果（情景 2）

条件	均衡点	det. J 符号	tr. J 符号	结果
$C_C<F$	$A_2(0, 0)$	−	−	鞍点
	$B_2(0, 1)$	−	不确定	鞍点
	$C_2(1, 0)$	+	−	ESS
	$D_2(1, 1)$	−	+	鞍点

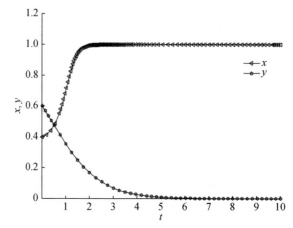

图 2-7　中央政府与地方政府的演化博弈仿真（情景 2）

$$C_C=10, \quad F=4$$

2.5　本章小结

本章研究沿着突出理论、服务政策、层层递进、逐步深化的思路进行。根据米歇尔评分法将休耕利益主体分为确定型利益主体（中央政府）、预期型利益主体（地方政府和农民）、潜在型利益主体（社会公众）。中央政府关注社会、环境、经济等多方面的综合效益，追求整体利益最大化；地方政府追求地方收益最大化，保障地方经济和环境的协调发展；农民一方面希望获得足够的休耕补偿，另一方面希望通过职业技能培训等方式获取更多个人发展机会，最终实现个人利益最大化。

2.5.1　主要结论

根据各主体的利益诉求构建中央政府与地方政府、农户与地方政府、农户与农户之间的动态演化博弈模型，并对其演化稳定策略进行分析，得出以下主要结论：

1）地方政府和农户的演化博弈过程中，两者博弈的均衡结果主要取决于农户休耕后从事其他产业所获得的收益以及农户不休耕时每年种植农作物的收益与兼作他项生产的收益之和的大小。当农户休耕后从事其他产业所获得的收益远大于农户不休耕时种植农作物的收益与兼作他项生产的收益之和时，对应的演化稳定策略是（休耕，不补贴），此时农户的休耕意愿较强，即使没有政府补贴，农户也会选择休耕，从而顺利完成休耕计划。但在现实中，农户之间的不平衡问题可能促使农户选择出租耕地来获取收益等，地方政府仍然会选择"补贴"策略。

2）地方政府和中央政府的演化博弈过程中，两者博弈的均衡结果主要取决于中央政府监督所需人力、物力等投入和地方政府受到奖惩激励的程度。当中央政府监督地方政府所需的人力、物力等投入小于中央政府对地方政府的经济处罚时，相应的演化稳定策略为（监督，消极执行），为使系统朝着（监督，积极执行）的理想稳定状态演化，中央政府一方面需要继续发力监管，完善对地方政绩的考核机制；另一方面要信守承诺，给予地方政府一定的财政补助和政策倾斜，减轻其财政压力，促使地方政府积极执行休耕政策。

2.5.2　讨论及展望

本章从博弈的视角，运用演化博弈论研究各主要利益主体的行为选择，分析其相互作用机理并提出促进各利益主体相互协调，实现利益最大化的途径，避免仅从单一利益主体视角出发研究其行为特征的不足。但由于休耕政策在实施过程中存在诸多不确定性因素，本章在构建博弈模型时，没有将所有现实条件全部纳入收益假设之中，且仅对相关利益主体进行两两博弈分析，未能将三者联立进行三方动态演化分析，在今后研究中还应进一步完善。此外，随着休耕试点区域增多和休耕规模扩大，所涉及的新型农业经营主体的数量会逐渐增多，而休耕政策的实施难免会触及这部分群体的利益，故未来应加强对于专业大户、家庭农场、农民合作社、农业产业化龙头企业等新型农业经营主体的行为特征、利益诉求、利益博弈等方面的研究。

2.5.3　启示及建议

1）农户休耕的意愿主要受机会成本或比较收益的影响。从地方政府和农户的博弈结果来看，当农户选择休耕后从事其他产业所获收益远大于农户不休耕种植农作物的收益与兼作他项生产的收益之和时，无论地方政府是否对休耕进行补贴，农户都愿意选择休耕。因此，休耕政策稳定实施的前提是农户能够实现自身利益最大化，而实现自身利益最大化的途径有两种：一是地方政府提高农户休耕补贴金额，这是最直接的方式；二是提高农户休耕后从事其他产业的收益。提高农户休耕补贴金额一方面要考虑是否能保证农户的生计，另一方面要兼顾政府的财政压力，平衡难度较大。这就需要地方政府积极调整农业产业结构，结合乡村振兴战略和美丽乡村建设，促进农村新产业新业态的发展，利用地区的自然人文景观资源，发展特色产业，如对于生态严重退化区中的西南石漠化地区而言，可利用其独特的喀斯特地貌景观发展乡村旅游，从而促进地区经济发展，增加农民的就业机会。与此同时，要大力开展农民创业就业培训，提高农民的就业技能，促进农村劳动力向第二、第三产业转移。此外，要注重以市场化手段调节休耕利益，形成市场化、多元化、差异化、动态化的休耕补偿方式。最后，为确保休耕政策的顺利实施，地方政府应在村委会协助下积极主动与当地农户沟通，大力宣传开展休耕的重要性和必要性，提高农户休耕意识，同时设立休耕督查小组，对于农户收到休耕补贴仍在继续种植作物的行为进行惩治，从而减少休耕农户不遵守约定的现象。

2）从地方政府和中央政府的博弈结果来看，中央政府与地方政府之间更加关注监督以及执行的成本和效益。由于目前不少地方政府的政绩考核体系仍将经济发展水平作为主要的考核指标，尤其是部分以农业为主的地区，休耕可能会使得当地的经济收入下滑，容易出现地方政府因追求经济发展而忽视耕地保护的情况。对于地方政府而言，消极执行休耕政策的风险较低，为避免这种情况出现，中央政府需完善地方政府政绩考评机制，加大地方政府政绩考核中对生态保护因素的考量；建立科学合理的地方政府激励机制，强化责任问责制度，敦促地方政府更加积极地投入休耕政策的落实过程中；同时，中央政府也应给予地方政府适当的财政补助和政策倾斜，减轻地方政府的财政压力，从而达到双方的共赢。

参 考 文 献

安篍鹏. 2003. 利益主体多元化背景下的区域经济一体化［J］. 人文地理，18（5）：61-64.

陈美球，周丙娟，邓爱珍，等. 2007. 当前农户耕地保护积极性的现状分析与思考［J］. 中国人口·资源与环境，17（1）：114-118.

冯健，苏黎馨. 2016. 城市规划与土地利用规划互动关系演进机制及融合策略——基于行为主体博弈分析［J］. 地域研究与开发，35（6）：134-139.

高和平. 2013. 基于利益相关者理论的土地利用总体规划修编困境研究［D］. 呼和浩特：内蒙古师范大学.

关江华，黄朝禧. 2013. 农村宅基地流转利益主体博弈研究［J］. 华中农业大学学报（社会科学版），（3）：30-35.

郝亮，李颖明，张丛林，等 . 2018. 耕地重金属污染治理政策与利益相关者互馈机制实证研究——基于某试点区的调研 ［J］. 中国环境管理，10（4）：21-27.

侯志强，赵黎明，李洪波 . 2006. 基于利益主体理论的观光果园旅游开发研究——以迁西杨家峪板栗园为例 ［J］. 干旱区资源与环境，20（4）：122-126.

黄涛 . 2004. 博弈论教程——理论·应用 ［M］. 北京：首都经济贸易大学出版社 .

贾生华，陈宏辉 . 2002. 基于利益相关者共同参与的战略性环境管理 ［J］. 科学学研究，20（2）：209-213.

蒋和胜，王蔷 . 2018. 农产品价格保险发展中政府与商业保险企业的合作机制研究——基于演化博弈论的视角 ［J］. 农村经济，（8）：62-68.

柯水发，赵铁珍 . 2008. 退耕还林工程利益相关者行为动态博弈分析 ［J］. 林业经济问题，28（1）：47-50，60.

匡兵，卢新海，陈丹玲 . 2018. 基于内容分析法的中国耕地轮作休耕政策工具选择研究 ［J］. 中国土地科学，32（11）：30-36.

李灿，张凤荣 . 2012. 耕地保护主体的行为方式及其特征分析 ［J］. 地域研究与开发，31（6）：127-131.

李静，廖晓明 . 2017. 农村集体建设用地流转的动力机制——基于利益相关者角度分析 ［J］. 中国农业资源与区划，38（3）：65-72.

李维安，王世权 . 2007. 利益相关者治理理论研究脉络及其进展探析 ［J］. 外国经济与管理，29（4）：10-17.

李争，宋振江，杨俊 . 2017. 矿粮复合区生态补偿各方利益主体多阶段动态博弈分析 ［J］. 科技管理研究，37（13）：215-222.

林彤，宋戈 . 2018. 基于规模经营的农地流转策略演化博弈分析——以黑龙江省克山县为例 ［J］. 干旱区资源与环境，32（7）：15-22.

刘利 . 2008. 利益相关者利益要求的实证研究 ［J］. 山西财经大学学报，30（7）：61-68.

刘亚丁 . 2012. 农村土地承包经营权流转的群众监督机制探析 ［J］. 农村经济，（7）：29-31.

龙开胜，王雨蓉，赵亚莉，等 . 2015. 长三角地区生态补偿利益相关者及其行为响应 ［J］. 中国人口·资源与环境，25（8）：43-49.

罗宾斯 S P. 1997. 管理学 ［M］. 4 版 . 黄卫伟，译 . 北京：中国人民大学出版社，113-115.

马爱慧，蔡银莺，张安录 . 2012. 耕地生态补偿相关利益群体博弈分析与解决路径 ［J］. 中国人口·资源与环境，22（7）：114-119.

牛海鹏，许传阳，李明秋，等 . 2011. 耕地保护经济补偿的接受和给付主体分析——基于 110 份接受主体和 445 份给付主体的问卷调查 ［J］. 资源科学，33（3）：513-520.

潘佳 . 2016. 政府在我国生态补偿主体关系中的角色及职能 ［J］. 西南政法大学学报，18（4）：68-78.

任旭峰 . 2011. 中国农村集体组织耕地保护行为研究——基于奥尔森集体行动理论的分析 ［J］. 产业经济评论，10（2）：115-130.

任旭峰 . 2012. 中国耕地资源保护的政治经济学分析 ［D］. 济南：山东大学 .

邵传林，何磊．2010．退耕还林：农户、地方政府与中央政府的博弈关系［J］．中国人口·资源与环境，20（2）：116-121．

时影．2018．利益视角下地方政府选择性履行职能行为分析［J］．甘肃社会科学，（2）：244-249．

苏世燕，杨俊孝．2016．基于利益相关者视角的耕地保护生态补偿机制探析［J］．福建农林大学学报（哲学社会科学版），19（6）：29-34，58．

孙庆文，陆柳，严广乐，等．2003．不完全信息条件下演化博弈均衡的稳定性分析［J］．系统工程理论与实践，23（7）：11-16．

谭东烜．2016．太湖流域水环境保护利益相关者博弈研究［D］．南京：南京大学．

唐可华．2018．污水处理厂运营中基于博弈分析的利益协调机制研究［D］．重庆：重庆工商大学．

王琛伟，陈凤仙．2014．中央政府与地方政府职责的合理边界［J］．经济学动态，（9）：66-78．

王广成，曹飞飞．2017．基于演化博弈的煤炭矿区生态修复管理机制研究［J］．生态学报，37（12）：4198-4207．

王欢明，陈洋愉，李鹏．2017．基于演化博弈理论的雾霾治理中政府环境规制策略研究［J］．环境科学研究，30（4）：621-627．

王培刚．2007．当前农地征用中的利益主体博弈路径分析［J］．农业经济问题，（10）：34-40．

王天琪，黄立军．2018．资本主导型农地流转利益主体的博弈关系［J］．江苏农业科学，46（17）：315-320．

王一洋．2009．"小产权房"市场的利益相关者研究［D］．武汉：华中科技大学．

王直民，孙淑萍，鲍海君．2018．抵押物处置与农房抵押贷款困境：基于演化博弈的分析［J］．中国土地科学，32（6）：32-39．

谢花林，程玲娟．2017．地下水漏斗区农户冬小麦休耕意愿的影响因素及其生态补偿标准研究——以河北衡水为例［J］．自然资源学报，32（12）：2012-2022．

谢花林，金声甜．2018．基于利益博弈视角下的重金属污染区耕地休耕问题研究［J］．生态经济，34（7）：190-195．

谢花林，翟群力，卢华．2018．我国耕地轮作休耕制度运行中的监督机制探讨［J］．农林经济管理学报，17（4）：455-462．

谢识予．2002．经济博弈论［M］．上海：复旦大学出版社．

杨博文，王勇军．2014．中央与地方在城市空气污染治理中的非均衡博弈分析［J］．统计与决策，（3）：52-56．

杨瑞龙，周业安．2000．企业的利益相关者理论及其应用［M］．北京：经济科学出版社．

杨欣，蔡银莺，张安录．2017．农田生态补偿利益相关群体分析［J］．华中农业大学学报（社会科学版），（1）：113-119．

叶维青．2013．基于利益相关者理论的生态型度假酒店开发和运营策略研究——以裸心谷度假酒店为例［D］．上海：复旦大学．

游达明，邓亚玲，夏赛莲．2018．基于竞争视角下央地政府环境规制行为策略研究［J］．中国

人口 · 资源与环境, 28 (11): 120-129.

余瑶. 2017. 我国新型农业经营主体数量达 280 万个 [J]. 种业导刊, (4): 37.

袁浩斌. 2016. 高标准基本农田建设中利益博弈分析 [D]. 广州: 华南农业大学.

张丽凤, 吕赞. 2012. 中国农地非农化中的中央与地方政府博弈行为分析 [J]. 农业经济问题, 33 (10): 51-56.

张晓丽, 尹贻林. 2013. 基于利益相关者理论的城市综合交通枢纽项目需求分析 [J]. 城市轨道交通研究, 16 (5): 27-32.

Ajayi O C, Kwesiga F. 2003. Implications of local policies and institutions on the adoption of improved fallows in eastern Zambia [J]. Agroforestry Systems, 59 (3): 327-336.

Chellappan S, Sudha R. 2015. Investment, adoption, attitude and extent of participation of farmers in soil conservation projects in the Western Ghats of India: Revised topic [J]. International Journal of Social Economics, 42 (3): 251-275.

Curtis A, Birckhead J, De L T. 1995. Community participation in landcare policy in Australia: The Victorian experience with regional landcare plans [J]. Society & Natural Resources, 8 (5): 415-430.

Freeman R E. 1984. Strategic Management: A Stakeholder Approach [M]. Boston: Pitman.

Friedman D. 1991. "Evolutionary Games in Economics" [J]. Econometrica, 59 (3): 637-666.

Hejnowicz A P, Rudd M A, White P C L. 2016. A survey exploring private farm advisor perspectives of agri-environment schemes: The case of England's Environmental Stewardship programme [J]. Land Use Policy, 55: 240-256.

Langston J D, Riggs R A, Sururi Y, et al. 2017. Estate crops more attractive than community forests in west Kalimantan, Indonesia [J]. Land, MDPI, Open Access Journal, 6 (1): 1-14.

Maynard Smith J, Price G R. 1973. The logic of animal conflicts. Nature [J]. 246, 15-18.

Maynard Smith J. 1974. The theory of games and the evolution of animal conflict [J]. Journal of Theoretical Biology, 47: 209-212.

Mitchell R, Wood D J, Agle B. 1997. Toward a theory of stakeholder identification and salience: Defining the principle of who and what really counts [J]. Academy of Management Review, 22 (4): 853-886.

Sautter E T, Leisen B. 1999. Managing stakeholders a tourism planning model [J]. Annals of Tourism Research, 26 (2): 312-328.

Suwarto S, Anantanyu S. 2016. Improving land conservation in dryland food crops farming in sub-watershed upstream Solo, Indonesia [J]. International Journal of Ecology & Development, 31 (2): 78-89.

Tress B, Tress G. 2003. Scenario visualisation for participatory landscape planning- a study from Denmark [J]. Landscape and Urban Planning, 64 (3): 161-178.

Trevino L K, Nelson K A. 1999. Mananging Business Ethics [M]. 2nd edition. New York: John Wiley & Sons Inc.

第3章 休耕补偿及其标准测算的理论分析

休耕补偿制度是休耕制度体系的重要组成部分，为什么补偿、补偿多少、怎样补偿构成休耕补偿制度的核心内容，因此，休耕补偿的理论认识、合理的休耕补偿标准测算体系以及补偿模式是研究耕地休耕制度的关键问题。欧美发达国家和地区经过几十年的探索和实践，建立了较为成熟的耕地休耕制度和政策体系，把耕地休耕作为解决粮食过剩问题和改善生态环境的重要手段，也形成了较为完善的休耕补偿机制的理论和方法体系。当前中国休耕制度尚处于试点阶段，休耕补偿标准作为休耕政策有效施行的关键，补偿标准测算的理论与方法体系尚未统一，补偿标准的合理性也有待验证，需要深入研究相关理论和借鉴国际经验构建休耕补偿标准测算体系。本章在重点阐述休耕补偿及其标准的理论认识、休耕补偿的理论逻辑的基础上，分析生态补偿的基本原理并总结国内外休耕补偿制度的理论与实践成果，以期为从不同视角测算中国的耕地休耕补偿标准提供理论指导和实践借鉴。

3.1 休耕补偿的实质及分析框架

3.1.1 休耕补偿是对农户农地利用方式转变导致耕地功能价值损失的补偿

耕地具有经济、社会、生态等多重功能，不同的土地利用方式或农业行为不仅影响具有私人权利属性的经济效益，也影响具有公共物品属性的社会效益和生态效益。不同的功能效益附着于耕地交互共生（吴萍，2017；祁新华等，2013）。相较于主体和权利边界明晰的经济效益而言，生态效益的主体并不确定，权利边界模糊（黄锡生和史玉成，2013），促使理性经济人过分追求耕地的经济功能，而忽略生态功能，加剧了农业行为的负外部性。因此，如何通过政府宏观手段激励相关群体进行耕地保护、农业生态环境修复和治理成为重要的研究课题（Junge et al., 2011）。国家实施休耕制度，在谋求耕地的生态效益时，导致土地使用者丧失了耕种作物以获取更多经济效益的可能性。为激励农业行为产生更多的积极外部影响，平衡生态效益与经济效益等多种效益，应通过经济补偿有条件地将社会整体经济效益的一部分让渡给农民，使区域生态效益得到提升的同时，保障农民的经济收益水平不降低。

休耕补偿是为改善、维护和恢复耕地功能，综合运用行政手段和市场手段，调整耕地相关利益主体之间的利益及其分配关系，以内化休耕外部成本的一种经济激励制度，其实质就是弥补耕地主体因休耕制度运行而承受的损失，以确保休耕前后耕地主体的福利水平不降低。科学合理的补偿策略通过弥补农户因休耕——放弃作物种植所承受的经济损失，提高农户参与休耕的主动性与积极性，平衡农户对经济效益和政府对生态效益的追求，从而保证休耕制度的运行效果。休耕补偿标准的制定是休耕制度的关键环节，补偿标准过高或过低都会影响耕地休耕制度的顺利运行。补偿标准过高将导致两个方面的负面影响：一是影响土地流转、退耕还林还草等政策目标的实现，导致粮食种植面积减少，粮食产量下降，威胁粮食安全；二是加大项目运营成本，导致国家财政压力增大，且造成财政经费的浪费（李梁，2016；李秀彬，2014）。补偿标准过低则不足以激励农户参与休耕，也难以达到休耕政策的预期效果。因此，制定科学合理的休耕补偿标准对耕地休耕制度的有序开展意义重大。

耕地除了具有经济功能外，还承担着社会功能（图3-1）。仅就经济功能而言，也不仅仅限于种植业本身，还有可能涉及养殖业[①]。因此，中国休耕补偿的下限是耕地的经济价值，上限是耕地经济价值和社会价值的总和。根据课题组对西南地区的初步研究，国家制定的休耕补偿标准比较真实地体现了耕地的经济价值，但可能略有偏低，原因是可能低估了耕地的社会价值。西南地区的多年性休

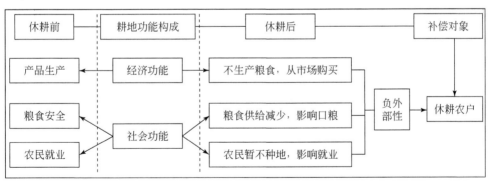

图3-1　基于耕地经济功能和社会功能的休耕补偿标准分析框架

---

　　① 在中国广大农村，耕地的产出在为农民提供粮食来源的同时，还是家畜家禽的饲料来源，因此，休耕还会引起农村养殖结构的变化，减少农村食粮型畜禽的养殖。

耕与华北地区的季节性休耕有显著区别，河北省粮食自给率高，季节性休耕不会对农户粮食安全造成大的影响；西南生态严重退化区是连续休耕三年，且生态严重退化区大都处于粮食供给平衡状态，有些地区甚至需要外调，连续多年休耕必然会打破这种平衡，需要从区外市场上获得粮食，这极有可能推高粮价。

3.1.2 休耕补偿是政府对农户保护耕地生态环境行为的经济激励

休耕是一种耕地生态保护行为，休耕的经济补偿是政府为激励农户保护耕地地力、提升耕地产能、恢复耕地生态环境等行为给予农户的货币补贴，其本质是对农户短期内承受一定收益损失以避免引起耕地生态功能和质量损害的一种补偿。生态补偿是调整社会经济发展与生态环境保护相关主体之间利益关系的一种制度安排（李文华等，2006），目的是通过激励的手段刺激生态环境正效应的输出（Alix-Garcia et al.，2008）。生态补偿和休耕补偿都强调了以激励加强生态环境保护这一核心内涵，二者在本质上并无差异，在某种程度上可以说休耕补偿是生态补偿的一种特殊手段。目前国内外关于生态补偿的理论和实践研究时间长、成果丰富，其成熟的理论体系和技术方法可作为休耕补偿标准研究的重要参考。

3.1.3 基于经济损失–心理不适–保护性耕作支付"三维内涵"的休耕补偿分析框架

中国施行耕地轮作休耕制度的最主要目的是让耕地休养生息、修复治理农田生态环境，实现"藏粮于地"，并促进农业和农村经济的可持续发展。休耕制度的实施对农户产生的影响可以归结为三个方面：第一，放弃粮食等农作物种植所承受的经济损失；第二，改变传统农作习惯所承受的心理不适；第三，为提升耕地产能所进行的保护性耕作或为提升生态效益的付出。可见需要进行补偿的内涵是多维度的。此外，耕地具有多种功能，休耕制度的实施促进土地利用转型，土地利用转型具有阶段性，休耕实施各阶段耕地的重点功能不一样，因此，补偿的重点内容不同，补偿标准也应有差异（图3-2）。

从图3-2可知，如果说休耕制度是一个系统工程，休耕补偿则是其中的子系统之一，结合休耕的效益输出目标，休耕补偿的内涵包括三个维度。

1）经济损失补偿，对应的系统输出是经济效益输出。其实质是对农户土地利用方式改变导致土地产出改变所承受的经济损失补偿。这是休耕补偿的最主要内容，只要休耕导致农户经济利益受损就需要给予补偿，因此该项补偿具有长期性。休耕制度实行的初期阶段，农民对于休耕政策的认知尚不够全面，对休耕政

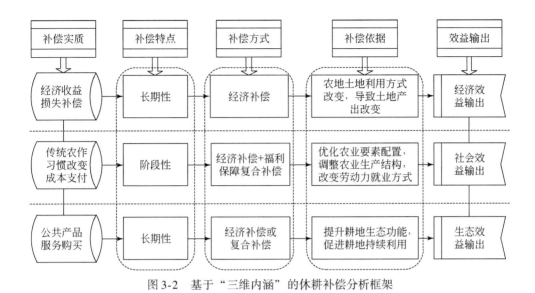

图 3-2　基于"三维内涵"的休耕补偿分析框架

策持怀疑态度。调研发现，多数农民对休耕政策的可持续性、休耕过程中的土地权属、休耕补偿是否能够到位等问题存在疑虑，加之农民对于耕地仍具有一定的依赖性，因而休耕的积极性不高。因此，补偿农户放弃粮食等农作物种植所承受的经济损失，提高农户休耕参与度成为该阶段的主要任务。休耕制度试点初期，休耕的规模和范围较小，可基于农户意愿测算休耕补偿标准。

2）心理补偿，即对因耕作习惯改变所带来的心理不适进行补偿。对应的系统输出为社会效益输出，其实质是以农作模式改变引导农户土地利用方式改变所支付的社会成本，在某种程度上，也是国家探索不同休耕模式所付出的成本。例如，2017 年以后的休耕模式允许农户种植豆科作物收获农产品，对云南省保山市隆阳区的调研发现，放弃种植玉米改种豆类，农民的收入大大提高，但如果没有补偿，农户仍然要种玉米，其原因是，传统上农户种植玉米的目的是将其作为饲料养猪等家畜，否则不符合当地的传统习惯。因此，这种休耕不是完全意义的休耕，而是轮作式休耕，休耕补偿的重点内容不是因为休耕使农户带来的经济损失，而是因为改变传统耕地利用方式带来的心理不适。调研表明，需要 5～8 年时间农户才基本上适应土地利用方式的转变，即通过 5～8 年的适应期后，即使政府不给补偿，农户也可以从心理上接受轮作休耕的农地利用方式。可见，心理补偿具有阶段性特点。从时间进程上，在农户接受经济补偿积极参与休耕的前提下，休耕制度实施的目标重点转向如何合理利用农业资源，提升农产品品质，优化农业结构，促进产业融合，改变劳动力就业方式，提高耕地社会效益。在不影响农户收入的前提下，可适当调整休耕补偿标准，将补贴更多地投入耕地产能建设和鼓励发展多种形式的适度规模经营等方面。除此之外，该阶段的休耕补偿不必局限于经济补偿，可探索经济补偿+技能培训、经济补偿+就业指导等复合补偿模式，进一步激发农户自主性。

3）生态补偿，对应的系统输出是生态效益输出。补偿的实质是对农户提供绿色公共产品所进行的奖励。现阶段休耕补偿方式是政府买单、农户受偿的单向补偿机制，即政府购买公共产品，大众免费消费。但生态效益并非个人利益，生态环境属于公共物品和公有资源，随着休耕制度长久稳健的运行，耕地生态效益的逐渐改善，应对政府单向补偿的机制作出调整，制度受益者应该承担休耕的成本，休耕补偿将逐渐转变为提升耕地效益的必要投入。这一阶段应该引入"谁受益，谁承担"的补偿机制，探索"政府调控、市场主导、公众参与"的运行规范，建立经济补偿或者结合市场制定复合补偿方式。

3.2　休耕补偿研究的理论视角

休耕补偿是生态补偿的一种特殊形式。耕地生态补偿是为了保护耕地生态系统功能不降低而对耕地保护者进行经济补贴，将外部的、非市场化的环境价值转化为现实的财政激励措施的一种利益驱动机制（杨欣和蔡银莺，2011），积极推进和完善耕地生态补偿机制，是耕地保护的有效举措。出于保障粮食安全、促进社会经济的可持续发展、维持社会稳定以及保护生态环境等目的，休耕是落实耕地数量-质量-生态"三位一体"保护的具体措施。在实施严格的耕地保护政策的同时，耕地发展权受到一定限制，若缺乏相应的补偿机制，相关利益群体的福利将受损。

发达国家从 20 世纪 50 年代开始关注在严格的耕地保护政策下相关利益群体的福利效应。在农户微观层面上，农业经济学家 Gardner 和 Delworth（1977）认为美国的农地保护政策给土地所有者造成"暴利"（windfall gains）和"暴损"（wipeout losses）的福利失衡问题；区域层面上，Thompson（1987）的研究表明，农地保护管制政策使被限制发展地区相关群体发展受限，从而福利"暴损"，非受限区域群体则产生"暴利"现象。因此，利益受损者逐渐受到各界关注，政府开始制定市场和政府相结合的补偿政策，如农业环境资助政策和土地发展权转移制度。关于生态补偿研究的理论逻辑，大致可分为四个视角：一是基于外部性理论的补偿研究，二是基于耕地资源价值构成的补偿研究，三是基于机会成本的补偿研究，四是基于福利理论的补偿研究（靳相木和杜茎深，2013）。基于机会成本的休耕补偿理论阐述详见第 6 章。

3.2.1　基于外部性理论的休耕补偿

外部性是指个人或群体的行动或决策使另外的个人或群体受益或受损，包括正外部性和负外部性。庇古、马歇尔等率先提出外部性问题，并逐步发展成为外部性理论。随后，Westman（1977）提出"自然的服务"的概念及其价值评估问题，开创了对资源与环境价值评估的理论与方法；Freeman（2002）在其著作《环境与资源价值评估——理论与方法》中，对外部成本内部化的理论和方法进行了系统梳理；Turner 等（1998）提出自然资本与生态服务价值分类理论；Costanza 等（1997）发表《世界自然资本服务与生态服务价值》一文，测算了世界生态系统服务与自然资本的价值。这些研究成果为耕地保护的外部成本内部化测算提供了理论基础和科学依据。

从补偿思路来看，耕地保护外部成本内部化虽然为生态补偿的研究奠定了基础，但基于外部性理论的补偿研究存在争论。庇古（2006）率先提出了政府应对正外部性予以补贴、对负外部性予以征税的"庇古手段"，Coase（1960）则提出了运用产权和市场的方法实现外部成本内部化。据此，学界对耕地保护外部性补偿研究大致有政府补贴和产权交易两种思路。基于产权交易思路的研究，多数学者主张增设耕地外部效益财产权，并将这一权利赋予农民（孙海兵和张安录，2006），以"谁受益，谁付费"的市场原则，实现对耕地保护的外部性补偿（彭向刚和向俊杰，2015）。当前研究多基于政府补贴思路，着眼于耕地非市场价值评估确定外部性补偿标准。耕地生产功能可以通过市场来实现，但农民无法通过市场实现耕地创造的社会和生态价值，而社会其他成员则免费享受着耕地的社会、生态效益输出（柴铎等，2016），这种社会和生态效益的溢出效应，便是正外部性的来源。既有研究中，也多基于耕地资源的正外部性提出，针对耕地溢出的社会和生态效益的评估和量化，使外部成本内部化，对保有与保护耕地的农民给予相应的经济补偿。若忽略耕地保护主体的土地利用行为带来的生态价值和社会价值，将会导致不良后果：一是其他群体免费享受耕地保护主体所提供的效用输出，会挫伤农民耕地保护的积极性；二是传统农业相较于非农用地价值的巨大涨幅，其农业生产盈利的能力被低估（Chang and Ying，2005）。

从国内外的理论研究和实践经验来看，20 世纪初，学者们对耕地保护外部性的研究还停留在外部性的理论逻辑、外部性的量化及外部性与生态补偿的讨论（Gene，2007）等方面。20 世纪 80 年代以来，外部性理论逐渐被运用到生态补偿的实践中，基于耕地外部性效益的补偿实践也日益普遍。学者一致认为农民对耕地长期利用所提供的正外部性意味着农民对耕地资源的最佳经济用途会被剥夺，需要对其进行经济补偿。欧美国家较为重视对农民提供的外部效益的补偿，如在欧洲农业环境政策中，环境服务价值得到有效量化，据此对提供正外部效益的农民提供货币补偿。实践表明，欧洲农业环境补偿政策得到了公众的广泛支持和极高的评价。德国农业部门认为，农业既肩负着粮食生产功能，又具有生态保育的功能，对生物多样性和资源环境的保护具有重要作用。因此，从 20 世纪 90 年代开始，德国农业部门出台了一系列农业环境保护相关的政策和法规，并基于外部效益内部化的原理制定相应的生态补偿政策，以激励农民从事绿色农业生产。实践证明，德国的生态补偿政策取得了良好成效。中国对耕地外部效益的相关研究起步较晚，研究认为耕地资源外部效益主要包括环境效益和粮食安全效益两大类（孙海兵，2010）。

3.2.2　基于耕地资源价值构成的休耕补偿

价值源于功能或效用，耕地资源的价值是耕地资源功能或效用的货币化度量（蔡运龙和霍雅勤，2006）。耕地资源作为生态系统的重要组成部分，具有食物供给、气候调节、文化服务等功能（Board，2005）。根据目前中国对耕地功能的需求，可将其划分为经济产出功能、社会保障功能和生态服务功能（俞奉庆和蔡运龙，2003），耕地资源的价值可分为经济价值、社会价值和生态价值。当然，针对耕地资源价值的讨论远远不止这一种分类标准，直至 21 世纪初，学界还停留在耕地资源价值构成的讨论中。

耕地资源价值构成决定了生态补偿实施的思路和方法，目前学者们对耕地资源的价值构成的界定已日趋统一（李景刚等，2009），生态补偿的分类大致可分为三种常用的分类思路（马文博等，2010）：一是如前文提到的，根据耕地的经济功能、社会功能和生态功能将耕地价值分为经济价值、社会价值和生态价值（任朝霞和陆玉麒，2011），这一划分不仅强调补偿耕地资源的经济产出的损失，也重视耕地资源在社会保障、社会稳定以及在水土保持、生物多样性和景观生态方面正外部效应的补偿（蔡运龙和霍雅勤，2006）。二是耕地资源的市场价值和非市场价值分类（蔡银莺和张安录，2006）。市场价值是经济产出价值，价值可以在市场中显化。非市场价值是指不满足市场价值定义的一系列价值的集合，包括提供开敞空间、维护生物多样性、保育环境等所具有的非市场化的价值，耕地资源的非市场价值之所以存在，源于农民对保护耕地有支付意愿或接受意愿，与人们是否使用它并无直接关系（Krutilla and Common，2011），基于这一思路的生态补偿与外部性补偿逻辑有一定的重合。三是使用价值和非使用价值分类，使用价值包括直接使用价值、间接使用价值，非使用价值包括遗赠价值和存在价值

（黄烈佳和张安录，2006）。通过人类对耕地的开垦和长期使用而凝结其中的价值，如耕地的游憩价值、社会价值等，都可称为使用价值；而这些价值当中还蕴含其他价值，如选择价值、馈赠价值及存在价值则属于非使用价值（马文博等，2010）。三种分类的划分标准不尽相同，但这三种分类标准互有重合，如耕地资源的市场价值可以等价于其经济价值，耕地资源的非市场价值也可以等价于其社会价值和生态价值。

3.2.3　基于福利理论的休耕补偿

福利经济学是考察不同经济状态下社会福利的增减变动，以说明现实经济政策是否合意的一种理论（Harvey，1992），可以依据某一种主观标准做出好与坏的规范判断。国外学者基于福利理论的补偿研究呈现较为鲜明的阶段性特征，从单一关注经济福利逐渐转向同时关注经济福利和非经济福利（魏玲等，2011）。福利经济学诞生之初，国外学者对与农民和农村相关政策的福利研究均瞄准农户的经济福利（Blum，2013）。但随着社会经济的发展，人们逐渐意识到单纯衡量经济福利的局限性。因此，20 世纪 70 年代以来，人们对福利的理解已从单纯的物质财富的增加演变成为多维度生活质量的提升，非经济福利的应用逐渐被广泛接纳（Nelson，1992）。中国对福利理论的研究起步较晚，但成果也较为丰富，多集中在福利变化的定量测度（高进云和乔荣锋，2016；丁琳琳等，2016）和福利评价（尹奇等，2010）。研究重心主要围绕农地城市流转过程中失地农民的补偿展开（高进云等，2010；苑韶峰等，2012），近年来农户福利的研究方向逐步扩展到基本农田管制（朱兰兰等，2016）、土地整治（项晓敏等，2017；毕宇珠等，2012）、退耕还林（刘璞和姚顺波，2016）等耕地保护的公共政策中。针对农田生态补偿开展福利受损的配套补偿以及福利补偿评价逐渐受到中国学者的关注（林乐芬和葛扬，2010），但由于参与生态补偿农户的非经济福利无明显变化特征，因而生态补偿中的非经济福利变化往往被忽视，学者们更多关注的是以农户的经济收入替代经济福利。

由以上理论逻辑可见，在生态补偿中，外部性理论、耕地资源价值构成理论以及机会成本理论关注的焦点在耕地资源本身所发挥的价值，而福利理论的补偿研究关注焦点在微观农户的行为意愿。可以说，福利经济学中的效用理论为休耕补偿研究提供了一条思路。因此，本书借鉴福利经济学中的效用理论（消费者行为理论），进行深入剖析，从经济补偿需求方（即农户受偿意愿）角度探讨休耕补偿标准测算的理论和方法（详见第 5 章）。

3.3 生态补偿测算方法探讨

3.3.1 产权交易视角的测算方法

生态补偿的理论逻辑决定了经济补偿定量测度方法和手段。目前，针对外部性逻辑的生态补偿测算主要从产权交易的视角进行，其测算方法主要有揭示偏好法（revealed preference approach，RPA）与陈述偏好法（stated preference approach，SPA）两种（姜昊，2009）。揭示偏好法是通过考察人们所愿意支付的价格间接推断出人们对环境的偏好，以此估算环境变化的经济价值，主要包括旅行费用法、享乐价格法、市场成本法和效益转移法等；陈述偏好法是通过设定一个假想市场，采用调查方式推导出环境资源的非市场价值，主要包括条件价值法（contingent value method，CVM）和选择实验法（choice experiment，CE）两种（江冲等，2010），其中条件价值法最具代表性，被广泛应用于生态补偿（徐大伟等，2013；周颖等，2015）、公共物品价值评估（崔卫华和林菲菲，2010；肖建红等，2013）以及环境价值损失（李国平和郭江，2012）等各个领域，条件价值法以效用最大化为前提，采用问卷调查获取数据，并构建模型揭示消费者对环境物品和服务的偏好，评估公共物品的非市场价值（刘亚萍和金建湘，2014）。

3.3.2 基于资源价值构成理论的测算方法

基于耕地资源价值构成理论的测算方法，学界认为耕地资源价值包括市场价值和非市场价值。虽然经济价值核算已具有较完善的理论基础和思路，但获取可靠的耕地年净收益是价值测算的关键（王迪等，2012）；社会价值主要包括社会保障价值和维护社会稳定价值两个方面，均可以采用替代法进行评估（丁成日，2007）；耕地资源的生态服务价值核算已有较为完善的理论体系，国内相关研究多在对谢高地（2015）等提出的"中国陆地生态系统服务价值当量因子表"进行修正的基础上展开评估。而耕地的社会价值和生态服务价值无法通过市场交易实现，其价值核算是当前研究的难点。指标替代核算方法往往低估耕地的非市场价值，导致耕地资源的低效利用或估算结果偏大（江冲等，2010）。因此，借鉴耕地资源价值构成的测算方法对生态补偿进行测算具有较大的不确定性，但可以作为生态补偿测算的参考。

3.4　代表性国家休耕补偿制度及其实践

目前出于稳定休耕农民收入以及提高休耕可持续性等目的（谭永忠等，2017），以美国、欧盟和日本为代表的大多数国家和地区都制定了一套较为成熟的休耕补偿制度。

3.4.1　美国的休耕补偿制度及其实践

美国的耕地休耕是为了解决粮食过剩问题和改善生态环境，通过立法来实现的自觉行为（罗婷婷和邹学荣，2015），土地保护储备计划作为美国历史上土壤保护规模最大的计划之一，差异化补偿是美国土地保护储备计划实施中的显著特征。土地保护储备计划结合生态环境的敏感性、耕地的生产特征及植被保护措施实施成本而设置差异化的补偿标准（Cai et al.，2013），另外奖励补贴和技术支援作为休耕补偿的补充（高玉强和沈坤荣，2014）。美国休耕政策由农户主动提出申请，政府根据生态环境的敏感程度将农户的休耕申请分为普通申请（general sign-up）和连续申请（continuous sign-up）。一般而言，若环境敏感程度较高的地区，农户需要连续申请，且申请休耕即可获批，休耕补偿标准由实施休耕的奖励金和管护补助金组成。普通申请的适用地区环境敏感程度不高，农户在考虑机会成本和管护成本的基础上，向政府提出期望补偿额度（Antle，2008），农业部根据农户申请补偿意愿、土地产出率、地租以及预期的生态环境效益等指标，对申请者进行评估和审批，获批后即可获得期望的土地租金补偿和管护补偿（朱文清，2009；向青和尹润生，2006）。总体上，美国的土地保护性储备计划补偿标准的确定与市场手段紧密相关，土地的年租金是补偿标准的测算依据，竞标是补偿标准最终确定的主要方式，意味着农民期望补偿金额越低、环境效益评分越高的申请者中标可能性越大。一项研究表明，约有59.4%的受访者表示土地保护储备计划的补偿标准低于农场净收入，为此，多数小农户不愿意参加土地保护储备计划（Mortensen，1990）。

3.4.2　欧盟的休耕补偿制度及其实践

欧盟的共同农业政策中，休耕项目是重要组成部分（Trubins，2013），欧盟鼓励农民对耕地实行休耕，以降低农业生产对环境的损害，调控粮食供给总量和实现市场平衡。欧盟的休耕政策根据耕地规模、土地产出率及生态环境状况分为强制性休耕和非强制性休耕。通常农户申请休耕耕地作物种植的面积折合粮食总产量超过92 t的大农场属于强制休耕区域，总产量不足92 t的小农场则属于非强制休耕区域（Steele，2009；邓宗豪和王维敏，2002）。无论是强制休耕还是非强制休耕区域，休耕补偿标准与作物种植面积和市场价格挂钩（杨庆媛等，2018；张建，2009），不同的欧盟国家和地区粮食产量不同，因此休耕补偿标准也不尽相同。休耕农户根据休耕面积得到固定的休耕补偿金，由政府直接现金支付，以弥补农民种植收益的损失，保障农民利益；参与休耕的农民，如果对休耕耕地实施生态种植、养护废弃地、降低农田污染等保护措施，则可享受一定的奖励性补偿（Ma et al.，2012；蔡银莺和张安录，2010）。总体上来看，强制性和固定性是欧盟休耕补偿政策的主要特征，尽管操作方式简单易行，但耕地质量和经济发展状况的差异及农民的休耕意愿没有得到重视。

3.4.3 日本的休耕补偿制度及其实践

相比农业经营规模大、机械化程度高、以专业农场主为主要特征的欧美国家而言，日本以小农经济为主，农业经营专业化和机械化程度低。耕地休耕项目是日本的一项粮食供给控制措施，目的是将一定的耕地退出粮食生产。日本农地实行分类管理制度，主要包括轮种休耕、管理休耕和永久性休耕三种类别（Saizen et al.，2006）。这三种农地管理方式休耕要求不同，补偿标准各异（孙强和蔡运龙，2008；Ren and Jun，2008）。农民获得补偿标准的前提是对休耕地采取有效的管护措施，使休耕地达到补贴发放标准，其中永久性休耕补偿标准最高。日本的休耕补偿政策由农林渔业部统一管理（王永春和王秀东，2009），以政府直接补助为主，农民根据所拥有的耕地质量状况自愿参加休耕项目。对积极配合的农民，政府会发放高昂的奖励补偿，最高可达每公顷4000美元（Sasaki，2005）。总体上来看，日本的休耕补偿政策具有被动性和差异性等特征，自上而下的政策减少了统计和核查的工作量，市场的作用较小。但差异性的政策需要政府考虑各种特殊情况，为达到激励效果，制定的休耕补偿标准相对较高。

3.5 中国现行的休耕补偿标准

目前国内关于休耕补偿标准方面的学术成果有限。谭永忠等（2017）通过对比国内外休耕补偿制度，归纳了国内休耕补偿政策的一些问题。第一，中国休耕制度是政府自上而下推进的，农户缺乏参与休耕项目的主动性。试点区域对休耕农户的参与偏好和利益诉求的重视程度不高，难以根据农户受偿意愿和农业行为提供具体的休耕补偿方案。第二，休耕补偿标准"一刀切"。休耕补偿标准仅仅体现了各休耕试点区域之间的差异，区域内部的休耕补偿标准趋同。第三，休耕补偿标准测算体系尚未建立。

尽管目前中国休耕补偿政策的理论和实践还存在以上问题亟待解决，但国内学者也立足实际对休耕补偿标准进行了有益探索，提供了宝贵的建议。陈展图和杨庆媛（2017）在研究休耕制度的基本框架中提出休耕补偿是休耕制度运行的核心动力，其标准的制定应该体现耕地的经济价值和社会价值。吴萍（2017）通过深入剖析耕地生态价值的内涵，提出休耕生态补偿制度建设的必要性，认为耕地轮作休耕补偿标准的制定应该兼顾公平与效率。轮作休耕补偿标准的公平性应该体现在差异化的实施和动态化的管理两个方面，以保障轮作休耕项目实施的效果。为保障补偿标准的效率，应采用简单易操作的机会成本法来确定，并结合经济发展水平和微观农户的受偿意愿等因素综合考量。王学（2016）、谢花林和程玲娟（2017）等学者从休耕补偿政策实施的客体——休耕地视角，提出制定适度的休耕补偿标准是休耕制度有效实施的核心问题，通过计算冬小麦退耕的机会成本，测算地下水超采区休耕补偿的具体标准，并根据地下水压减目标及时调整。尹珂和肖轶（2015）、俞振宁等（2017）等虽然重点关注农户的受偿意愿，但并未将研究落实到具体的休耕补偿标准测算中。

国内休耕实践方面，自 2016 年 6 月《探索实行耕地轮作休耕制度试点方案》印发以来，全国已有 9 个省（自治区、直辖市）开展轮作休耕试点，并逐步扩大规模。在河北省地下水漏斗区，为压减地下水超采，推行冬小麦季节性休耕，每年每亩补助 500 元；在湖南重金属污染区，为修复治理污染耕地，连续多年实施休耕，并加强休耕耕地管护，以实现保护地力与治理污染的统一，每年每亩补助 1300 元；在生态严重退化区的甘肃省，一季作物区全年休耕试点每年每亩补助 800 元；西南石漠化地区的云南省和贵州省，为促进生态环境的修复治理，于 2016 年开始了连续三年的休耕试点，并给予农民每亩 1000 元的休耕补贴。

3.6　本章小结

休耕补偿标准的制定是休耕制度的核心，关乎制度运行的长效性和持续性。但单从制度客体（耕地的情况等）来探讨休耕补偿标准，缺乏对农户意愿的考量，而农户的受偿意愿被认为是休耕经济补偿的关键环节，但目前的研究成果尚缺乏针对性和深度，构建休耕补偿标准的测算体系还需要从更为成熟的生态补偿研究领域寻求借鉴。

美国、欧盟及日本等国家和地区由于实行休耕制度较早，已形成了较成熟的休耕补偿措施，针对休耕地特色进行分类补偿。以种粮机会成本为基础是目前休耕补偿研究的主要视角，休耕农户凭借休耕土地获得定额补偿，并由决策者进行动态调整是目前研究的主流结论。但研究的视角和方法较为单一，缺乏从微观主体受偿意愿的角度研究休耕补偿的成果。另外，美国、欧盟和日本的休耕补偿政策各有特点，实践证明，"一刀切"的补偿标准难以激发农民参与休耕项目的积极性，过度借助市场手段的休耕补偿标准又无法满足多数农民的意愿。因此，如何满足农民意愿使其积极主动参与是国内休耕补偿标准测算体系探讨的主要目标。

参 考 文 献

毕宇珠，宋家宁，王敬.2012.资本化背景下土地整治一体化经营模式初探［J］.中国土地，（5）：46-46.

庇古.2006.福利经济学［M］.朱泱，张胜纪，吴良健，译.北京：商务印书馆.

蔡银莺，张安录.2006.武汉市农地资源非市场价值研究［J］.资源科学，28（6）：104-111.

蔡银莺，张安录.2010.规划管制下农田生态补偿的研究进展分析［J］.自然资源学报，25（5）：868-880.

蔡运龙，霍雅勤.2006.中国耕地价值重建方法与案例研究［J］.地理学报，61（10）：1084-1092.

柴铎，李晓，陈亮君.2016.新型城镇化推进中耕地保护的经济效应研究［J］.价格理论与实践，（9）：148-151.

陈展图，杨庆媛.2017.中国耕地休耕制度基本框架构建［J］.中国人口·资源与环境，27（12）：126-136.

崔卫华，林菲菲.2010.文化遗产资源的价值评价：CVM的局限性及几点改进［J］.资源科学，32（10）：1985-1990.

邓宗豪，王维敏.2002.欧盟共同农业政策的改革及其影响分析［J］.西南民族大学学报（人文社科版），23（5）：98-101.

丁成日.2007.中国征地补偿制度的经济分析及征地改革建议［J］.中国土地科学，21（5）：4-10.

丁琳琳，吴群，李永乐.2016.土地征收中农户福利变化及其影响因素——基于江苏省不同地区的农户问卷调查［J］.经济地理，36（12）：154-161.

段岩燕，申静，田华.2010.从各利益主体间博弈关系谈我国耕地保护制度［J］.城市发展研究，17（10）：107-112.

高进云，乔荣锋.2016.土地征收前后农民福利变化测度与可行能力培养——基于天津市4区调查数据的实证研究［J］.中国人口·资源与环境，（S2）：158-161.

高进云，周智，乔荣锋.2010.森的可行能力理论框架下土地征收对农民福利的影响测度［J］.中国软科学，（12）：59-69.

高玉强，沈坤荣.2014.欧盟与美国的农业补贴制度及对我国的启示［J］.经济体制改革，

（2）：173-177.

黄国勤，赵其国．2018．中国典型地区轮作休耕模式与发展策略［J］．土壤学报，55（2）：283-292.

黄烈佳，张安录．2006．农地价值与农地城市流转决策若干问题探讨［J］．地理与地理信息科学，22（2）：88-91.

黄锡生，史玉成．2013．生态利益衡平：原理、进路与展开［C］．生态文明的法制保障——2013年全国环境资源法学研讨会（年会）论文集．

江冲，金建君，罗永剑．2010．耕地资源非市场价值评估研究进展及展望［J］．中国农业资源与区划，31（5）：51-56.

江娟丽，杨庆媛，童小蓉，等．2018．我国实行休耕制度的制约因素与对策研究［J］．西南大学学报（社会科学版），44（3）：52-57.

姜昊．2009．基于CVM的耕地非市场价值评估研究［D］．北京：中国农业科学院．

靳相木，杜茎深．2013．耕地保护补偿研究：一个结构性的进展评论［J］．中国土地科学，27（3）：47-54.

拉冯德G，麦康B，斯塔伯格C，等．2008．加拿大西部平原和中国西部实施保护性耕作制度的对比思考［J］．吕霄鹏，译．中国农业信息，（10）：4-6.

李国平，郭江．2012．基于CVM的榆林煤炭矿区生态环境破坏价值损失研究——以神木县、府谷县和榆阳区为调研区域［J］．干旱区资源与环境，26（3）：17-22.

李景刚，欧名豪，张效军，等．2009．耕地资源价值重建及其货币化评价——以青岛市为例［J］．自然资源学报，24（11）：1870-1880.

李梁．2016．退耕还林：成本有效性、结构调整效应与经济可持续性［J］．花卉，（22）：87-88.

李文华，李芬，李世东，等．2006．森林生态效益补偿的研究现状与展望［J］．自然资源学报，21（5）：677-688.

李秀彬．2014-01-20．退耕还林工程：好事如何变成坏事［EB/OL］．http://lixiubin.blog.hexun.com/91259788_d.html.

林乐芬，葛扬．2010．基于福利经济学视角的失地农民补偿问题研究［J］．经济学家，（1）：49-56.

刘璨，姚顺波．2016．退耕还林农户的福利状态研究——可行能力分析法的应用［J］．西南民族大学学报（人文社科版），37（6）：114-119.

刘亚萍，金建湘．2014．CVM法在国内的应用研究特征及研究态势——基于国内刊物20年来公开发表的文献［J］．生态经济，30（2）：24-29.

罗婷婷，邹学荣．2015．撂荒、弃耕、退耕还林与休耕转换机制谋划［J］．西部论坛，25（2）：40-46.

马文博，李世平，陈昱．2010．基于CVM的耕地保护经济补偿探析［J］．中国人口·资源与环境，20（11）：107-111.

彭向刚，向俊杰．2015．中国三种生态文明建设模式的反思与超越［J］．中国人口·资源与环境，25（3）：12-18.

祁新华，林荣平，程煜，等.2013.贫困与生态环境相互关系研究述评［J］.地理科学，33（12）：1498-1505.

任朝霞，陆玉麒.2011.条件价值法在西安市耕地资源非市场价值评估的应用［J］.干旱区资源与环境，25（3）：28-32.

孙海兵，张安录.2006.农地外部效益保护研究［J］.中国土地科学，20（3）：9-13.

孙海兵.2010.耕地外部效益评估研究进展［J］.中国农学通报，26（12）：330-333.

孙强，蔡运龙.2008.日本耕地保护与土地管理的历史经验及其对中国的启示［J］.北京大学学报（自然科学版），44（2）：249-256.

谭永忠，赵越，俞振宁，等.2017.代表性国家和地区耕地休耕补助政策及其对中国的启示［J］.农业工程学报，33（19）：249-257.

王学，李秀彬，辛良杰，等.2016.华北地下水超采区冬小麦退耕的生态补偿问题探讨［J］.地理学报，71（5）：829-839.

王永春，王秀东.2009.日本的农业补贴——水稻［J］.世界农业，（12）：27-29.

魏玲，张安录，望晓东.2011.农地城市流转中福利变化研究进展综述［J］.中国土地科学，25（3）：90-96.

吴萍.2017.构建耕地轮作休耕生态补偿制度的思考［J］.农村经济，（10）：112-117.

向青，尹润生.2006.美国环保休耕计划的做法与经验［J］.林业经济，（1）：73-78.

项晓敏，金晓斌，王温鑫，等.2017.供给侧结构性改革视角下的土地整治制度创新初探［J］.中国土地科学，31（4）：12-21.

肖建红，于庆东，张运磊，等.2013.基于CVM的旅游相关资源价值评估总体范围扩展方法研究［J］.自然资源学报，28（9）：1623-1636.

谢高地，张彩霞，张雷明，等.2015.基于单位面积价值当量因子的生态系统服务价值化方法改进［J］.自然资源学报，30（8）：1243-1254.

谢花林，程玲娟.2017.地下水漏斗区农户冬小麦休耕意愿的影响因素及其生态补偿标准研究——以河北衡水为例［J］.自然资源学报，32（12）：2012-2022.

谢祖光.2009.从台湾休耕政策谈农地管理领域：农地利用管理［A］.中国土地学会.节约集约用地及城乡统筹发展——2009年海峡两岸土地学术研讨会论文集［C］.中国土地学会：中国土地学会，17.

新华社.2017-1-24.中共中央国务院关于加强耕地保护和改进占补平衡的意见［N］.人民日报，（1）.

徐大伟，刘春燕，常亮.2013.流域生态补偿意愿的WTP与WTA差异性研究：基于辽河中游地区居民的CVM调查［J］.自然资源学报，28（3）：402-409.

杨庆媛，信桂新，江娟丽，等.2017.欧美及东亚地区耕地轮作休耕制度实践：对比与启示［J］.中国土地科学，31（4）：71-79.

杨欣，蔡银莺.2011.国内外农田生态补偿的方式及其选择［J］.中国人口·资源与环境，21（S2）：472-476.

尹珂，肖轶.2015.三峡库区消落带农户生态休耕经济补偿意愿及影响因素研究［J］.地理科学，35（9）：1123-1129.

尹奇，马璐璐，王庆日.2010.基于森的功能和能力福利理论的失地农民福利水平评价［J］.中国土地科学，24（7）：41-46.

俞奉庆，蔡运龙.2003.耕地资源价值探讨［J］.中国土地科学，17（3）：3-9.

俞振宁，谭永忠，吴次芳，等.2017.基于兼业分化视角的农户耕地轮作休耕受偿意愿分析——以浙江省嘉善县为例［J］.中国土地科学，31（9）：43-51.

苑韶峰，杨丽霞，王庆日.2012.慈溪市四镇农地转用过程中农户福利变化的定量测度［J］.中国土地科学，26（10）：82-90.

张建.2009.WTO多哈回合农业谈判近况及日本立场的考察［J］.国际观察，（1）：74-79.

赵其国，沈仁芳，滕应，等.2017.中国重金属污染区耕地轮作休耕制度试点进展、问题及对策建议［J］.生态环境学报，26（12）：2003-2007.

赵其国，沈仁芳，滕应，等.2018.我国地下水漏斗区耕地轮作休耕制度试点成效及对策建议［J］.土壤，50（1）：1-6.

赵其国，滕应，黄国勤.2017.中国探索实行耕地轮作休耕制度试点问题的战略思考［J］.生态环境学报，26（1）：1-5.

周颖，周清波，周旭英，等.2015.意愿价值评估法应用于农业生态补偿研究进展［J］.生态学报，35（24）：7955-7964.

朱兰兰，蔡银莺，刘小庆.2016.基本农田用途管制对农民福利的影响及区域差异——基于成都和武汉的比较［J］.地域研究与开发，35（4）：143-148.

朱文清.2009.美国休耕保护项目问题研究［J］.林业经济，（12）：80-83.

Freeman Ⅲ A M.2002.环境与资源价值评估：理论与方法［M］.曾贤刚，译.北京：中国人民大学出版社.

Harvey S R.1992.财政学［M］.马欣仁，陈茜，译.北京：中国财政经济出版社.

Rosen H S.1992.财政学［M］.马欣仁，陈茜，译.北京：中国财政经济出版社.

Alix-Garcia J，de Janvry A，Sadoulet E.2008.The role of deforestation risk and calibrated compensation in designing payments for environmental services［J］.Environment & Development Economics，13（3）：375-394.

Antle J M，Stoorvogel J，Crissman C，et al.2008.Tradeoff assessment as a quantitative approach to agricultural/environmental policy analysis［J］.Advances in Farming Systems Analyses，（4）：1-16.

Blum M.2013.The influence of inequality on the standard of living：worldwide anthropometric evidence from the 19th and 20th centuries［J］.Economics & Human Biology，11（4）：436-452.

Board M E A.2005.Millenium ecosystem assessment - ecosystems and human well- being：wetlands and water synthesis［J］.Physics Teacher，34（9）：534.

Cai R，Mullen J D，Wetzstein M E，et al.2013.The impacts of crop yield and price volatility on producers' cropping patterns：A dynamic optimal crop rotation model［J］.Agricultural Systems，（116）：52-59.

Chang K，Ying Y H.2005.External benefits of preserving agricultural land：Taiwan's rice fields［J］.Social Science Journal，42（2）：285-293.

Coase R H. 1960. The Problem of Social Cost ［M］. Classic Papers in Natural Resource Economics. Palgrave Macmillan UK：837-877.

Costanza R, D'Arge R, Groot R D, et al. 1997. The value of the world's ecosystem services and natural capital ［J］. Nature, 387 （15）：253-260.

Cuperus R, Canters K J, Haes H A U D, et al. 1999. Guidelines for ecological compensation associated with highways ［J］. Biological Conservation, 90 （1）：41-51.

Gardner, Delworth B. 1977. The Economics of agricultural land preservation ［J］. American Journal of Agricultural Economics, 59 （1）：1027.

Gene E I. 2007. The profitability of forest protection versus logging and the role of payments for environmental services （PES） in the Reserva Forestal Golfo Dulce, Costa Rica ［J］. Forest Policy & Economics, 10 （1-2）：7-13.

Hitzhusen F, van Kooten, G, Cornelis. 1994. Land resource economics and sustainable development：Economic policies and the common good ［J］. American Journal of Agricultural Economics, 76 （2）：337-341.

Ibendahl G A. 2004. A risk-adjusted comparison of conservation reserve program payments versus production payments for a corn-soybean farmer ［J］. Journal of Agricultural and Applied Economics, 36 （2）：425-434.

Junge X, Lindemann-Matthies P, Hunziker M, et al. 2011. Aesthetic preferences of non-farmers and farmers for different land-use types and proportions of ecological compensation areas in the Swiss lowlands ［J］. Biological Conservation, 144 （5）：1430-1440.

Krutilla J V, Common M. 1973. Natural environments：studies in theoretical and applied analysis ［J］. Economic Journal, 83 （332）：1332.

Ma S, Swinton S M, Lupi F, et al. 2012. Farmers' willingness to participate in payment-for-environmental-services programmes ［J］. Journal of Agricultural Economics, 63 （3）：604-626.

Mortensen T L, Leistritz F L, Leitch J A, et al. 1990. Socioeconomic impact of the Conservation Reserve Program in North Dakota ［C］// North Dakota State University, Department of Agribusiness and Applied Economics：494-497.

Nelson A C. 1992. Preserving prime farmland in the face of urbanization ［J］. Journal of American Planning Association, 58 （4）：467-488.

Ren T, Jun L I. 2008. Exploitation and utilization of summer fallow farmland on main river valley areas in Tibet ［J］. Agricultural Research in the Arid Areas, 26 （4）：105-108.

Saizen I, Mizuno K, Kobayashi S. 2006. Effects of land-use master plans in the metropolitan fringe of Japan ［J］. Landscape & Urban Planning, 78 （4）：411-421.

Sasaki H. 2005. Analysis about consciousness structures on agri-environmental payment programs in Shiga：An application of structural equation model included WTP ［J］. Journal of Rural Planning Association, 23 （4）：275-284.

Steele S R. 2009. Expanding the solution set：Organizational economics and agri-environmental policy ［J］. Ecological Economics, 69 （2）：398-405.

Thompson D D. 1987. An externality from governmentally owned property may be a nuisance even a taking［C］// Hagman D G，Misczynski D J. Windfall for Wipeouts：Land Value Capture and Compensation. Washington D C：Planner Press，203-221.

Trubins R. 2013. Land-use change in southern Sweden：Before and after decoupling［J］. Land Use Policy，33（9）：161-169.

Turner R K，van de Bergh J C J M，Barendregt A，et al. 1998. Ecological-economic analysis of wetlands［J］. Tinbergen Institute Discussion Papers，No. 98-050/3.

Westman W E. 1977. How much are nature's services worth［J］. Science，197（4307）：960-964.

第4章 基于休耕农户生计与福利变化的差异化补偿需求分析

农户是农村居民以家庭契约关系为基础的社会经济组织，是休耕政策实施中最重要的主体。一方面，农户是休耕制度最直接的践行者，休耕对农户生计和福利的影响及农户对此做出的响应是影响休耕制度顺利实施的重要因素；另一方面，农户是休耕补偿的对象，休耕补偿的直观内容就是补偿农户在休耕过程中所遭受的损失。厘清农户在休耕政策实施过程中的生计变化和福利变化，是进行休耕补偿的关键依据。本章沿着休耕农户"生计变化—福利变化—补偿需求"的脉络展开研究：一是了解研究区休耕农户的基本生计特征，诊断其生计脆弱性，分析降低生计脆弱性的策略及其效果，探讨休耕对农户生计的影响及降低农户生计脆弱性的途径；二是根据农户生计脆弱性的量化结果对其进行分类，分析不同生计类型农户休耕后的福利变化，厘清不同农户所遭受的损失；三是基于不同生计条件分析休耕农户差别化的补偿需求，为合理制定休耕补偿标准提供依据。

4.1 研究设计

4.1.1 研究思路及技术路线

本章以生计脆弱性理论、可持续生计理论和森的可行能力理论为理论基础，构建休耕农户生计及福利变化分析逻辑框架，运用农户调研数据进行差异化补偿需求分析。研究分以下几个方面：第一，基于可持续生计理论和生计脆弱性理论，采用国家休耕试点县云南省石林县的休耕农户调研数据，遵循"生计脆弱性诊断—生计风险现状及改善策略—休耕对农户生计的影响及改善路径"的整体逻辑框架，评估农户生计脆弱性，分析不同生计资本脆弱型农户的生计改善措施，讨论休耕制度的实施对农户生计改善的影响。第二，基于森的可行能力理论构建农户福利水平评价体系，应用云南省砚山县、石林县的休耕农户调研数据，采用模糊综合评价方法，分析不同生计资产配置的休耕农户福利水平变化特征及其差异。第三，借鉴生态补偿、生计资本测算方法，构建基于 Logistic 模型的不同生计农户休耕受偿方式选择模型，以期解释不同生计条件对农户受偿方式选择的影响，并为休耕补偿标准测算奠定基础。研究的技术路线见图 4-1。

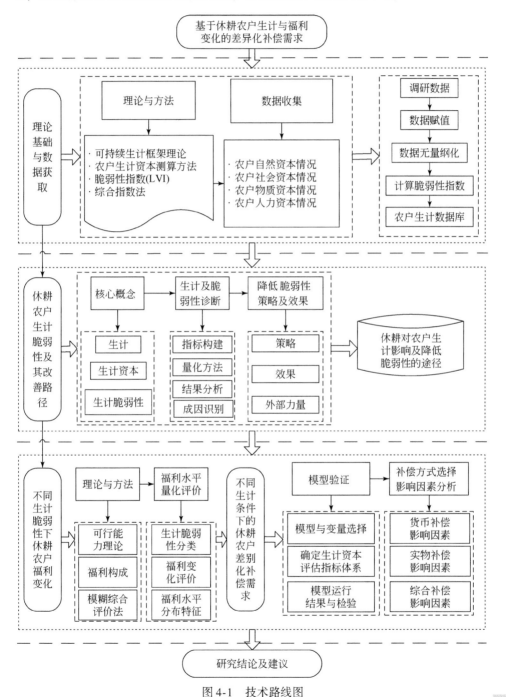

图 4-1　技术路线图

4.1.2 研究目标及主要内容

4.1.2.1 研究目标

补偿需求是补偿标准测算的依据，休耕农户生计与福利变化是补偿需求的基础。评估休耕农户的生计脆弱性，探讨不同生计条件下的休耕补偿需求，可以为休耕补偿标准测算和调控提供可靠依据。研究目标包括三个方面：

1）构建休耕试点区域农户生计脆弱性评估框架，探究休耕试点区域农户的约束性生计资本，分析休耕对农户生计脆弱性的影响，为明确改善路径提供依据。

2）建立休耕农户的福利评价体系，分析不同生计资产配置的休耕农户福利水平变化的特征及差异，为制定科学合理的休耕补偿方案提供有益借鉴。

3）明确不同生计类型农户休耕补偿需求，解释不同生计条件对农户受偿方式选择的影响方向及影响程度，为完善休耕补偿制度提供依据。

4.1.2.2 主要研究内容

根据上述目标，本章的主要研究内容如下：

1）农户生计脆弱性、改善策略及其效果的诊断与评价。分析休耕制度的实施对不同生计类型农户生计改善的影响，提出农户生计改善的方法和途径，剖析休耕对降低农户生计脆弱性的作用，提出改善农户生计的对策建议。

2）休耕对不同生计脆弱类型农户及福利变化分析与评估。通过农户生计资产量化，测算研究区休耕农户生计资产状况，基于森的可行能力理论构建农户福利水平评价体系，采用模糊综合评价方法分析不同生计资产配置休耕农户福利水平变化的特征及差异。

3）不同生计条件下农户对休耕补偿的需求及受偿方式选择分析。借鉴生态补偿、生计资本的研究成果，根据不同生计条件下休耕农户对于休耕补偿方式的选择，分析总结对不同休耕补偿方式影响显著的农户生计条件。构建基于Logistic 模型的不同生计农户休耕受偿方式选择模型，分析生计条件对农户受偿方式选择的影响方向及影响程度。

4.1.3 研究区域及数据说明

4.1.3.1 研究区域

2016 年 6 月国家印发的《探索实行耕地轮作休耕制度试点方案》提出，中国将在地下水漏斗区、重金属污染区和生态严重退化区开展休耕试点。其中，地下水漏斗区以河北省为代表，生态严重退化区以云南省、贵州省（石漠化区）以及甘肃省（沙漠化区）为代表。

云南省是生态严重退化区的代表，石漠化严重，生态环境较为脆弱。云南省石林县和砚山县是西南石漠化地区首批休耕制度试点县，选择两县为样区研究休耕制度对农户生计的影响，对其他类似地区乃至全国具有较好的示范作用。河北省邢台市平乡县与巨鹿县是地下水漏斗区的重点区域，也是国家实施耕地休耕制度试点的第一批试点县。本研究以国家首批休耕试点县中地处西南的石林县和砚山县及华北的平乡县和巨鹿县为案例地，研究农户生计脆弱性，总结农户生计与福利变化及差异化补偿需求，为休耕区域农户生计改善及补偿研究提供依据。

4.1.3.2　数据说明

（1）休耕区域农户生计及脆弱性分析数据

选取云南省石林县的休耕试点乡镇，按照 3：1：1 的比例抽取 2016 年休耕农户、2017 年休耕农户与非休耕农户共计 351 户样本。发放调研问卷 351 份，回收 351 份，回收率为 100%。排除无效问卷 1 份，剩余有效问卷 350 份，有效率为 99.72%。其中，2016 年休耕的农户为 255 户，2017 年休耕和未参与休耕的农户分别为 47 户和 48 户。由于 2017 年新增试点农户生计状况在调研时还未受到休耕影响，本研究将 2016 年休耕农户定为休耕农户，将 2017 年休耕农户与非休耕农户定为未休耕农户。

问卷调研采用随机抽样的方法，在林口铺村等六个行政村进行。受访农户兼业现象较为普遍，占总受访农户的 69.91%；户主以男性为主，占总受访农户的 95.99%；户主平均年龄约 49.91 岁，以 40~59 岁为主，占总受访农户的 71.63%；受访户主受教育水平参差不齐，文盲率 10.03%，大部分户主的文化程度为小学，占总受访农户的 49.86%。受访农户家庭平均规模 4.31 人，人均耕地面积 4.52 亩，远超中国 2016 年人均耕地面积（1.46 亩）①；农户户均总收入超过 7 万元（表 4-1）。受访农户区域分布见表 4-2。

表 4-1　石林县样本农户基本情况表

统计项	选项	数量（户）	占比（%）
是否休耕	休耕农户	255	73.07
	未休耕农户	95	26.93

---

① 数据来源于《中国统计年鉴 2017》。

统计项	选项	数量（户）	占比（%）
是否兼业	是	244	69.91
	否	106	30.09
户主性别	男	335	95.99
	女	15	4.01
户主年龄（岁）	20~29	6	1.72
	30~39	38	10.89
	40~49	133	38.11
	50~59	117	33.52
	60~69	47	13.47
	>70	9	2.29
户主受教育水平	文盲	36	10.03
	小学	174	49.86
	初中	120	34.38
	高（职）中	20	5.73
	大专及以上	0	0.00
户主平均年龄（岁）	—	49.91	—
家庭平均人口数（人）	—	4.31	—
人均耕地面积（亩）	—	4.52	—
户均总收入（元）	—	71 766.68	—

注：数据来源于调研问卷

表4-2　受访农户区域分布表

受访区域	受访总人数（人）	休耕农户（户）	未休耕农户（户）
林口铺村	69	68	1
小密枝村	64	61	3
松子园村	52	33	19
小戈丈村	26	3	23
螺蛳塘村	88	87	1
大哨村	51	3	48

（2）休耕农户福利变化研究数据

选取云南省休耕试点区砚山县、石林县的农户问卷调查和访谈数据，包括受访农户的个人特征、家庭特征、耕地状况、生计来源等信息。本次调研共发放问卷600份，实际回收有效问卷594份，问卷有效率99%。对搜集到的资料进行甄别、筛选、分析后，构建休耕农户福利评价的数据集。

（3）差别化补偿需求研究数据

课题组于2016年11月对河北省邢台市巨鹿县和平乡县9个涉及休耕试点自然村的农户进行调研，共发放问卷248份，回收248份，回收率100%，其中有效问卷248份，有效率100%。样本农户基本情况见表4-3。

表4-3　邢台市样本农户基本情况表

农户家庭特征	选项	频数	占比（%）
户主性别	男	229	92.34
	女	19	7.66
户主受教育水平	文盲	21	8.47
	小学	77	31.05
	初中	108	43.55
	高（职）中	37	14.92
	大专及以上	5	2.02
农户兼业情况	是	204	82.26
	否	44	17.74

通过对问卷的整理发现（表4-4），248户受访者平均年龄58.36岁，平均家庭人数4.33人，户均耕地面积7.27亩；受访者中绝大部分为男性，共229人，占92.34%；受教育水平多为初中及小学，占74.6%，大专及以上仅有5人，农户受教育水平较低；受访农户中有家庭成员参加非农工作则定义为兼业农户，反之则为纯农户，受访农户中兼业农户占比较高，占82.26%。受访农户户均农业收入4768.79元，户均非农业收入39 643.88元，户均非农业收入是户均农业收入的9倍；受访农户选择货币补偿方式的农户为172户，占69.35%，选择实物补偿方式的农户为24户，占9.68%，选择综合补偿方式的农户有52户，占20.97%。

表4-4　样本农户特征及休耕补偿方式选择一览表

农户家庭特征	选项	频数	占比（%）
平均年龄（岁）	—	58.36	—
平均家庭人数（人）	—	4.33	—
户均耕地面积（亩）	—	7.27	—
人均耕地面积（亩）	—	1.94	—

农户家庭特征	选项	频数	占比（%）
户均农业收入（元）	—	4 768. 79	—
户均非农业收入（元）	—	39 643. 88	—
农户休耕补偿 方式选择	货币补偿	172	69. 35
	实物补偿	24	9. 68
	综合补偿	52	20. 97

4.2　休耕农户生计脆弱性评估

4.2.1　农户生计脆弱性评估的理论基础

4.2.1.1　生计及生计资本

生计是谋生的方式，该方式建立在能力（capabilities）、资本（assets）（包括储备物、资源、要求权和享有权）和活动（activities）的基础之上，还包括决定个人或家庭生活状况的资本（自然资本、物质资本、人力资本、金融资本和社会资本）、活动以及获取的途径和权利（制度、社会关系）（Chambers，1989）。借鉴上述界定，在本书中，生计指决定个人或家庭生活状况的各类资本（自然资本、物质资本、人力资本、金融资本和社会资本）、活动及获取的途径和权利（制度、社会关系）。资本、能力和行动是生计结构的三大核心部分，而生计资本又是构成生计结构的基础要素（Ellis，1998）。生计资本被认为是农户生计的核心组成部分，包括自然资本、物质资本、社会资本、金融资本和人力资本，它们构成农户家庭自身生计水平的资本总和。部分农户无法控制其脆弱的生计状况，只能被动接受外部环境变化所产生的冲击和影响；部分农户可以充分利用自身所具有的资本、资金和劳动能力等因素使这种冲击和影响所带来的不利变化降至最低。生计资本是农户开展生计活动的关键部分和抵御各种风险与冲击的重要保障（杨云彦和赵锋，2009）。

本书结合西南石漠化地区农户生计脆弱性特点，构建可持续生计分析框架，从自然资本、社会资本、物质资本、人力资本和金融资本选取指标测度休耕农户生计资本状况，从自然风险成本和家庭风险成本选取指标测度休耕农户风险成本状况。

一般情况下，农户生计受到生计资本、风险成本、改善策略三方面因素影响。生计资本为农户家庭生计状况的基础，农户根据其生计资本状况制定相应的生计策略，以应对生计风险，最终使农户生计得到改善，生活水平得以提高。受休耕的影响，农户的生计资本、生计策略以及生计改善的路径发生改变。休耕不仅通过生计资本间接影响生计改善，也可能通过农户的生计策略改变直接影响生计改善的效果。故需要分析休耕对农户生计策略和生计资本的影响方向和程度。

4.2.1.2　生计脆弱性理论

生计脆弱性指家庭或个体在其生计活动过程中，生计结构变化及外力冲击导致其处于不稳定、易遭受损失的状态（赵锋和杨云彦，2009）；或者说生计脆弱性指家庭赖以生存的各项资源或资本较为单一甚至缺乏，使得家庭的稳固性不足、家庭成员的生产生活无法维持正常水平或出现中断等现象（李芝，2016）。Chambers（2010）认为脆弱性与贫困不同，脆弱性不仅仅是资金的缺乏，其内涵更多地表现在主体面临风险及外界扰动时抵御干扰能力不足。Azariadis 等（2013）根据上述内涵，将脆弱性分成受外在不利因素冲击和应对不利因素时自身的能力不足，从内外两方面综合反映生计脆弱性；世界银行将脆弱性视为个人或家庭面临某些风险的可能，以及其遭遇风险而导致财富损失或生活质量下降到某一社会公认水平之下的可能，即脆弱性包含遭受冲击的可能和抵御冲击的能力两个方面（韩峥，2004）。总而言之，生计脆弱性就是指在家庭的正常生计活动过程中，生计资本的缺失或外部环境的影响导致生计状况不稳定、生活难以维持的状态。对于农户生计脆弱性的研究需要充分考虑研究区农户的生计特点、社会经济现状及农户的生计策略。

4.2.1.3　生计脆弱性指数及测算方法

（1）生计脆弱性指数

本书运用综合指数法，通过对农户生计资本和农户生计的风险项进行量化分析，评价测量对象在遭受外部风险冲击时能否有效运用自身生计资本规避风险。农户生计脆弱性指数表征农户生计状况的优劣和农户抵御风险能力的强弱。农户生计脆弱性指数越高，说明农户生计状况越好，现有生计资本抵御生计风险的能力越强，遭遇风险时维持现有生计状况的能力就越强，反之亦然。

生计脆弱性指数的测算为农户生计改善提供量化依据。通过对农户生计脆弱性指数测算结果的分级，可以清晰地划分出农户生计脆弱性等级，为制定差异化的改善策略和措施提供依据。生计脆弱性指数高的农户则可以合理变化补偿方式和补贴类型，生计脆弱性指数较低的农户可以加大补贴力度或政策倾斜，按照农户需求设计差异化补偿方案。

（2）生计脆弱性指数测算方法

由于调研所得数据存在不同的单位和数量级，无法进行不同类型生计资本的对比分析，需要将数据进行无量纲化处理。本研究采用极差法进行数据的标准化处理，计算公式如下：

$$Z_{ij} = \frac{X_{ij} - X_{ij\min}}{X_{ij\max} - X_{ij\min}} \tag{4-1}$$

式中，Z_{ij} 为标准化值；X_{ij} 为生计资本的具体值；i 为受访农户编号；j 为该农户某项生计资本的具体数值；min 为该指标 j 的最小值；max 为该指标 j 的最大值。

脆弱性指数计算公式如下：

$$LVI_i = D - R = N_i + H_i + P_i + S_i + F_i - Y_i - T_i \tag{4-2}$$

式中，LVI_i 为脆弱性指数；D 为生计资本，$D = H + N + F + P + S$；H_i 为人力资本；N_i 为自然资本；F_i 为金融资本；P_i 为物质资本；S_i 为社会资本；R 为生计风险，$R = Y_i + T_i$，其中 Y_i 为自然风险成本，T_i 为家庭风险成本。各指标计算公式如下：

$$\begin{cases} N_i = \dfrac{N_{1i} + N_{2i} + N_{3i}}{3} \\[2mm] H_i = \dfrac{H_{1i} + H_{2i} + H_{3i}}{3} \\[2mm] P_i = \dfrac{P_{1i} + P_{2i}}{2} \\[2mm] S_i = \dfrac{S_{1i} + S_{2i} + S_{3i}}{3} \\[2mm] F_i = \dfrac{F_{1i} + F_{2i} + F_{3i}}{3} \\[2mm] Y_i = \dfrac{Y_{1i} + Y_{2i}}{2} \\[2mm] T_i = \dfrac{T_{1i} + T_{2i} + T_{3i}}{3} \end{cases} \tag{4-3}$$

式中，i 为第 i 位受访农户；N、H、P、S、F、Y、T 分别为生计资本和风险成本的各分项数值，数值越小说明农户生计越脆弱，遭受外部冲击后生计难以维持的可能性越大。若生态脆弱性指数为负并不表示农户不具有脆弱性，因为该指数并不是对脆弱性进行绝对测量，而是对样本农户的脆弱性大小进行排序。

4.2.2 休耕区域农户生计及其脆弱性诊断

改善农户生计脆弱性的前提是准确把握生计脆弱的成因，基础工作是评价农户生计现状。生态脆弱性指数能够直观、准确地反映农户生计状况以及各部分生计资本的强弱程度。这里依据生计脆弱性指数计算公式，基于生计适应条件与风险成本两个方面对农户生计脆弱性进行量化。

4.2.2.1　休耕农户生计脆弱性评价指标体系构建及数据来源

根据农户生计脆弱性的定义，农户生计脆弱性评价指标体系由生计资本和风险成本两个方面的评价指标构成。

（1）农户生计资本测算指标体系

从自然资本、社会资本、物质资本、人力资本和金融资本五方面选取指标测度休耕农户生计资本状况。

1）自然资本。耕地资源是农户最重要的自然资本。本书采用家庭耕地总面积、家庭人均耕地面积和距公路距离等指标衡量农户自然资本状况。数据均来源于整理后的调研问卷。家庭耕地总面积由农户家庭实际耕种的水田、旱地及已开荒但尚未耕种的耕地面积构成；家庭人均耕地面积由家庭耕地总面积除以每户人口数得到；耕地地块交通通达度采用农户家庭距耕地距离来反映，该项指标主要表达农户家庭所在地与耕地之间的交通便捷程度。

2）人力资本。人力资本的数量和质量在农户生计资本中起基础性作用，直接影响农户对其他资本的运用水平。人力资本指农户家庭能够实现生计目标所需要的教育状况、生产技能或健康状况，主要由农户人口规模、户主受教育程度等构成，这里选用家庭劳动力人口数、家庭成员受教育程度以及家庭成员健康情况等变量来衡量。其中，家庭劳动力人口数反映农户家庭面对生计风险时的应对能力，家庭成员受教育程度反映受访家庭的文化水平，家庭成员健康状况反映农户家庭可能受到疾病等影响的程度。

3）物质资本。物质资本是指农户用于维持正常生产生活的物质设施。通常指农户家庭可以用于生产活动的物化资本总和。根据调研区域的实际情况，这里将物质资本分为家庭牲畜价值和固定资本价值两个方面。家庭牲畜价值通过将农户家庭所拥有的牲畜数量乘以市场价值得到；固定资本价值通过对农户家庭所拥有的农机具、窝棚等设施进行价值测算所得。物质资本的测算可以反映农户家庭的现有经济状况是否有助于应对突发状况所带来的生计问题。

4）社会资本。社会资本是指农户为实施生计策略而利用的社会网络，是农户为延续生计可以利用的各种社会资源。这里选取人情往来支出情况、家庭社会保障补助来量化。人情往来支出从问卷统计中计算得到；家庭公职人员数量是衡量一个农户家庭社会网络关系的一项重要指标，通过问卷调查获得；家庭社会保障补助通过问卷相关数据标准化后获得。社会资本变量综合反映农户家庭的社会关系网络，并侧面反映遭受外部冲击时可获取的社会关系网络支持力度。

5）金融资本。金融资本指农户短时间内可筹措并支配的现金。金融资本是农户能用于维持生产生活的所有资金，包括存款、现金、理财产品和贷款等，这里将家庭农业收入、家庭非农业收入和农业转移性收入作为衡量农户家庭金融资本状况的因素。家庭农业收入数据来源于问卷中农户家庭的耕种收入、养殖收入、林业收入、牧业收入等的总和；家庭非农业收入包括农户家庭的经商收入、投资收入等非农业生产所获得的收入，数据由问卷中农户家庭的经商、投资等方面的收入整理汇总得到；农业转移性收入包括农业以外亲友赠送的收入、补贴款、救济金、退休金等。

农户生计资本评价指标体系如表4-5所示。

表4-5 农户生计资本评价指标体系

准则层	指标层	赋值
自然资本	家庭耕地总面积（X_1）	农户家庭耕地总面积实际数值（m^2）
	耕地地块交通通达度（X_2）	农户家庭距耕地的平均距离（km）
	家庭人均耕地面积（X_3）	农户人均耕地面积的实际数值（m^2）
人力资本	家庭劳动力人口数（X_4）	婴幼儿 = 0，青少年 = 0.3，成年劳动力 = 1，老年人 = 0.5，残疾人 = 0
	家庭成员受教育程度（X_5）	文盲 = 0，小学 = 0.3，初中 = 0.5，高（职）中 = 0.7，大专及以上 = 1
	家庭成员健康状况（X_6）	优 = 1，良 = 0.8，中 = 0.3，差 = 0
物质资本	家庭牲畜价值（X_7）	对牲畜按种类进行标准化
	固定资本价值（X_8）	问卷中实际调查值乘以折旧率
社会资本	人情往来支出情况（X_9）	根据调研数据，用农户人情往来支出金额表示（元）
	家庭社会保障补助（X_{10}）	农户家庭医疗保险与养老金收入（元）
金融资本	家庭农业收入（X_{11}）	农户家庭农业生产收入（元）
	家庭非农业收入（X_{12}）	农户家庭非农业工资性收入（元）
	农业转移性收入（X_{13}）	农户每年收到的农业转移性补贴（元）

（2）风险成本评价指标体系

风险成本由自然风险成本和家庭风险成本构成。自然风险成本一般由自然灾害对农作物或家庭财产带来损失的危害程度来表示，石林县农村所发生的自然灾害以洪涝灾害、旱灾和大风天气为主，伴随有滑坡、泥石流等次生灾害。很多农户曾经由于自然灾害而遭受损失，因此，选用自然灾害发生情况来衡量自然风险成本。

人是生计的核心，家庭成员的状况在很大程度上影响着农户家庭风险成本，家庭成员的健康状况、老龄化程度及伤残情况都直接影响家庭风险。如果家庭成员健康状况欠佳比例增加，家庭所付出的医疗等开支就会加大，其他成员的生活压力也会随之加大，同时劳动力的减少会导致农户家庭收入来源减少，还可能引发更多风险状况。由于石林县乡村地区的养老工作还不完善，且中老年人口比例较高的家庭所面临的生计风险也较高，这里将家庭老龄化程度和家庭成员伤残程度作为衡量家庭风险成本的因素（表4-6）。

表4-6　农户生计风险成本评价指标体系

准则层	指标层	赋值
自然风险成本（Y）	家庭是否遭受自然灾害	若遭受灾害，赋值1，未遭受灾害，赋值0
家庭风险成本（T）	家庭成员患病情况（T_1）	家庭患病成员人数
	家庭成员伤残情况（T_2）	家庭伤残成员人数
	家庭成员老龄化比例（T_3）	家庭老龄人口数/家庭总人口数

4.2.2.2　休耕农户生计脆弱性指数总体分析

根据农户生计资本评价指标体系和农户生计风险成本评价指标，将无量纲化处理的调研数据输入生计脆弱性指数计算体系中，得出农户生计脆弱性指数（表4-7）。本次共调研农户349户，其中274户受访农户生计脆弱性指数为正数，占总数的78.51%，说明总体上多数农户生计状况平稳，受访农户平均生计脆弱性指数为0.53，说明大部分农户生计资本水平足够抵御现阶段所面临的风险成本，但这种状态并不牢固。生计脆弱性指数平均值<1，表明虽然资本状况足够应付日常风险，但在面对大型灾害时（如地震、洪水或泥石流等），农户生计依然较为脆弱，无法依靠自己的能力应对。按照休耕情况划分，休耕农户生计脆弱性总值为138.95，未休耕农户生计脆弱性指数仅为47.33。从户均脆弱性指数来看，休耕农户平均指数比未休耕农户高出约0.04，说明休耕农户的生计脆弱性要低于未休耕农户。

表4-7　农户生计脆弱性指数一览表

统计项	选项	总值	平均值
总体问卷	—	186.28	0.53
调研村情况	小密枝村	34.26	0.54
	松子园村	27.99	0.54
	螺蛳塘村	38.66	0.44

统计项	选项	总值	平均值
调研村情况	林口铺村	45.69	0.66
	大哨村	24.91	0.49
	小戈丈村	14.76	0.57
休耕情况	休耕农户	138.95	0.54
	未休耕农户	47.33	0.50
最高值	—	1.93	—
最低值	—	-0.73	—

4.2.2.3　休耕农户生计脆弱性成因识别

休耕农户生计资本状况不容乐观，生计资本平均值仅为1.12，农户生计脆弱性指数仅为0.53，其中风险成本指数为0.59（表4-7、表4-8）。农户自然资本和人力资本状况较好，平均值分别为0.45和0.43，但物质资本、社会资本和金融资本状况较差，分别为0.07、0.08和0.09。整体而言，农户积累了一定的生计资本，但绝对值不高，规模不足，整体有限；而农户生计风险成本的分值几乎相当于生计资本评分的一半，风险成本的绝对值超过前述任何一项资本的单项平均值，说明休耕区域农户面临的生计风险无法通过任何一个单项生计资本来弥补，必须通过农户生计资本合理组合才能抵御。

表4-8　农户生计脆弱性指数准则层统计

统计项	平均值	方差
生计资本	1.12	0.25
自然资本	0.45	0.08
人力资本	0.43	0.14
物质资本	0.07	0.08
社会资本	0.08	0.07
金融资本	0.09	0.07
风险成本	0.59	0.51
自然风险	0.49	0.50
家庭风险	0.10	0.11

（1）生计风险成本主要影响因素

农户生计风险成本指标中，遭受自然灾害情况较普遍，因此是否遭受自然灾害是其中一项重要指标。2016 年，石林县农业灾害情况严重，该县全年玉米和小麦等主要农作物产量同比分别下降 1.4% 和 6.2%，风雹、洪涝、滑坡等自然灾害时有发生①，危害范围广、程度深。受访农户中，有 171 户农户表示在 2016 年曾遭受自然灾害。

农户生计风险中的另一组成部分是家庭风险。首先，家庭成员的伤病会增加家庭整体的医疗开支，导致治疗费用和机会成本的增加。其次，家庭伤病成员无法为家庭带来稳定的收入。此外，家庭人口老龄化也影响农户生计资产。

农户家庭生计风险成本平均值为 0.59，其方差较大，即农户家庭之间的风险成本不尽相同。其中家庭风险的差距较小，自然风险成本差异较明显，其离散程度约是家庭风险的 4 倍。这主要是由于农作物受灾减产对农户农业收入影响极大，家庭风险成本中起关键作用的则是家庭成员老龄化比例和家庭成员患病情况，而家庭成员伤残情况对风险成本的影响较弱（表 4-9）。

表 4-9　脆弱性指数农户生计风险准则层统计

统计项	平均值	方差
家庭是否遭受自然灾害	0.49	0.50
家庭成员患病情况	0.13	0.19
家庭成员伤残情况	0.04	0.14
家庭成员老龄化比例	0.12	0.22

（2）农户自然资本主导影响因素

农户自然资本是农户家庭生计资本的基础，自然资本情况的好坏对农户农业收入有极大影响。一般而言，家庭耕地总面积和家庭人均耕地面积越大的农户，家庭农业投入和产出会越高，农业收入也会较高。

自然资本是受访者家庭户均值最大的生计资本，其方差较大。说明各农户家庭自然资本情况差异性较大（表 4-8），其变化对整体的影响也较为显著。各项生计资本统计值中，自然资本的方差值排第二，说明自然资本对农户生计资本总量差异的影响较大。农户自然资本的各分项指标中，耕地地块交通通达度分值最高，说明云南石林县休耕区域多数农户耕地地块交通通达程度较好。家庭耕地总面积和家庭人均耕地面积的分值不高，休耕区域农户家庭耕地面积虽大，但耕地质量不高（表 4-10）。

---

① 资料来源于《2017 年石林彝族自治县政府工作报告》。

表 4-10　脆弱性指数农户自然资本脆弱性准则层统计

统计项	平均值	方差
自然资本	0.45	0.08
家庭耕地总面积（N_1）	0.24	0.13
耕地地块交通通达度（N_2）	0.96	0.11
家庭人均耕地面积（N_3）	0.15	0.09

（3）农户人力资本主导影响因素

人口是创造财富的源泉，家庭成员中能够参与劳动的人数也就代表了家庭可以创造财富的潜力。研究表明，家庭成员特别是户主受教育程度对农民个人与家庭未来发展有至关重要的作用（邝佛缘等，2017）。所有生计资本中，农户人力资本变化幅度最大（表4-8），是创造财富最多的一项资本。人力资本对农户生计脆弱性的影响较强，农户家庭劳动力人口数、家庭成员健康状况和家庭成员受教育程度的方差值差别不大，均超过了0.15。受访农户的家庭成员受教育程度脆弱性较低，平均值仅0.38，导致农户未来发展方向和方式局限性大。方差数据表明，受访农户家庭人力资本状况差距较大，该项指标受疾病、自然灾害影响较大。人力资本的损失不仅仅是生计资本的单方面损失，还可能会造成诸如家庭收入等其他生计资本的减少和家庭风险成本的增加。可见，家庭劳动力人口数、家庭成员受教育程度和家庭成员健康情况在农户生计脆弱性形成过程中起重要作用（表4-11）。

表 4-11　脆弱性指数农户人力资本脆弱性准则层统计

统计项	平均值	方差
人力资本	0.43	0.14
家庭劳动力人口数（H_1）	0.50	0.17
家庭成员受教育程度（H_2）	0.38	0.16
家庭成员健康状况（H_3）	0.41	0.16

（4）农户物质资本主导影响因素

在五项生计资本中，农户物质资本的平均指数最低。农户家中牲畜价值的标准化评分以及其方差均较小，说明农户家庭牲畜量较少，基本是维持简单生产生活等基础生计的需要，在风险到来时无法有效地转化成可以用于降低生计脆弱性的资本。农户固定资本价值比家庭牲畜价值标准化评分高，但多数家庭固定资本使用时间过长，本身价值量消耗殆尽，对家庭生计状况的改善作用不大。固定资本价值的方差超过 0.1，是由于农户家庭固定资本种类较多，且每一种资本的价值衡量标准不同，因而农户家庭固定资本价值总量不大，且差异性明显。固定资本在农户家庭遇到生计风险时可以出售转化成金融资本应对风险，对农户生计脆弱性的缓解起关键作用（表 4-12）。

表 4-12　脆弱性指数农户物质资本脆弱性准则层统计

统计项	平均值	方差
物质资本	0.07	0.08
家庭牲畜价值（P_1）	0.06	0.08
固定资本价值（P_2）	0.07	0.13

（5）农户社会资本主导影响因素

休耕试点区农户社会资本的标准化评分仅为 0.08，由于该项指标主要基于农户成员与他人或与社会组织之间的联系，其方差也较小。家庭公职人员数量是其中差异情况最大的一项，受访农户中党员或任有公职的人员较少，大部分受访者家庭都是普通群众。家中有党员的农户大部分是村里的干部，少部分是在外读书的大学生党员。人情往来支出指标的评价分值较高，农户家庭与街坊邻里联系的多寡可以从侧面反映该受访家庭在遭遇生计风险时从邻里朋友处获得帮助的多少，如若缺少亲朋好友和政府或其他社会组织的帮助，单一农户家庭很难独自抵御生计风险。通常情况下，农户家庭越富裕，其人情往来状况就越活跃，更加有机会获得应急资金（表 4-13）。

表 4-13　脆弱性指数农户社会资本脆弱性准则层统计

统计项	平均值	方差
社会资本	0.08	0.07
人情往来支出情况（S_1）	0.16	0.12
家庭公职人员数量（S_2）	0.06	0.14
家庭社会保障补助（S_3）	0.02	0.06

（6）农户金融资本主导影响因素

农户金融资本的分值为 0.09，其中，家庭农业收入的分值为 0.04。说明受访农户对农业收入的依赖变小，这与以往农户收入主要来源于农业收入的论断出现了一定偏差。但对于种植烤烟等高回报率经济作物的农户而言，其家庭农业收入占比仍然很大。研究发现，家庭非农业收入在受访农户生计脆弱性评价中所起的作用较大，这主要由于自然灾害多、劳动力不足、耕地质量较差等，越来越多的农户更倾向于外出打工或从事其他非农业生产活动。非农业活动的经济效益远超传统农业已是不争的事实，外出务工等可以增加农户家庭经济收入来源，对于改善农户生计具有显著影响。农业转移性收入的平均值仅有0.18，但方差值却达到0.15，说明农户家庭金融资本中农业转移性收入占比最小，但其内部差异性最大。受访农户中休耕补偿款、养老补助等收入并非每个家庭都可以得到，因此，休耕农户与非休耕农户之间在农业转移性收入一项上的差异较大（表4-14）。

表4-14　脆弱性指数农户金融资本脆弱性准则层统计

统计项	平均值	方差
金融资本	0.09	0.07
家庭农业收入（F_1）	0.04	0.08
家庭非农业收入（F_2）	0.06	0.09
农业转移性收入（F_3）	0.18	0.15

农户生计脆弱性评估涉及生计资本和风险成本两方面共12项指标。评估结果表明，农户间人力资本的差异最大，金融资本和社会资本的差异最小。在准则层，人力资本和自然资本对农户生计脆弱性的影响较大，金融资本等其他资本作用不大。可以认为，人力资本和自然资本是构成农户生计资本的关键要素。在指标层方面，生计资本中的家庭耕地总面积、耕地地块交通通达度（自然资本）、家庭劳动力人口数、家庭成员受教育程度和家庭成员健康程度（人力资本）、生产生活设施价值（物质资本）、人情往来支出情况（社会资本）以及家庭农业收入和家庭非农业收入情况（金融资本）对受访农户家庭生计资本的形成具有主导作用。风险成本中主导因素为家庭是否遭受自然灾害、家庭成员患病情况和家庭成员老龄化比例，这三项指标对农户生计风险成本的形成起重要作用。

4.3　耕地休耕对农户生计的影响及降低农户生计脆弱性的途径

本节通过调研休耕前后农户生计资本和风险成本的变化，探讨如何降低农户生计脆弱性并改善农户生计状况。

4.3.1　耕地休耕对农户生计的影响

与未休耕农户相比，休耕农户的生计状况发生了较大变化，休耕农户的生计脆弱性指数明显高于非休耕农户。本章将休耕农户和未休耕农户分为两组进行对比，分析休耕对农户生计资本的影响方式和影响程度。

通过 4.2 节对农户生计资本评分结果分析发现（表 4-15），各生计资本中，除社会资本以外，其余资本均呈现出休耕农户平均值比未休耕农户更高的态势。但对比各项生计资本的指标，休耕农户和未休耕农户的分数上的差距并不大，分别为自然资本 0.03，人力资本 0.03，物质资本 0.02，社会资本 0.01，金融资本 0.05，生计资本总体情况改善约 0.14。休耕对农户生计改善具有一定效果，但效果并不明显。试点休耕 1 年后，对比同地区同等生活条件的两类农户生计状况发现，休耕农户的生计得到了一定改善。可以认为休耕制度的实施对农户生计资本的改善、农民生活质量提高具有积极作用。

表 4-15　休耕区域农户生计资本对比

统计项	自然资本	人力资本	物质资本	社会资本	金融资本	生计资本
休耕农户平均值	0.46	0.44	0.07	0.08	0.11	1.16
未休耕农户平均值	0.43	0.41	0.05	0.08	0.05	1.02
休耕的影响程度	0.03	0.03	0.02	0.01	0.05	0.14

4.3.1.1　耕地休耕对农户生计的影响方式识别

由于农户家庭社会资本未受到休耕制度的显著影响，这里不讨论休耕制度对社会资本的影响方式。从前文休耕对农户生计资本影响的评分发现，休耕对农户生计资本存在正向和负向影响。需要综合分析判断最终的影响，为完善休耕制度提供有针对性的依据。

（1）休耕对农户金融资本的影响

由表 4-15 可知，休耕对农户金融资本的改善最大。休耕并未影响农户的耕地数量，但农户实际耕种面积缩小，家庭出现剩余劳动力，农户需要更多地参与非农活动以弥补农业收入的减少。甚至有的举家迁入城镇，所有耕地全部休耕，休耕农户的农业收入有所减少，非农业收入增加，整体收入增加。通过访谈发现，农户普遍认识到，进城务工或打零工的收入比在家种植粮食作物收入要高。近几年云南省的玉米收购价格普遍较低，自然灾害影响较大，有些灾害年不仅不赚钱，还有可能赔本。休耕制度的实施，使休耕农户得到了休耕的补偿款（15 000 元/hm²），这笔款项是农户家庭的一笔重要收入。受访农户家庭平均休耕面积可以达到 8 亩，参与休耕的农户平均每年可以增加 8000 元的休耕补偿收入。

少部分农户家庭全部耕种经济作物，休耕的补偿款（15 000 元/hm²）并不足以抵消因休耕而带来的经济损失。因此，对于规模经营的农业大户而言，休耕试点对于其家庭收入产生了一定的消极影响，他们需要寻找新的方式来弥补因休耕试点而产生的收入亏损。

（2）休耕对农户自然资本的影响

实行耕地休耕制度的初衷是对耕地进行休养生息，保持并恢复耕地地力、消除耕地污染，在西南生态脆弱地区还具有保持水土、缓解石漠化的作用。休耕制度直接对耕地产生影响，进而影响农户自然资本。一方面，经过多年的休耕，休耕农户的耕地质量稳步提高，提升了以耕地为基础的自然资本价值；农作物会有量和质的提升，间接增加了农户的金融资本。另一方面，由于休耕区域农户部分耕地被用作休耕，其家庭可耕种面积有所减小，对家庭农业生产将造成一定损失。

（3）休耕对农户物质资本的影响

休耕制度的实施无法直接对农户物质资本产生影响，只能通过对其他资本的影响间接转换而来。休耕制度增加了农户家庭的收入，即增加了金融资本。农户家庭运用多出的资金增添固定资本、牲畜，使得休耕农户的物质资本得到了一定的提升。但同时，农业机械在农户休耕后进入赋闲状态，固定资产价值随着时间慢慢减少，这对赋闲在家的农业机械是一种无形的损耗，且多数农业机械难以通过租借产生价值。因此，农户物质资本在休耕中产生了损耗。生计资本对物质资本具有一定的正面影响，也存在一定程度的负面影响，这种负面影响拉低了休耕对农户物质资本的改善效果。综上所述，耕地休耕对农户物质资本的改善效果较小。

（4）休耕对农户人力资本的影响

休耕制度对于提升农户人力资本的影响方式体现在休耕后对劳动力需求数量减少，家庭会出现剩余劳动力。剩余劳动力可参与非农生产创造价值，直接增加家庭非农业收入。与此同时，家庭人力资本的就业情况也会变得多样。休耕对农户人力资本所产生的负面影响在于，赋闲在家的农民增加，增加了农村社会治理的难度以及休耕地区非农产业的就业难度。

除农户家庭金融资本受到休耕制度的直接影响较深之外，农户自然资本、人力资本和物质资本都受到了休耕制度的间接影响，休耕制度对其不仅影响方式不同，影响的程度也有较大差异。可见，休耕制度实施对农户生计的改善来源于对农户金融资本的提高，而农户金融资本间接影响到其他生计资本，进而影响农户生计整体水平。

4.3.1.2 耕地休耕对农户生计的影响程度分析

由表4-15可知，耕地休耕制度实施对农户生计资本状况具有一定影响。总体而言，耕地休耕制度的实施促进了农户生计资本的积累，但无论是从生计资本总体情况还是从单项生计资本的情况看，受影响程度都不高。究其原因主要是调研期间云南省的休耕试点刚满一年，许多影响还未彻底显现，因此，需要加强对休耕涉及区域农户的生计资本变化和生计策略转变的跟踪调查，得出更有价值的结论，从而为《探索实行耕地轮作休耕制度试点方案》结束后的一系列配套措施奠定基础。耕地休耕对农户生计资本影响不大在某种程度上也反映出休耕补偿标准与农户休耕损失基本吻合。

金融资本是受休耕影响最大的资本类型，这是由于休耕制度试点会迫使农户减少粮食作物耕种面积，但也解放了劳动力，有助于提升非农业收入。且休耕农户可以获得休耕补偿金，这部分补贴也为农户金融资本的提升做出了一定贡献。

社会资本是生计资本指标中受休耕影响最小的一项，社会资本是通过人情往来支出情况、家庭公职人员数量和家庭社会保障补助三项指标进行量化的。不论是否参与休耕试点工作，这三项指标都只受农户家庭成员意志的影响，可以认为休耕政策对农户改善社会资本没有显著影响（表 4-16）。

表 4-16　农户社会资本受休耕影响情况

统计项	休耕农户评分	非休耕农户评分
人情往来支出情况（S_1）	0.16	0.15
家庭公职人员数量（S_2）	0.07	0.06
家庭社会保障补助（S_3）	0.02	0.02

自然资本、人力资本和物质资本受休耕影响相差不大。对农户而言，休耕制度的实施对物质资本和自然资本的影响主要在于提升家庭耕地质量并通过对金融资本的改善间接改善物质资本，人力资本的改善也主要体现在其非农业活动的频率及强度上。休耕解放了一部分农村劳动力，这部分劳动力外出打工后可以提高农户家庭人力资本的利用效率，增加农户金融资本。因此，休耕对这三类资本的影响并没有对金融资本的影响大，但也具有一定的促进作用。

4.3.2　耕地休耕制度的实施对农户生计改善的途径

影响休耕农户生计脆弱性的因素复杂，耕地休耕制度的实施对降低农户生计脆弱性具有明显的正面效应。前文对耕地休耕制度影响农户生计的分析表明，尽管实施休耕制度试点仅一年，休耕制度的运行对于农户生计资本的改善已经初见成效，农户生计资本从数量上已经有所增加。随着运行年限的增多和制度的完善，耕地休耕制度对降低农户生计脆弱性的作用会越来越强。休耕制度处于试点阶段，其工作重心与重点在恢复地力，同时，农户生计问题是休耕制度需要考虑的关键问题之一。本节探讨休耕制度对受访农户生计的影响，从政府层面、集体组织层面和农户自助层面三个维度探讨降低农户生计脆弱性的途径。

4.3.2.1 加大政府的生计扶持力度

4.3.1 节详细探讨了休耕制度对农户生计的影响方式及影响程度，休耕制度尚处于试点阶段，该制度对农户生计的影响研究也还不够深入。但可以肯定的是，农户生计问题无法仅通过休耕制度解决，还需要与国家惠农政策相互关联。从政府层面来说，休耕是一项新的政策，需要通过扩大试点加以调整与完善。政府能做的就是尽可能完善政策，创造更好更适宜的条件来保证休耕农户生计状况不恶化，同时利用其他配套措施降低农户生计脆弱性。政府层面降低农户生计脆弱性的途径如下。

（1）加大休耕试点范围，延长休耕试点时间

云南省石林县 2016 年休耕试点面积仅 666.67hm^2，补偿标准为 15 000 元/hm^2，休耕面积偏少，仅涉及 11 个村。2017 年新增试点面积仅 333.33hm^2，补偿标准为 7500 元/hm^2，能享受到休耕政策的农户数量较少。休耕政策的实施对农户生计状况的提升具有一定的正面效应，应当适当扩大休耕试点规模，确定休耕地块时，可以优先考虑家庭生活困难的农户。

现行休耕试点时间为三年，三年后休耕地块可以复耕。调研得知，有一部分农户由于耕地质量较差或常年遭受自然灾害的侵扰，继续耕种的欲望不强，他们期望能够延长休耕时间，以便可以继续从事更多的非农业活动。未来可对试点地区农户进一步调研，以休耕目标为导向，在政府财力允许的情况下，延长休耕时间。

（2）增加休耕制度配套措施，为休耕农户生计改善提供便利

休耕政策试点方案中对农户生计改善的配套措施很少，对于农户生计改善仅仅停留在金融资本上，对其他生计资本的改善也是从金融资本的转化而来。政府对休耕制度的效用研究还有待深入，农户直接受到休耕政策的影响，需要充分考虑其生计变化，增加休耕技术培训、就业指导、政策福利等非经济手段的补偿方式，改善农户生计。

（3）与其他惠农政策联动，共同降低农户生计脆弱性

调研发现，休耕农户认为休耕政策与其他政策连贯性不够，养老补助、残疾补助等家庭社会保障补助落实不足；对于少数家中只有一对老人的农户来说，他们本身因年龄无力再从事农业生产，但农地流转手续烦琐、耗费时间长而不得已选择继续耕种。这不仅导致农户家庭收入增长缓慢，还导致老年人农业病加重，迫使家庭承担更高的医疗支出。因此，应当加强休耕政策和其他惠农政策之间的联动机制，在休耕试点区域先行实施，加强惠农政策的宣传，并适当给予休耕户优先权利，提升休耕政策对农户生计的积极影响。

（4）加强政策宣传，完善耕地休耕制度

政府部门在制定休耕补贴标准和配套措施时，应当尽可能听取群众意见，尽量满足群众的合理诉求。调研发现，农户对休耕地为何休耕和如何管护等问题理解不清，对于休耕地块的保护和利用方式基本不清楚，需要进行相关政策的宣讲和解读，有助于农户更好地参与休耕并获取更多福利。

休耕政策尚处于试点阶段，许多详细的政策规定还在探索之中。相关部门可以定期组织休耕试点区域农户座谈，详细询问农户在政策实施中的疑惑和对政策的了解程度，针对农户的疑问定期完善制度并向社会公示。提升农户对政策的理解程度、完善休耕配套措施，有助于农户更好地理解并利用休耕政策改善生计资本状况，降低农户生计脆弱性，改善农户生计状况。

4.3.2.2　集体组织层面

农村集体组织作为农民的基层组织，在我国农村地区具有举足轻重的作用，加入集体经济组织可以提升农户抗击风险能力。在一些地区集体组织具有扩大农业生产规模的作用，将个体农户的生产资料集中起来开展生产活动，成立生产合作社并增加参社农户的生计资本，可以很大程度提升生产资料的利用效率。

（1）成立农民专业合作社等农村经济组织带动村民共同发展

建立农民专业合作社等农村经济组织，带动村民共同富裕是集体组织降低农户生计脆弱性的一项重要举措。目的是形成规模化经济体，共同应对可能发生的风险与挑战，并且通过集体生产提高生产效率，增加农户生计资本存量，带动农村经济组织内农民共同富裕。

（2）承接耕地管护任务，促进休耕农户收入增长

云南省石林县的休耕地管护任务是外包的，本地休耕农民并未参与。组织农民群众承接耕地管护任务，不仅能够解决多余劳动力就业问题，也能为该部分农户创收，增加农民金融资本量。同时也使农民清楚国家对休耕地的管护要求，以更好地认识休耕制度并积极参与。

（3）农村自治组织协助政府进行耕地休耕政策宣传

农村自治组织即村民委员会，是体现基层民主的群众自治组织，也是与政府机构沟通最密切的集体组织，其有义务帮助政府部门传达政策思想，并进行正确解读、宣传休耕政策，助推农户正确理解并参与休耕政策。

除了政策宣传外，村委会还可以通过人脉和社会关系帮助失业或自身经营不善而破产的农户实现再就业，解决农户生计脆弱性问题。

4.3.2.3 农户自助层面

政府和集体组织层面上的帮扶属于外力，农户自身努力才是降低农户生计脆弱性的最终动力，因此，首先需要改变农户家庭生产方式。前文分析了休耕对农户生计资本的影响方式，休耕政策首先改变了农户家庭生产方式，从而增加金融资本，生计脆弱农户可以通过休耕、退耕还林或其他国家惠农政策改变家庭生产方式，进而逐步改善家庭生计脆弱性。

（1）改变农户农业生产结构

休耕区域农户农业生产结构包括种植作物类型、牲畜饲养状况以及投资方式等。休耕农户可以通过调整作物类型增加经济作物的种植面积来增加收入；未休耕农户既可以通过积极加入休耕试点工作，加大农业投入，形成规模化经营，也可以利用休耕的契机，发展生态农业和有机农业，提高农产品的附加价值。农户家庭物质资本分值低、数量少的一个重要因素就是家畜数量少，仅能满足自用，故规模化养殖也是帮助农户改善生计降低脆弱性的有力手段。调研发现，大部分农户对增加农业投入持保守态度，不愿意再投资农业生产，尤其是生活困难农户，农业产出效益低下，生计脆弱农户的生计状况越来越差。

（2）增加农户家庭非农活动比例

前文分析了休耕区域农户的生计策略和休耕政策对农户生计的影响，发现休耕政策提升了非农活动的比例进而影响农户生计。非农活动所带来的经济效益比较可观，而且适当增加非农活动的比例能够充分利用农户人力资本优势，释放部分劳动力从事非农劳动，丰富家庭收入结构，实现农户生计多样性。对于休耕农户而言，休耕后农户家庭可耕种面积会减少，释放出一部分劳动力参与非农活动，增加农户家庭非农活动比例，弥补休耕带来的经济损失。非农就业具有较高的生产效率，可以创造更多社会价值，传统的农业活动对劳动力的体力、精力要求较高，而长时间从事农业劳动也会带来严重的农业病。对于未休耕农户而言，家中女性和老年人也有能力参与一部分不需要过多体力劳动的非农活动。

（3）通过流转多余耕地维持生计资本平衡

少数生计脆弱性很高的农户和家庭人力资本状况差的农户会倾向于转出耕地。生计脆弱性等级高的农户本身已经无法维持生计，通过转出耕地可以获得一定周转资金用于维持生活并筹划下一步的生计策略；家庭人力资本状况差的农户劳动力数量与家庭耕地面积不匹配，耕地面积较大而无法完全耕种的家庭，可以选择转出部分土地换取资金用于其他生计活动；部分农户会选择转入耕地，向专业大户转化。调研发现，有些农户每三年左右会改变种植结构，流转入一部分耕地用于烤烟种植，不仅可以提升自然资本，还可以提升金融资本，在农户劳动力、资金充足的情况下可以通过这种方式增加收入提高生计水平；有部分休耕农户劳动力不足等，希望能够转出土地，可以在休耕结束后流转多余的耕地。

（4）合理调配休耕补偿资金

调研区域休耕补偿为 15 000 元/hm²，农户通过参与休耕试点可以获得一笔资金，合理运用这部分资金能够有效帮助农户扩大生产规模或进行其他投资，也可以留作应急的后备资金，对于农户生计状况及应对风险能力都有明显的帮助。调研发现，有些农户将这部分资金全部用于生活支出，或完全没有计划性地支出。因此，应引导农户将部分资金用于扩大非农生产、添置家庭固定资产或用来装修房屋，但要谨防过度添置农机具导致使用效率低下，还需要将一少部分资金留存，作为应急资金存储，以备不时之需。

（5）寻求政府和集体经济组织的援助，主动参与技能培训

集体组织、企业举办的技能培训和专业指导对于农户具有较强的专业性和指导价值。农业活动使用的新型农药、化肥、农机具等需要专业的技术指导，农户也需要专业人员的帮助以了解作物新品种的种子特性和种植周期等。通过技术培训，农民可以提高农业生产效率，减少农业投入并增加农户家庭收入。参与休耕地管护的技能培训，可以提高农户休耕地管护的参与度，既能提高农户家庭收入，又可以提高对休耕的认知程度。生计脆弱性严重的农户家庭生计状况已经无法自足，需要外力介入帮扶其重新建构生产过程，重新开展生计活动。

4.4　不同生计脆弱性下休耕农户福利变化

4.4.1　基于可行能力理论的农户福利构成

农户福利是反映农户生存状态与生活水平的重要指标，其内涵不仅包括维持农户生存的基本生活条件及保障，还包括使农户获得幸福感所进行的高层次供给，是经济福利与非经济福利的集合（Li et al.，2015；周义等，2014）。森（2002）于 20 世纪 80~90 年代提出可行能力方法框架，用功能和能力等来考察人们的福利，他认为个人的福利取决于他所能获得的功能性活动和可行能力集合。并且，可获得的功能性活动和可行能力与人们的个体特征和社会经济条件紧密相关（Sen，1993），相同的资源被不同的人在不同的环境下可转换成不同的功能性活动。因此，福利的评估可通过评估这些组成成分来实现，并且需考虑人与人之间的差异和个人选择的自由度。

在农村，耕地是农户最重要的生计来源与福利保障，除直接的经济收益外，还蕴含着就业机会、养老保障、生态价值、情感依托等难以用货币衡量的非经济价值（丁琳琳等，2016）。休耕的过程中，为提升耕地生态效益，农户停止耕作，无法依靠耕地获得经济收益。随着休耕政策的推行，农村剩余劳动力需寻求新的就业途径，而难以转移就业的老年劳动力面对"无地可耕"的困境，将提前被视为赡养对象，由此牵动农户多重福利的变化。因此，本节根据森的可行能力理论，基于经济福利与非经济福利的考量，从农户的经济状况、社会保障、景观环境、心理状况四个维度构建休耕农户福利评价体系（表4-17）。

表4-17 农户生计资产评价体系

生计资产	测度指标	指标符号	测度公式
人力资产	家庭整体劳动能力	H_1	$0.5H_1+0.25H_2+0.25H_3$
	家庭成员受教育程度	H_2	
	家庭成员健康状况	H_3	
自然资产	人均耕地面积	N	N
物质资产	房屋价值	M_1	$0.5M_1+0.3M_2+0.2M_3$
	牲畜价值	M_2	
	生产生活设备价值	M_3	
金融资产	人均现金收入	F_1	$0.8F_1+0.2F_2$
	获得借款的机会	F_2	
社会资产	家庭公职人员数	S_1	$0.5S_1+0.3S_2+0.2S_3$
	亲戚网络	S_2	
	获得外界援助机会	S_3	
总资产测度公式	$W=H+N+M+F+S$		

4.4.2 农户福利的模糊综合评价法

在阿马蒂亚·森的可行能力理论框架下，农户福利水平由多种功能性活动来衡量，休耕农户福利水平的变化需将休耕前后农户的各项功能性活动进行对比分析。考虑到数据的局限性，本研究基于以下假设进行：休耕前的福利水平处于"不好也不坏"的模糊状态，将休耕前的福利水平设为一个恒定的参照点，以休耕前后同一功能性活动的对比作为判断休耕农户福利水平变化的依据。据此，本研究将休耕前各功能性活动的隶属度 W 均设为定值0.500，通过对休耕前后同一功能性活动隶属度 W 的对比来判断休耕后农户福利水平是提升、下降还是不变

（表 4-18）。

表 4-18　休耕后农户福利水平变化判别

福利水平变化类型	福利水平有所提升	福利水平不变	福利水平有所下降
取值范围	$W > 0.500$	$W = 0.500$	$W < 0.500$

1）福利水平的模糊函数设定。设农户福利水平表示为模糊集 X，休耕后农户的福利水平变化为 W 子集，则第 n 个农户的福利水平模糊函数为：$W(n) = \{x, W(x)\}$，其中 $x \in X$，$W(x)$ 则是 x 对 W 的隶属度，$W(x) \in [0, 1]$。一般设定隶属度为 1 时，福利水平处于绝对好的状态；隶属度等于 0.500 时，福利水平处于一般状态；隶属度等于 0 时，福利水平绝对差；隶属度值越大表示农户的福利水平越好。

2）隶属函数的设定。运用模糊综合评价法必须选择合适的隶属函数，而隶属函数是由功能性活动变量的类型决定的。本研究涉及的变量指标分为 3 类：连续变量（C）、虚拟定性变量（Q）和虚拟二分变量（D）。对各种变量赋值及释义说明见表 4-17。设 x_i 是初级指标 x_{ij} 决定的农户福利的第 i 个功能子集，农户福利的初级指标集合为 $x = [x_{11}, \cdots, x_{ij}]$。对于虚拟二分变量（$D$）一般只存在两种情况。如"是"与"否"，其隶属函数可写为

$$W(x_{ij}) = A, \text{（选择"是"，} A = 1; \text{选择"否"，} A = 0） \tag{4-4}$$

对于虚拟定性变量（Q），常用于研究无法定量准确地回答，只能定性回答的问题，其隶属函数可以设定为

$$\begin{cases} 0 & x_{ij} \leqslant x_{ij}^{\min} \\ \dfrac{x_{ij} - x_{ij}^{\min}}{x_{ij}^{\max} - x_{ij}^{\min}} & x_{ij}^{\min} < x_{ij} < x_{ij}^{\max} \\ 1 & x_{ij} \geqslant x_{ij}^{\max} \end{cases} \tag{4-5}$$

3）指标的加总。在获得初级指标隶属度的基础上，赋予每个指标一个权重，并进一步加总得到一个综合指标。在模糊综合评价福利中，常根据 Cheli 和 Lemmi 所提出的公式确定指标权重：

$$\omega_{ij} = \ln\left[\frac{1}{\overline{W(x_{ij})}}\right] \tag{4-6}$$

式中，$\overline{W(x_{ij})} = \dfrac{1}{n} \sum\limits_{p=1}^{n} W(x_{ij})^{(p)}$ 为 n 个农户第 i 个功能子集中第 j 项指标的均值。公式根据指标隶属度大小确定权重，隶属度较小的指标可以获得较大的权重，在福利评价时更关注获得程度较低的指标和功能（关江华等，2014）。在获得初级指标隶属度和权重的基础上，就可以计算出各功能的隶属度，本研究采用 Cerioli

和 Zani 提出的公式进行指标汇总：

$$F(x_i) = \sum_{j=1}^{k} \overline{W(x_{ij})} \times \omega_{ij} / \sum_{j=1}^{k} \omega_{ij}$$ (4-7)

4.4.3 休耕农户福利水平量化与评价

4.4.3.1 休耕农户生计脆弱性分类

在4.3节中，对研究区样本农户的家庭生计脆弱性进行测算，结果表明不同休耕农户生计脆弱性存在较大差距。这里基于农户生计脆弱性的研究结果将农户分类，运用 SPSS 软件将生计脆弱性值进行 K-均值聚类分析，并将聚类数设置为"3"，最大迭代次数设置为50。结果显示调查样本农户可划分为3类：重度脆弱型农户（生计脆弱性指数处于-0.73~0.39）、轻度脆弱型农户（生计脆弱性指数处于0.39~1.05）以及不脆弱型农户（生计脆弱性指数处于1.05~1.93）。

4.4.3.2 休耕农户福利变化评价

休耕后总样本农户的福利模糊指数为0.495，较休耕前的模糊状态（0.500）下降了1%，说明休耕后总样本农户福利水平未有明显改善。其中经济状况（0.486）、社会保障（0.455）、心理状况（0.464）这3项福利功能都有不同程度的下降，分别比休耕前的模糊状态（0.500）下降了2.8%、9%、7.2%；而景观环境这一福利功能（0.633）具有较大提升，较休耕前的模糊状态（0.500）提升了26.6%。但是，由于生计资产配置的差异，休耕农户各福利功能及其指标的隶属度大相径庭（表4-19）。

表4-19 不同生计资产配置的农户福利模糊综合评价结果

功能性活动及对应指标	总体	不脆弱型	轻度脆弱型	重度脆弱型
经济状况	0.486	0.593	0.477	0.428
家庭纯收入变化	0.529	0.686	0.508	0.471
家庭农业收入变化	0.440	0.504	0.439	0.394
生活水平变化	0.478	0.529	0.492	0.428
社会保障	0.455	0.575	0.458	0.384
耕地面积	0.371	0.460	0.367	0.315
就业机会	0.509	0.771	0.571	0.398

续表

功能性活动及对应指标	总体	不脆弱型	轻度脆弱型	重度脆弱型
是否有社保	0.520	0.671	0.497	0.473
景观环境	0.633	0.591	0.614	0.734
耕地质量变化	0.714	0.689	0.692	0.784
自然环境变化	0.582	0.533	0.564	0.699
心理状况	0.464	0.484	0.504	0.415
休耕政策认同度	0.498	0.525	0.545	0.443
休耕补偿满意度	0.435	0.451	0.471	0.391
总模糊指数	0.495	0.554	0.503	0.442

（1）不脆弱型农户福利变化评价

在实施休耕政策之后，不脆弱型农户的福利模糊指数为 0.554，较休耕前的模糊状态（0.500）提升了 10.8%（表 4-19），在三类农户中整体提升幅度最大。说明休耕后不脆弱型农户的福利水平改善最为显著。通过对该类农户福利变化进行进一步分析后发现，经济状况这一功能的隶属度（0.593）较休耕前增长了 18.6%，其中家庭纯收入（0.686）、生活水平（0.529）这两项指标都有不同程度的提升，而家庭农业收入这一指标（0.504）与休耕前基本持平。这是由于不脆弱型农户家庭生计资产配置较为合理，生计来源的多样性较强，对农业的依赖程度较低，因休耕所造成的农业收入损失基本可以通过休耕补偿获得平衡，故休耕对其家庭经济状况没有产生较大的负面影响。

从非经济福利功能来看，社会保障这一功能的隶属度为 0.575，较休耕前提升了 15%，其中就业机会（0.771）这一指标提升最为显著。主要是因为不脆弱型农户非农化程度较高，且在受教育程度及社会资产等方面具有一定优势，休耕后能积极调整就业结构，就业机会有所提升，家庭经济状况由此得到一定改善。休耕后景观环境（0.591）这项功能的福利水平比休耕前提升了 18.2%，且不脆弱型农户对于耕地质量（0.689）提升的感知远高于自然环境（0.533），说明耕地质量的改善更为直观。心理状况的模糊指数（0.484）比休耕前降低了 3.2%，主要原因是尽管不脆弱型农户的休耕政策认同度（0.525）高于休耕前，但对休耕补偿的满意度（0.451）较低。

（2）轻度脆弱型农户福利变化评价

休耕后轻度脆弱型农户的福利模糊指数为 0.503（表 4-19），较休耕前略有提升，提升幅度为 0.6%，总体福利水平与休耕前相差无几。通过对样本农户福利变化进一步分析后发现，轻度脆弱型农户经济状况这一功能的隶属度（0.477）较休耕前降低了 2.6%，其中家庭纯收入（0.508）这一指标略有提升，生活水平（0.492）与休耕前相差不大，家庭农业收入（0.439）这一指标呈现出较为明显的下降趋势。这是由于轻度脆弱型农户较不脆弱型农户而言，家庭非农化程度不高，农业收入在农户收入结构中仍占有相当的比例，耕地面积的缩减使得农业收入下降显著。

对于非经济福利的功能分析后发现，社会保障（0.458）这一功能较休耕前降低了 8.4%，其中就业机会（0.571）有小幅度的提升，社保状况（0.497）也与休耕前基本持平，但耕地面积（0.367）较休耕前下降了 26.6%，这是休耕后轻度脆弱型农户的社会保障功能有所下降的主要原因。而景观环境（0.614）这项功能的福利水平较休耕前提升了 22.8%，耕地质量（0.692）和自然环境（0.564）分别比休耕前提升了 38.4% 和 12.8%。心理状况（0.504）这一功能的福利水平稍高于休耕前，但提升幅度不明显，尽管轻度脆弱型农户对休耕补偿的满意度（0.471）在所有类型的农户中是最高的，但仍较设定的模糊状态（0.500）下降了 5.8%。

（3）重度脆弱型农户福利变化评价

重度脆弱型农户休耕后的福利模糊指数为 0.442（表 4-19），较休耕前下降了 11.6%，这表明重度脆弱型农户的福利水平在休耕之后呈现一定程度的下降趋势。通过对样本农户福利变化进一步分析后发现，重度脆弱型农户经济状况（0.428）这一功能较休耕前下降了 14.4%，且家庭纯收入（0.471）、生活水平（0.428）、家庭农业收入（0.394）这三项指标都呈现出不同程度的下降。重度脆弱型农户家庭经济水平下降的原因主要是其生计来源较为单一，农业收入在生计来源中占有举足轻重的地位。虽然一次性支付的休耕补偿在一定程度上缓解了农户的经济损失，但一方面，休耕使得农业劳动力收入有所减少，另一方面，休耕后原本可以自给自足的农产品产量下降，农户家庭开支明显增加，经济水平整体下降。

社会保障（0.384）这一功能呈现大幅度的下降趋势，较休耕前下降了 23.2%。这是由于重度脆弱型农户参与社会保险（0.473）比例有限，且休耕后耕地面积（0.315）减少，进一步削弱了耕地对农户的社会保障功能。加之其家庭人力资产、社会资产等方面的分值都较低，不易从农业转向非农产业，实现二次就业，因此就业机会（0.398）大幅下降。景观环境（0.734）这项功能的隶属度在所有类型的农户中最高，较休耕前提升了 46.8%，其中耕地质量（0.784）和自然环境（0.699）这两项指标都有大幅提高。而心理状况（0.415）较休耕前降低了 17%，其中，重度脆弱型农户的休耕政策认同度（0.443）和休耕补偿满意度（0.391）在所有类型的农户中是最低的，这可能是由于重度脆弱型农户受发展机会、教育程度等限制，对休耕政策不甚了解，加之对生计来源改变的不适应、对未来不确定因素的担忧及对休耕补偿期望过高等，对休耕补偿的整体满意度较低。

4.4.3.3 农户福利水平分布特征分析

休耕之后，总样本中福利水平降低的农户比例为55.3%，而福利水平有所提升的农户比例为44.7%，说明休耕对于调研区域农户福利存在一定负外部性。为进一步了解农户福利水平状况，剖析不同生计资产配置的农户福利分布格局的变化，本研究对农户总福利模糊指数的分布进行了统计分析。由于农户福利指数整体围绕着设定的福利模糊值（0.500）变动，呈现类正态分布的趋势，峰值出现在［0.300，0.700），因此，在对农户福利模糊评价指数进行划分时，本研究对该区间内的农户福利模糊指数进行了更为细致的划分（图4-2）。

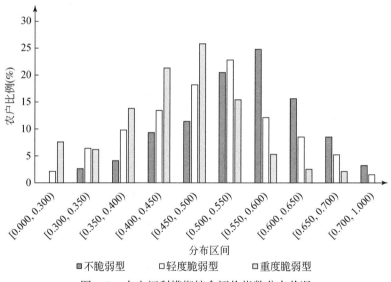

图4-2 农户福利模糊综合评价指数分布状况

结果显示，休耕后不同生计资产配置的农户福利水平分布格局具有明显差异。不脆弱型农户福利水平未分布于［0.000，0.300），峰值出现在［0.550，0.600）。其中，休耕后福利水平提升的农户比例为72.6%，福利水平降低的农户比例仅为27.4%。轻度脆弱型农户福利水平的峰值出现在［0.500，0.550），福利水平升高的农户比例（50.1%）与降低的农户比例（49.9%）大体相当，此结果与该类型农户的总福利模糊指数所反映的结果相吻合。重度脆弱型农户福利水平的峰值出现在 [0.450，0.500），福利状况整体急剧下降，74.7% 的农户福利水平都呈现下降趋势，仅 25.3% 的农户福利水平有所提升。由此可见，研究区休耕农户生计资产总值越大，福利水平峰值出现的区间越趋后。即农户生计资产总值越高，其福利水平越趋于提升，反之则越趋于下降。这一趋势表明，休耕政策强化了研究区农户福利的马太效应，农户间福利水平分化进一步加剧。

目前国家对云南省休耕农户的补偿仅限于经济补偿，补偿标准为 15 000 元/hm²。从研究结果来看，休耕对不同农户的经济状况影响不一，无差别的经济补偿未能实现补偿效益最大化。此外，休耕对于农户福利的影响并不局限于经济福利，在社会保障、心理状况等非经济福利方面也产生了不同程度的影响，单一的经济补偿无法保障休耕农户福利不受损。因此，政府应考虑不同生计资产配置的休耕农户面临风险的差异性，在现有经济补偿的基础上探索对象差异化、方式复合化的补偿方案，减轻休耕政策对农户福利的负外部性，使农户福利水平及其差异至少维持在休耕前的状态，并进一步推动农户的均衡发展。

4.5　不同生计条件下的休耕农户差别化补偿需求

休耕补偿标准和补偿模式是休耕制度的重要组成部分，关系到农户休耕的积极性和意愿，也是影响制度能否顺利运行的关键。休耕制度的实行会直接导致农地经营收入减少，影响农户的生计活动。不同生计类型的农户选择的补偿方式各异，但农户选择休耕补偿方式的根本动因尚不明确。现阶段，对于休耕农户的受偿需求和受偿标准的研究还较少。本节在借鉴生态补偿、生计资本研究成果的基础上，根据多种生计条件下农户对于休耕补偿方式的不同选择，分析总结出不同休耕补偿方式影响显著的农户生计条件。构建基于 Logistic 模型的休耕受偿方式选择模型，以期解释不同生计条件对农户受偿方式选择的影响方向以及影响程度，为完善休耕补偿制度提供指导。

4.5.1　生计资本与休耕农户受偿方式选择的模型验证

4.5.1.1　模型与变量的选择

Logistic 回归分析适用于因变量为非连续变量的回归分析。根据探讨的问题——农户休耕受偿意愿的选择，由于受访农户的主要受偿意愿为货币补偿、实物补偿与综合补偿三种方式，设计模型的因变量是二分变量。采用二分类因变量的 Logistic 回归模型建立农户休耕补偿方式的选择模型，Logistic 回归模型不包含关于变量分布的假设条件，也不需要假设变量之间存在多元正态分布，最终以事件发生概率的形式提供结果，拟合得出的 Logistic 回归模型参数估计采用最大似然估计方法（颜虹等，2010）。

根据二元 Logistic 模型，因变量量化方法如下：当农户选择接受货币补偿方式时，取值 1，当农户选择接受其他补偿方式时，取值 0；同理，在分析农户实物和综合补偿方式影响因素时，选择实物或综合补偿方式的赋值为 1，未选择该补偿方式的情况赋值为 0。根据 Logistic 回归建模的要求，设 x_1，x_2，x_3，$\cdots$，x_i 是与 Y 相关的一组向量，设 P 是某事件发生的概率，将比数 $P/(1-P)$ 取对数得 $\ln[P/(1-P)]$，即对 P 作 Logistic 变换，记 logit（P）为

$$P = \frac{\exp\ (\alpha+\beta_1 x_1+\beta_2 x_2+\beta_3 x_3+\cdots+\beta_i x_i)}{1+\exp\ (\alpha+\beta_1 x_1+\beta_2 x_2+\beta_3 x_3+\cdots+\beta_i x_i)} \tag{4-8}$$

$$Y = \ln\frac{P}{1-P} = \alpha+\beta_1 x_1+\beta_2 x_2+\beta_3 x_3+\cdots+\beta_i x_i+\mu \tag{4-9}$$

式中，P 为农户选择某一休耕补偿方式的概率；α 为常数项；μ 为随机误差；x_1，x_2，$\cdots$，x_i 为影响农户选择补偿方式的因素；β_1，β_2，$\cdots$，β_i 为 Logistic 模型的偏回归系数，即自变量 x_i 对 Y 或 Logit（P）影响的大小。偏回归系数值是正值且统计性显著，意味着在控制其他自变量的条件下，Logit（P）的发生随对应自变量值增加而增加；相反，一个显著的负回归系数代表 Logit（P）的发生随对应自变量增加而减少；如果系数的统计性不显著，说明对应自变量的作用在统计上与零无异，可以去除（王济川和郭志刚，2001）。

这里使用 Wald 统计量对模型的回归系数进行检验。取显著性水平为 0.05，当解释变量 Wald 所对应的概率值 P 小于给定的显著性水平，可认定该解释变量的回归系数与零有显著差异，应保留在方程中；反之不能通过显著性检验被去除。选择 Homsmer-Lemeshowgood-of-fit 指标、判错矩阵对回归模型的拟合程度进行检验。当 HL 指标统计显著时，表示模型拟合效果不好；相反，当 HL 指标统计不显著时，表示模型拟合效果好（李洪等，2012）。

4.5.1.2 确定农户生计资本评估指标体系

根据 Sharp（2003）等对非洲开展的关于生计资产的量化研究，结合4.2.2.1 节中农户生计资本测算指标体系，采用课题组于河北省调研收集的数据，对农户生计资本进行评估。

通过对五种生计资本的分类统计，可以分别对不同家庭状况的农户休耕补偿方式选择进行分类分析，将农户选择休耕补偿方式作为被解释变量，并假设农户是否愿意选择某一种休耕补偿方式受到农户自然资本、人力资本、物质资本、社会资本和金融资本这五个方面 13 个因素的影响（表4-5）。

4.5.1.3 模型运行结果与检验

运用SPSS19.0统计软件包中二元Logistic分析（Binary Logistic）的强迫回归法，对影响农户选择休耕补偿方式的因素指标体系进行Logistic回归处理，模型回归结果见表4-20。

表4-20 模型回归结果

指标名称	货币补偿	实物补偿	综合补偿
家庭耕地总面积（X_1）	0.057**	-0.469**	-0.048
	(0.038)	(0.039)	(0.585)
家庭距耕地距离（X_2）	-0.258	-0.347	0.472*
	(0.29)	(0.401)	(0.077)
家庭人均耕地面积（X_3）	0.155	0.361**	0.139
	(0.635)	(0.026)	(0.709)
家庭劳动力人口数（X_4）	0.892**	-0.131*	0.118
	(0.003)	(0.066)	(0.645)
家庭成员受教育程度（X_5）	0.021*	-0.091	0.506**
	(0.094)	(0.847)	(0.037)
家庭成员健康状况（X_6）	-0.095	0.222	0.023
	(0.559)	(0.379)	(0.9)
家庭资产拥有情况（X_7）	0.246*	-0.515	-0.298
	(0.074)	(0.359)	(0.446)
家庭经济状况主观评价（X_8）	-0.291	-0.576*	0.729
	(0.749)	(0.076)	(0.472)
人情往来支出情况（X_9）	1.328	1.346	-1.298
	(0.211)	(0.57)	(0.279)
养老保险收入（X_{10}）	0.207	-0.173	-0.187
	(0.36)	(0.649)	(0.459)
家庭农业收入（X_{11}）	0.072*	0.619**	0.092
	(0.075)	(0.03)	(0.665)
家庭非农业收入（X_{12}）	0.037**	1.645	0.795**
	(0.04)	(0.617)	(0.012)
农业转移性收入（X_{13}）	-0.736	1.297	1.179
	(0.728)	(0.831)	(0.574)
常量	1.683	-2.92	-2.124
-2LL	90.144	97.086	110.095

续表

指标名称	货币补偿	实物补偿	综合补偿
Nagelkerke R^2	69.864	60.308	58.747
卡方值	75.507	68.610	64.307
Sig.	0.054	0.071	0.083

＊和＊＊分别表示统计检验达到10%、5%的水平下显著，括号内代表显著性水平数据

4.5.2   农户补偿方式选择的影响因素分析

现阶段，河北省政府对于农户的休耕补偿方式只有货币补偿。调研发现，休耕农户所期望的补偿方式并不只有货币补偿一项，有相当一部分农民会选择实物补偿或是综合补偿，即补偿实物或其他等值补偿（表4-20）。

4.5.2.1   选择货币补偿方式影响因素分析

影响农户选择货币补偿方式的因素有家庭耕地总面积、家庭劳动力人口数、家庭成员受教育程度、家庭资产拥有情况、家庭农业收入、家庭非农业收入六项。六项指标的影响皆为正向影响，即当农户的上述几项生计资本有所提升时，农户更加倾向于选择货币补偿方式。分别从以下五个方面探讨货币补偿方式的影响因素：①家庭耕地总面积的影响。家庭耕地总面积大的农户对货币补偿的偏好可能与家庭收入有关，收入越高，农户家庭生活越富裕，手中拥有更多闲置资金可以用于生产性投资并扩大生产规模。②家庭劳动力人口数的影响。家庭整体劳动能力体现农户家庭的人口数及家庭成员年龄构成，家庭人口越多，特别是青壮年劳动力数量越多，家庭开支越大，对资金的需求也就越高，越倾向于选择货币补偿以补贴家庭日常开支。③家庭成员受教育程度的影响。家庭成员受教育程度与农户选择货币补偿方式显著相关。调研发现，农民受教育程度越高，留在农村从事农业活动的愿望越弱，更愿意拿到货币直接改善自己的生活或到大城市投资创业。④家庭资产拥有情况的影响。家庭资产拥有情况可从侧面体现家庭整体财富情况，家庭资产拥有越多的农户对货币补偿要求越高。这是由于这些家庭将手中资金用于购买固定资产，手中流动资金较少，需要更多资金进行生产活动。⑤家庭农业收入与非农业收入的影响，家庭农业收入与非农业收入对农户选择货币补偿具有显著的正向作用。表4-20中，家庭非农业收入的影响（Sig. < 0.04）大于家庭农业收入（Sig. < 0.075），说明农户非农业收入越多，对农业的依赖性越小，休耕的意愿越强，选择货币补偿的意愿也越强。相当部分非农收入高的农户选择货币补偿，期望可以得到更多资金用于投资。

4.5.2.2 选择实物补偿方式影响因素分析

农户选择实物补偿方式的影响因素较复杂，分别为家庭耕地总面积、家庭人均耕地面积、家庭劳动力人口数、家庭经济状况主观评价、家庭农业收入五个方面。其中家庭耕地总面积、家庭劳动力人口数和家庭经济状况主观评价三项为负向指标，家庭人均耕地面积与家庭农业收入两项为正向指标。分别从以下三个方面探讨实物补偿方式的影响因素：①耕地面积对农户选择补偿方式的影响。家庭人均耕地面积越大的农户，选择实物补偿的概率越大；家庭耕地总面积越大的农户，选择货币补偿的可能性越大，这与实际调研所得结果一致。农户人均耕地面积越大，农业收入越高，其对于土地的依赖性越大，休耕后农户失去赖以生存的耕地，他们的生计方式选择本身较少。且该部分农户多为 50~60 岁的中老年人，子女进城务工，这些农户在休耕期间难以找到稳定的打工地点，收入不固定。此外，粮价波动，定额的货币补偿不能完全满足他们的日常需求。因此，他们选择足够的粮食补助，以解决自己冬季口粮问题；家庭耕地总面积越大的农户选择货币补偿的可能性越大，是由于家庭耕地面积数量越大，农户家庭对农业的投入越多，更期望能够获得货币以扩大生产规模或购买生产资料。②家庭劳动力人口数与家庭经济状况主观评价的影响。家庭劳动力人口数与家庭经济状况主观评价均为负向指标，这说明家庭劳动力越少，农户选择实物补偿方式的可能越大。由于休耕期间农户家庭青壮年劳动力大多数外出打工，留守家庭的多为老人、妇女和小孩，实物补偿可以直接满足其生活需求，多数会选择实物补偿方式。对自身家庭经济状况评价越差的家庭对于实物补偿的需求越大，这是由于经济状况差的农户家庭生计状况安全感越差，因而农户对粮食的需求升高，期望能够获得实物补偿，保持家中有存粮，以维持家庭正常生活。③家庭农业收入的影响。家庭农业收入对实物补偿的影响是正向的，这是由于家庭农业收入高的农户对土地的感情更深。实地调研发现，对土地感情越深的农户越愿意食用自家种的粮食，而非购买的粮食，因此他们更倾向于选择直接补偿粮食。

4.5.2.3 选择综合补偿方式影响因素分析

综合补偿方式受到家庭距耕地距离、家庭成员受教育程度以及家庭非农业收入的显著影响。家庭距耕地距离越远、家庭成员受教育程度越高、家庭非农业收入越高的农户，对于综合补偿方式可以满足各种差异性补偿需求的认识更加充足。分别从以下三个方面探讨综合补偿方式的影响因素：①家庭距耕地距离的影响。家庭距耕地距离越远，农户选择综合补偿方式的愿望越强。调研发现，农户普遍愿意休耕或撂荒距家庭较远的耕地。对于农户而言，耕地距离越远，表明该地块的耕种障碍越大。农户耕作障碍越大，其耕种欲望就越弱，他们更加期望能够获得一些与农业无关的其他补偿，尤其是能够获得从事非农活动的政策性补偿。②家庭成员受教育程度的影响。农户家庭成员受教育程度越高，文化程度越高，思想意识越先进，越不愿意被土地束缚在农村，因此更愿意选择较灵活多样的综合补偿方式。研究结果显示，家庭成员受教育程度较高的农户会选择货币补偿或综合补偿方式，但相对于货币补偿方式（Sig. <0.094），更多受教育程度高的农户家庭更加倾向于选择综合补偿方式（Sig. <0.037），这是由于受教育程度更高意味着更高的思维活跃程度，他们希望能够获得综合补贴。政策性补贴和一些社会福利无法通过金钱买到，因此需要这些补贴的高学历农户家庭会期望能够直接享受优惠政策。③家庭非农业收入的影响。家庭非农业收入越高的农户越倾向于选择综合补偿方式，这些农户通常在外拥有更多收入来源，可能完全不务农或其农业收入占全家收入比例较低，不愿意被束缚在土地上，他们更愿意得到其他补偿方式，以便更好地实现非农业收入增长。同时，非农业收入高的农户选择综合补偿的倾向（Sig. <0.012）比货币补偿（Sig. <0.04）更强烈，这是由于综合补偿方式中包含政策补偿等多种方式，非农业收入高的农户对政策类补偿需求迫切，这部分农户更加倾向于选择综合补偿方式。

4.5.2.4 研究结果分析

1）农户对休耕补偿方式有多样化的诉求。货币补偿是休耕农户首选的补偿方式，占样本农户的69.35%，选择其他补偿方式的农户也接近30%。

2）农户受偿方式选择受多种因素综合影响。其中，倾向于选择货币补偿方式的影响因素最多，分别是家庭耕地总面积、家庭劳动力人口数、家庭成员受教育程度、家庭资产拥有情况、家庭农业收入、家庭非农业收入；倾向于选择实物补偿方式的影响因素分别是家庭耕地总面积、家庭人均耕地面积、家庭劳动力人口数、家庭经济状况主观评价、家庭农业收入，其中正向因素两项，分别是家庭人均耕地面积与家庭农业收入，负向因素有三项，分别是家庭耕地总面积、家庭劳动力人口数和家庭经济状况主观评价；倾向于选择综合补偿方式的影响因素分别是家庭距耕地距离、家庭成员受教育程度与家庭非农业收入。

3）收入水平很大程度上影响着农户受偿方式的选择。金融资本在农户受偿方式的选择上起显著作用，其中，家庭农业收入对货币补偿和实物补偿有显著的正向影响，而家庭非农业收入对货币补偿和综合补偿有显著的正向影响。自然资本在农户受偿方式的选择中也起到较大作用，其中货币补偿方式受农户家庭耕地总面积影响显著，实物补偿则受到家庭人均耕地面积和家庭耕地总面积影响较大，综合补偿方式则受到家庭距耕地距离和家庭人均耕地面积的正面显著影响。

人力资本中家庭劳动力人口数代表农户家庭成员的年龄状况，对货币补偿和实物补偿分别起到完全不同的显著性作用。家庭成员受教育程度一项仅对货币补偿有正向影响。物质资本中家庭资产状况对货币补偿有着显著正向效应，家庭经济状况主观评价对实物补偿具有显著的负向影响。社会资本则对任何一项补偿方式均无显著影响。

4.5.3 讨论

1）由于样本数量的限制，数据样本的分布较窄，仅统计了华北地下水漏斗区的农民受偿方式选择，可能会导致最终分析结果与农民实际诉求存在一定出入。在后续的研究中，将继续搜集不同区域的样本，进行对比分析，以得到更加具体、科学的结果。

2）借鉴 Sharp 等人生计资本的分类结果，对河北省农户生计资本进行分类评价，所构建的指标体系较为简单，区别性不强，且社会资本的指标运算结果无统计学意义，对农户受偿方式的选择并无显著影响。本研究中指标体系并未加入受访农户的性别、非农工作类型与社会因素等，在后续的研究中将加入更多农户生计资本构成因素来分析影响农户受偿方式选择的因素。

3）调研发现，农户期望的休耕补偿方式除了报告中所讨论的三种外，还有小部分农户希望增加政策补偿（即政策上向休耕区域进行倾斜）或是技术补偿（即免费技术培训）。在下一步的研究中，将会增加更多类型补偿方式的影响因素分析以丰富休耕补偿方式的理论框架。

4.6　本章小结

休耕制度下的农户研究是实行耕地休耕制度的重要内容之一，其最终目标是通过休耕政策的实施改善农民生计状况，降低农户生计脆弱性，并为休耕农户政策性补偿策略的制定提供理论指导。本章从休耕农户生计脆弱性、不同生计脆弱性下休耕农户福利变化、不同生计条件下休耕农户差别化补偿三个方面展开研究，主要结论如下：

1）生计脆弱性主要是依据生计资本与风险成本的差值来衡量。休耕区域农户生计脆弱性指数总体较低，农户生计脆弱性较强。其生计资本得分平均值为1.12，多数受访农户生计资本具有一定积累，但现状并不容乐观；每户人家所面临的灾害和伤病状况等风险存在差异，部分农户生计现状不足以抵御大型的自然灾害。农户生计脆弱性最高值与最低值之差约为2.7，说明农户生计状况差异较大，受休耕影响的程度也存在较大差异。因此，确定农户生计脆弱性的差异对分析休耕农户的福利变化具有重要价值。

2）休耕后农户整体福利水平未有明显提升。休耕对于农户福利的影响并不局限于经济福利，在社会保障、心理状况等非经济福利方面也产生了不同程度的影响。由于生计脆弱性的差异，不同类型农户福利的整体状况及各项福利功能水平都存在较大差异。农户生计脆弱性越低，其福利水平越趋于提升，反之则越趋于下降，农户间福利水平分化进一步加剧。因此，现行的经济补偿无法保障休耕农户福利不受损，政府应考虑不同生计脆弱性下的休耕农户面临风险的差异性，在现有经济补偿的基础上探索对象差异化、方式复合化的补偿方案，以减轻休耕政策对于农户福利的负外部性，使农户福利水平及其间差异至少维持在休耕前的状态，并进一步推动农户的均衡发展。

3）选择非资金补偿方式的农户占总受访农户的30%左右，这部分农户的意愿也不容忽视。多样化补偿方式为农户提供可选择的方案，尽可能满足不同生计类型农户的需求。在今后休耕制度建设和实施中，应当继续实施以货币补偿为主的农户休耕补偿策略，以满足大多数农户的意愿，同时照顾部分有特殊需求的农户，增加实物补偿、政策补偿或是综合补偿等多种补偿方式，提高农户休耕积极性。休耕农户受偿方式选择的影响因素较为复杂，不应用单一因素来概括不同选择的驱动力机制。为了更好地推动休耕制度顺利运行，除丰富补偿方式种类，还可以改善农户生计状况，推出针对休耕农户的优惠政策，完善对休耕农户的帮扶措施。鼓励农户进行土地流转、支持农村非农产业振兴，重点强化农户生计资产中较弱的部分，以提升农户对休耕政策的认可程度。

参 考 文 献

丁琳琳，吴群，李永乐．2016．土地征收中农户福利变化及其影响因素——基于江苏省不同地区的农户问卷调查［J］．经济地理，36（12）：154-161．

关江华，黄朝禧，胡银根．2014．不同生计资产配置的农户宅基地流转家庭福利变化研究［J］．中国人口·资源与环境，24（10）：135-142．

韩峥．2004．脆弱性与农村贫困［J］．农业经济问题，（10）：8-12．

邝佛缘，陈美球，鲁燕飞，等．2017．生计资本对农户耕地保护意愿的影响分析——以江西省587份问卷为例［J］．中国土地科学，31（2）：58-66．

李洪，宫兆宁，赵文吉，等．2012．基于 Logistic 回归模型的北京市水库湿地演变驱动力分析［J］．地理学报，67（3）：357-367．

李芝．2016．独女农户的生计脆弱性研究［D］．长沙：湖南师范大学．

森 A．2002．以自由看待世界［M］．北京：中国人民大学出版社．

王济川，郭志刚．2001．Logistic 回归模型：方法与应用［M］．北京：高等教育出版社．

徐大伟，李斌．2015．基于倾向值匹配法的区域生态补偿绩效评估研究［J］．中国人口·资源与环境, 25 (3)：34-42.

颜虹, 徐勇勇, 赵耐青 . 2010. 医学统计学 [M]. 北京：人民卫生出版社 .

杨云彦, 赵锋 . 2009. 可持续生计分析框架下农户生计资本的调查与分析——以南水北调（中线）工程库区为例 [J]. 农业经济问题, (3)：58-65.

赵锋, 杨云彦 . 2009. 外力冲击下水库移民生计脆弱性及其解决机制——以南水北调中线工程库区为例 [J]. 人口与经济, (4)：1-7.

周义, 张莹, 任宏 . 2014. 城乡交错区被征地农户的福利变迁研究 [J]. 中国人口·资源与环境, 24 (6)：30-36.

Akay A, Martinsson P . 2008. Does relative income matter for the very poor? Evidence from rural Ethiopia [J]. Economics Letters, 110 (3)：213-215.

Azariadis C, Deardorff A V, Palivos T, et al. 2013. Editorial introduction：Dynamics, economic growth, and international trade [J]. Journal of Macroeconomics, 38：1.

Chambers R. 1989. Editorial introduction：vulnerability, coping and policy [J]. Ids Bulletin, 20 (2)：1-7.

Dfid. 1999. Sustainable Livelihoods Guidance Sheets [R]. London：Department for International Development.

Ellis F. 1998. Household strategies and rural livelihood diversification [J]. Journal of Development Studies, 35 (1)：1-38.

Li H, Huang X, Kwan M P, et al. 2015. Changes in farmers'welfare from land requisition in the process of rapid urbanization [J]. Land Use Policy, 42：635-641.

Sen A. 1993. Capability and well-being [J]// Nussbaum M C, Sen A. The quality of life. Oxford：Clarendon Press.

Sharp K. 2003. Measuring destitution：integrating qualitative and quantitative approaches in the analysis of survey data [J]. IDS Working Paper：217-221.

第5章　效用视角下耕地休耕经济补偿标准研究

休耕补偿是实行耕地休耕制度的重要构成部分，也是休耕制度运行的核心动力。科学、合理的休耕补偿标准不仅能够提升休耕制度运行的效率，而且有利于保障休耕制度实施的可持续性，以达到耕地休养生息的目的。农户是休耕补偿的关键利益主体，休耕补偿标准测算的目的在于运用科学的原理与方法测算出满足微观利益主体因参与休耕承受损失的合理给付标准。本章基于微观利益主体的效用视角，构建了"补偿分析框架—补偿标准测算—补偿标准合理性验证"的研究思路，并采用云南省石林县和砚山县休耕试点区的实地调研数据进行休耕补偿标准测算的实证分析。

5.1　研究内容及思路

5.1.1　研究目标及内容

休耕补偿研究希望实现四个方面的目标：一是明确休耕补偿的实质及不同视角休耕补偿的逻辑；二是构建基于效用理论测算休耕补偿标准的理论框架；三是通过定量方法测算出合理的休耕补偿标准；四是通过补偿标准的实证测算，构建休耕补偿标准测算体系，为休耕补偿标准的测算提供理论依据和技术支持。根据研究目标设计研究内容如下：

1）构建休耕补偿理论框架。休耕补偿理论框架的构建是进行休耕补偿标准测算的理论支撑。从效用理论出发，根据理性农户的行为特征建立休耕补偿的理论框架，在此框架下进行休耕补偿标准测算的模型构建和变量选择，以期在此框架下测算得出的休耕补偿标准能够满足微观农户的最大效用。

2）测算休耕受偿意愿。休耕受偿意愿的测算是休耕补偿标准制定的核心。立足于休耕补偿框架，测算效用最大化条件下微观农户参与休耕的受偿意愿，理论上可以此作为休耕补偿标准的下限，同时，通过回归模型检测农户受偿意愿的影响因素，作为完善休耕补偿标准的现实基础。

3）评估受偿意愿合理性。受偿意愿合理性的评估是科学制定休耕补偿标准的关键。基于效用理论测算的受偿意愿作为补偿标准只能保证测算结果的科学性，其合理性还需要进一步探讨。根据相对收入理论，通过休耕农户与非休耕农户之间的横向社会性对比，以及休耕农户休耕前与休耕后的纵向习惯性对比，并在特定的评判标准下判断休耕农户受偿意愿状态下的经济福利净效应，进一步评估农户效用视角下的受偿意愿合理性。

5.1.2 研究技术路线

立足中国土地利用转型的时代背景，在对休耕补偿的实质及休耕补偿逻辑视

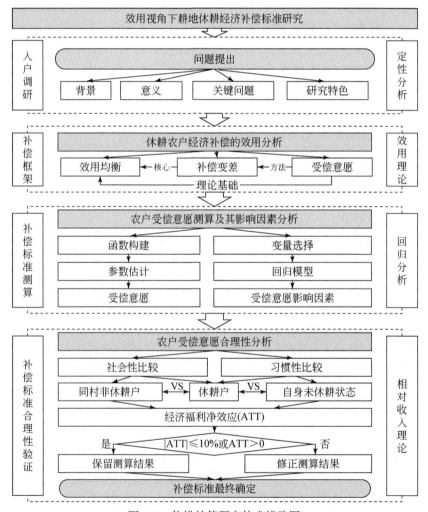

图 5-1 休耕补偿研究技术线路图

角进行理论分析的基础上，将效用理论引入休耕补偿问题中，结合微观农户的社会经济特征，构建"补偿框架—补偿标准测算—补偿标准合理性验证"的逻辑框架，以此作为休耕补偿标准研究的基础；在休耕补偿理论框架的基础上，构建补偿函数，测算满足微观农户效用最大化的受偿意愿，以此作为休耕补偿标准研究的核心；根据相对收入理论，构建休耕农户休耕时的经济福利和休耕农户未休耕（反事实）时的经济福利受偿意愿的合理性，以此作为确定休耕补偿标准的关键；基于以上框架，最终得到修正后的休耕补偿标准。研究的技术路线见图 5-1。

5.2　研究区域与数据准备

5.2.1　研究区选择

2016 年 6 月，农业部等十部委联合印发的《探索实行耕地轮作休耕制度试点方案》指出，中国将在地下水漏斗区、重金属污染区和生态严重退化地区开展休耕试点。中国耕地生态严重退化是生态脆弱区的生态系统组成结构稳定性较差，抵御干扰能力和自身修复能力弱而导致的，2008 年环境保护部印发的《全国生态脆弱区保护规划纲要》中划定的全国八大生态脆弱区，尤以西南岩溶山地石漠化区为典型（Yu and Lv，2011），因此，西南石漠化地区成为国家首批休耕制度试点的重点区域之一，该区域休耕试点主要在贵州、云南两个省。

依据交通便利性和区域典型性的原则，选取云南省昆明市石林彝族自治县和文山州砚山县的休耕试点区作为休耕补偿研究的区域（图 5-2），两县均处于西南地区典型的石漠化区域，是生态严重退化区之一。由于喀斯特地区地形地貌复杂，在特殊的地质条件和水热组合的交互影响下，不仅保水蓄水能力差，而且土层浅薄贫瘠，植物生长缓慢、生物量偏低（凡非得等，2011），生态本底条件极其脆弱。同时，该区域人口压力大，农民生计极度依赖耕地、林地等自然资源，迫使耕地在脆弱的本底条件下被高强度利用，致使耕地质量下降、水土流失严重，造成以石漠化为特征的生态环境退化（Hua et al.，2004）。可见西南石漠化地区生态退化除脆弱的本底条件外，不合理的土地利用方式也是重要推手。研究发现，农户生计策略日益兼业化和非农化有利于减缓土地退化速度（阎建忠等，2009；王成超和杨玉盛，2011），主要表现为边际耕地撂荒以及复种指数降低（刘成武和李秀彬，2006；邵景安等，2014），进一步降低了对生态环境的压力，甚至在一些区域引起了快速的森林转型，生态环境逐步恢复（李秀彬和赵宇鸾，2011；翟德利等，2015）。因此，云南省委、省政府抓住国家扩大耕地休耕制度试点的契机，在全省开展休耕试点工作，至 2017 年 12 月，云南省休耕试点面积已超过 1.3 ×10⁴ hm²，休耕区域覆盖昆明市、文山州、红河哈尼族彝族自治州（简称红河州）、曲靖市、昭通市、玉溪市等 9 个州市的 19 个县。

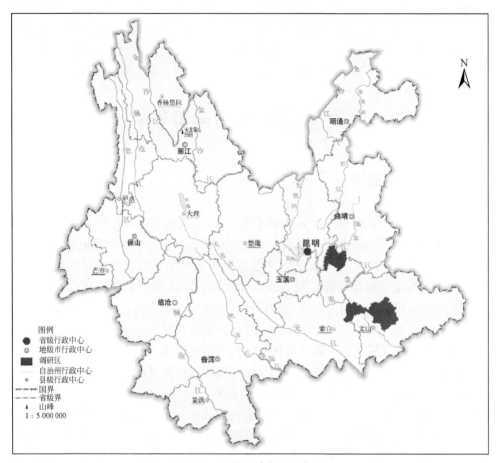

图 5-2　研究区域位置示意图

5.2.2　研究区概况

5.2.2.1　石林县概况

（1）石林县自然地理概况

石林县位于 103°10′ ~ 103°41′E、24°30′ ~ 25°3′N，县城距昆明市 78km，地处云南省东部、昆明市东南部、东部和南部与红河州泸西县、弥勒县相接，北部与曲靖市陆良县毗连，西部与昆明市宜良县为邻，辖区面积 1719km²。石林县地处滇东喀斯特南部，县域内部地势起伏平缓，自东北向西南呈阶梯状倾斜，海拔在 1700～1950m；主要地貌类型为山地，占比达 69%，平坝面积不足 15%，境内大部分地区被石灰岩覆盖，喀斯特地貌发育，石林、峰丛广布；石林县属亚热带高原季风气候，冬暖夏凉，阳光充足，雨量充沛，多年平均气温 15.60℃，全年无霜期 252 天，年日照时数 2339 小时，多年平均降水量 963mm，森林覆盖率 46.5%[①]。

（2）石林县社会经济概况

2016 年末，全县户籍总人口 25.1 万人，其中农村人口 16.2 万人，占全县总人口的 64.50%，城镇人口仅占 35.50%，境内少数民族众多，达 9.02 万人，占比 35.90%；2016 年实现 GDP 77.41 亿元，人均 GDP 达 2.99 万元，城镇居民可支配收入达 3.47 万元，农民人均可支配收入 1.24 万元[②]。

石林县区位优势明显，位于昆明市一小时通勤圈，是滇东南区域的交通枢纽，形成公路、铁路及旅游专线等现代化的交通网络。石林县对外优势明显，初步形成了配套齐全的三次产业。2016 年全年实现农林牧渔业总产值 36.50 亿元，其中农业产值 20.82 亿元。石林县是云南省粮食生产大县，粮食产量从 2010 年的 13.31×10⁴t 增长到 2016 年的 15.41×10⁴t。石林台湾农民创业园是云南省第一个国家级农业园区，形成了以农产品加工、休闲旅游、特色种植、生物技术等主导产业相互促进的发展格局，形成了粮、烟、果等优势产业，成为石林县域经济发展的重点。第二产业实体化逐步形成，石林生态工业集中区是省级工业园区，重点发展特色旅游商品加工、绿色农特产品加工、新能源、先进制造新型建材等生态工业。第三产业全域推进，旅游业是石林县的支柱产业，对经济发展的促进作用日益显现，2016 年末第三产业占比达 48.10%，发展速度超过第一、第二产业，有效吸纳就业促进农民增收，对县域的经济拉动作用明显。

（3）石林县耕地及休耕概况

石林县虽然是云南省的粮食生产大县，但该区域喀斯特地貌广布，石漠化现象突出，同时有机肥投入不足，致使部分土地处于贫瘠薄瘦状态，对农业生产造成严重威胁。全县 5.82×10⁴hm² 耕地地力分为六个等级（表5-1），其中一级耕地面积 5621.47 hm²，仅占总耕地面积的 9.66%，二级耕地面积 6103.80 hm²，占 10.49%，而五等耕地和六等耕地面积 29 321.48 hm²，占全县耕地总面积的 50.39%。石林县将五等耕地和六等耕地地块作为休耕目标，2016 年开始实行耕

---

① 数据来源于 2016 年 8 月石林彝族自治县人民政府印发的《石林彝族自治县 2016 年探索实行耕地休耕制度试点实施方案》。

② 数据来源于 2017 年 7 月石林彝族自治县统计局印发的《2016 年石林彝族自治县国民经济和社会发展统计公报》和 2017 年 2 月 16 日石林彝族自治县第十七届《政府工作报告》。

地休耕 1 万亩（约 666.67 hm²），占五等和六等耕地面积的 2.27%。

表 5-1　石林县和砚山县耕地地力等级分布①

耕地等级	石林县		砚山县	
	面积（hm²）	占比（%）	面积（hm²）	占比（%）
一等耕地	5 621.47	9.66	5 585.36	5.31
二等耕地	6 103.80	10.49	9 759.75	9.28
三等耕地	7 282.75	12.52	12 706.85	12.08
四等耕地	9 859.40	16.94	29 731.84	28.26
五等耕地	12 092.77	20.78	24 030.80	22.84
六等及以上耕地	17 228.71	29.61	23 390.62	22.23
汇总	58 188.90	100	105 205.20	100

5.2.2.2　砚山县概况

（1）砚山县自然地理概况

砚山县位于 103°35′~104°45′E 、23°19′~23°59′N，辖区面积 3822km²，地处云南东南部，文山州西部，东与广南县、西畴县接壤，南与文山市毗邻、西接红河开远市、北与丘北县相邻，距离文山州府 35km，距离昆明市 326km②；砚山地处滇东南岩溶高原中部，地势西北高东南低，地貌类型以山地、丘陵和盆地为主，海拔 1080~2263m。砚山县的气候类型同石林县类似，均属于低纬北亚热带高原季风气候，四季如春，干湿分明，立体气候明显，年平均气温 16.1℃，多年平均降水量 1008mm，全年无霜期 250~320 天；耕地面积为 13.71×10⁴ hm²，地貌类型复杂多样，立体气候明显，因此生物资源相当丰富，砚山县是名贵中药材三七的原产地，被誉为"中国三七之乡"。

（2）砚山县社会经济特征

砚山县 2016 年全年完成 GDP 110.85 亿元③，城镇居民人均可支配收入 2.74 万元，农村居民人均纯收入 8900 元。砚山县交通区位优势明显，素有"滇桂走廊"之称。优越的地理位置和便捷的交通条件，使砚山在承接产业转移中优势凸

---

① 数据来源于《石林县耕地地力评价成果报告》和《砚山县耕地地力评价成果报告》。
② 数据来源于 2016 年 11 月砚山县人民政府印发的《砚山县 2016 年探索实行耕地休耕制度试点实施方案》。
③ 数据来源于 2017 年 3 月砚山县统计局印发的《2016 年砚山县经济运行情况分析》。

显。从产业结构来看，第一产业占比明显高出云南省的平均水平，第二产业占比逐年上升，第三产业占比逐年下降。2016 年，砚山县第一产业占比 22.10%，高原特色农业产业兴旺，三七、辣椒、蔬菜等传统农业不断发展壮大，为农业经济稳步发展奠定坚实基础；全县完成农林牧渔及服务业总产值 40.82 亿元，实现农业增加值 24.48 亿元，完成粮食总产量 26.90×10⁴t。第二产业占比 31.9%，承接大型水泥生产企业等知名企业进驻投资兴业，成为文山州乃至云南省对外开放、承接产业的前沿阵地。第三产业占比 46%，但支撑第三产业的住宿、餐饮、保险等行业指标增速出现不同程度回落，影响了经济稳步快速增长。

（3）砚山县耕地及休耕基本情况

2014 年遥感调查结果表明，砚山县水土流失面积达到 2061.45km²，占总面积的 53.93%；砚山县石灰岩分布广，全县 11 个乡镇均有岩溶土地，岩溶面积 1938km²，其中石漠化土地面积 857km²，占岩溶总面积的 44.22%，潜在石漠化

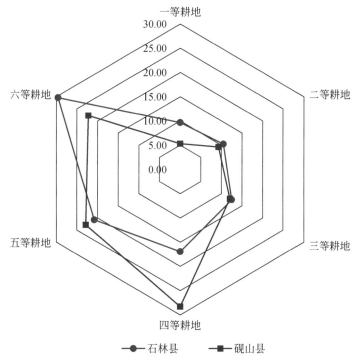

图 5-3 石林县和砚山县耕地地力等级对比（单位：%）①

———————————

① 砚山县耕地地力分级分为 7 级，而石林县耕地地力分级为 6 级，为统一运算，将砚山县 3099.57 hm² 的七等耕地纳入六等耕地中。

面积 163km²，占岩溶总面积的 8.41%，非石漠化面积 918km²，占岩溶总面积的 47.37%；同时砚山县长期施用化肥、农药等，耕地质量逐年下降，土壤板结、耕作层薄瘠、耕地用养失调，导致农业生产产量低、品质差。砚山县耕地地力等级以四等、五等、六等及以上耕地为主，以砚山县 2008 年土地详查结果为例（图 5-3），四等、五等、六等及以上耕地面积累计达 7.72×10⁴hm²，占耕地总面积的 73.33%，而一等耕地面积为 5585.36 hm²，仅占耕地总面积的 5.31%，一等、二等、三等耕地累计占比也仅 26.67%（表 5-1）。从 2016 年开始，砚山县实施耕地休耕 666.67 hm²（1 万亩），实施地点为石漠化较严重、土地较贫瘠、作物产量低下的具有代表性的平远镇、维摩乡、盘龙乡、者腊乡、蚌峨乡 5 个乡镇。

5.2.2.3 两县休耕模式概况

两县均在尊重农民意愿的前提下，于 2016 年各安排 666.67 hm²（1 万亩）石漠化严重，产量低下的五等、六等耕地进行为期三年的休耕，并连续三年对休耕地进行土壤培肥。总体上，实行耕地休耕保护和培肥地力结合，免耕与少耕相结合，因地制宜选择免耕种植绿肥、少耕种植豆类、肥草植物混间种等模式，并且在休耕期间，禁止耕地非农化，禁止种植以短季节收获为目的的农作物。因此，2016 年休耕的农户经济损失较大，因此补偿标准统一为 15 000 元/hm²；2017 年的休耕模式在 2016 年的模式上增添了豆类种植，农户可自由选择不同的休耕模式，休耕耕地上的肥、草和豆类可作为饲料或出售，因此 2017 年的休耕农户可在休耕耕地上获得部分农业收益，故 2017 年的休耕户休耕补偿标准为 7500 元/hm²。

有两点值得说明：第一，两县社会经济特征相差不大，休耕模式相同，因此将两县的调研样本统一作无差别化处理；第二，2017 年休耕户的休耕开始时间是 2017 年 11 月，调研期间尚未开展，因此将 2017 年的休耕户作为非休耕户处理。

5.2.3 数据来源与处理

5.2.3.1 问卷设计

调查问卷由三个部分组成，第一部分为农户家庭户主个人特征及家庭社会经济特征，包括个人基本情况、家庭基本情况及家庭收入支出情况；第二部分为土地生产特征，向受访农户了解家庭拥有的土地基本特征及作物种植投入产出情况，包括家庭拥有的土地及其休耕情况、作物生产的投入情况以及作物的产出情况；第三部分为农户休耕认知及休耕意愿，主要通过问卷了解受访农户休耕实施情况、对休耕政策的认知以及休耕意愿和期望补偿金额。

根据前文的分析，休耕补偿测算以农户的受偿意愿为切入点，以效用理论为理论支撑。受偿意愿是一种陈述偏好评估法，通过模拟市场中直接询问人们对政策实施后放弃某项功能而愿意承担多大的损失，在实际应用过程中存在假想偏差和信息偏差（陈琳等，2006），因此，对农户受偿意愿的问卷调查中，要特别注意降低或规避各种信息偏误（董雪旺等，2011）。首先，在问卷设计中，为避免农户的假想偏差过大，问卷设计内容尽可能详细，回答与农业收入和支出相关的问题时，调研组将回答选项细化到投入与产出的最小要素，如农户农业投入的回答选项设置为分作物的种苗、农药、肥料、灌溉用水、地膜、用工等亩均投入。而非农业收入和支出采用 Meyerhoff（2002）的"态度-行为"复合模型验证调研农户对问项的回答态度与其真实行为间是否存在正向相关关系，如农户回答的务工工资性收入与农户从事的工种和耗费的工时在真实市场中应得的工资性收入是否匹配。其次，在访谈过程中，为减少回答者对问题内容不了解而引起的信息偏差，调研组成员为农户提供详细的解释说明，辅助被调查农户的思考和判别，并允许被调查农户反复思考，甚至与他人商议后得出结果。最后，问卷处理过程中，为避免某些连续性变量的标准差异过大，按照一定规则转换数据，使数据更加平稳可靠，如"期望的休耕补偿标准"这一类问题时，数据处理组采用半封闭的方式，将选项转换为九个档次：600 元以下、601～800 元、801～1000 元、1001～1200 元、1201～1400 元、1401～1600 元、1601～1800 元、1801～2000 元、2000 元以上。如有关收入和支出类的指标，将其处理成自然对数。

5.2.3.2　数据来源

研究数据来自课题组 2017 年 6～7 月对案例区的入户调研。调研分为两个阶段，第一阶段为预调查，以访谈的形式向县农业局、村镇干部等相关人员了解休耕基本情况和农业种植基本情况；第二阶段为入户调研，采取分层随机抽样法，原则有三：一是要兼顾 2016 年休耕户、2017 年休耕户和非休耕户，二是兼顾两个区县的经济发展水平和人口规模，三是每个抽样的行政村需保证有 15～20 个农户的样本量。调研组在每个村按照 3∶1∶1 的比例分别调研 2016 年休耕农户、2017 年休耕农户和非休耕户。在石林县调研 6 个村，共 351 户，在砚山县调研 7 个村，共 249 户，共计调研 600 户。由于将 2017 年休耕农户当作非休耕户处理，最终调研非休耕户 198 户，此外，对于调查中农户口述的有关对休耕政策的心理、行为选择、意见及建议等问卷内容未涉及的事项，本研究采用了录音记录与文字记录相结合的方法，在后期进行了整理。

本次调研剔除了关键信息缺失户和信息矛盾户，实际回收有效问卷 594 户，其中，2016 年休耕户问卷实际回收 400 户，非休耕户问卷实际回收 194 户（表 5-2），问卷有效率 99%，运用 SPSS 对调查数据进行初步整理，通过箱形图（Box-plot）检查数据是否存在异常值，凡数据与上、下四分位数的距离超过 1.5 倍 OR，被认定为异常值，采用均值替代法进行处理。

表 5-2　调研样本统计　　　　　　　　　　（单位：户）

县	村	休耕户	非休耕户	总样本量
石林县	大林口铺村	46	22	68
	大哨村	32	20	52
	螺蛳塘村	63	23	86
	松子园村	32	20	52
	小戈丈村	16	10	26
	小密枝村	43	20	63
砚山县	木瓜铺村	21	14	35
	斗果村	21	13	34
	老龙村	34	20	54
	倮可腻村	18	8	26
	蒲草村	24	8	32
	维摩村	25	8	33
	长岭街村	25	8	33
总计		400	194	594

5.2.3.3　样本农户特征描述

(1) 农户社会经济特征描述

本研究选取家庭户主的年龄、性别、民族、受教育年限、健康状况、家庭人口规模、农户类型、农户耕地面积等指标对全样本农户社会经济特征进行描述（表 5-3）。部分农户家庭户主因年事已高或外出而无法对家庭农业生产和经济状况做出有效决断，因此将家庭主要当家成员作为研究对象（户主）。

表 5-3　样本农户社会特征

指标	指标分类	频数	频率（%）	指标	指标分类	频数	频率（%）
年龄（岁）	≤30	19	3.20	健康状况	健康	374	62.96
	31~40	111	18.69		良好	123	20.71
	41~50	202	34.01		一般	31	5.22
	51~60	180	30.30		不健康	66	11.11
	61~70	67	11.28	家庭人口规模（人）	≤2	35	5.89
	≥71	15	2.53		3~5	395	66.50
性别	男	563	94.78		≥6	164	27.61
	女	31	5.22	农户类型	纯农户	236	39.73
民族	少数民族	379	63.80		Ⅰ兼农户	113	19.02
	汉族	215	36.20		Ⅱ兼农户	245	41.25
受教育年限	文盲	83	13.97	农户耕地面积（亩）	<10	127	21.38
	1~6 年	301	50.68		10~20	215	36.20
	7~9 年	182	30.64		20~30	136	22.90
	10~12 年	26	4.38		30~40	69	11.62
	13~15 年	2	0.34		>40	47	7.91

注：1 亩 = 1/15 hm^2，用"亩"作为承包地面积单位和补偿额度的单位参照，主要是因为调查区域既定补偿标准以亩为单位，若采用"hm^2"缺乏对比的直观性

表 5-3 表明，在被调查的样本农户中，家庭户主具有如下特征：第一，以中年人为主，年龄多在 41~60 岁，累计占比达 64.31%；第二，男性占绝对多数，样本农户男女性别比例相差较大，男性占比为 94.78%，女性占比仅为 5.22%；第三，文化程度普遍较低，50.68% 的样本农户所接受的教育年限不超过 6 年，即一半以上的受访者仅上过小学，受教育年限为 7~9 年样本占 30.46%，13.97% 的农户没有接受过教育，只有 0.34% 的农户接受过 13 年及以上教育；第四，健康状况总体良好，80% 以上的农户家庭户主身体无恙，但仍有接近 20% 的样本农户疾病缠身；第五，大部分样本户的家庭人口规模为 3~5 人，占比达66.50%，但家庭人口规模在 6 人及以上的比例仍然不小，占比达 27.61%；第六，兼业农户①占比高，占样本农户总量的 60.27%，其中Ⅱ兼农户占比比Ⅰ兼农户高，占比达 41.25%，而受访者中纯农户占比接近 39.73%，可见调研区域大部分受访者发生了劳动力转移，第二、第三产业收入对提升农户家庭总收入发

---

① 兼业农户：既从事农业生产，又从事非农业活动而获得收入的农户。以农业收入为主的为Ⅰ兼农户，以非农业收入为主的为Ⅱ兼农户。

挥了良好的作用；第七，农户耕地面积较大，36.20%的样本农户耕地面积在10～20亩，有7.91%的农户耕地面积在40亩以上。

（2）农户对休耕补偿政策的满意度分析

通过对400份有效休耕样本农户的调查，询问其对休耕补偿标准的满意度及原因，以直观感受样本农户对休耕补偿标准的态度和意愿，结果见表5-4。从休耕政策认同度指标来看，8.75%的农户认为休耕政策可有可无或没有必要，91.25%的农户认为休耕政策很有必要，可见调研区域绝大部分休耕农户对政策的认同度较高，休耕政策的实施有着良好的基础。休耕农户对补偿标准的满意度是休耕项目能否顺利实施的关键，也是完善休耕政策的基础内容。农户对休耕补偿标准的满意度不仅与农户的收入直接相关，也与休耕政策的可持续性紧密相关，从该项指标来看，仅有刚好过半的休耕农户表示对休耕补偿标准满意，占比50.75%，不满意的农户占比高达30.25%，同时19.00%的休耕农户认为现行休耕补偿标准不能够弥补机会成本损失，但也只能无奈接受。当问询到农户自己期待的休耕补偿标准时，个人对休耕补偿标准的期望差距较大，有极少部分农户认为9000元/hm²的休耕补偿标准即可满足其需求，占比1.75%，也有极少部分人对休耕补偿标准的期望高达30 000元/hm²以上，占比1.25%，但大部分理性农户的意愿金额集中在15000～24 000元/hm²，占比86.75%，可见休耕农户对休耕补偿标准的期待值比现行休耕补偿标准高，意味着如果政府持续以15 000元/hm²的标准补偿休耕农户，则不能满足大部分农户的期望，长此以往，将影响休耕的可持续性。同时，休耕农户出现高意识和低满意度间的偏差，暴露了一个深层次的原因：即生态环境资源的公共性和农户追求经济收益之间有冲突（Fan，2005；李波等，2004），化解这种冲突的长效机制在于建立公平合理的补偿标准与科学客观的补偿机制（Wunder，2007）。

表5-4　休耕样本农户对政策的认知特征

指标	指标分类	频数	频率（%）
休耕政策认同度	没有必要	7	1.75
	可有可无	28	7.00
	很有必要	365	91.25
休耕补偿标准满意度	满意	203	50.75
	一般	76	19.00
	不满意	121	30.25

指标	指标分类	频数	频率（%）
意愿金额（元/hm²）	9 000 及以下	3	0.75
	9 000 ~ 12 000	3	0.75
	12 000 ~ 15 000	10	2.50
	15 000 ~ 18 000	214	53.50
	18 000 ~ 21 000	41	10.25
	21 000 ~ 24 000	92	23.00
	24 000 ~ 27 000	5	1.25
	27 000 ~ 30 000	27	6.75
	30 000 以上	5	1.25

实地调研发现，农户对现行休耕补偿标准的满意度不高，可能的原因有两个：第一，石林县和砚山县的烤烟种植收益较高，种植烤烟的农户休耕后机会成本大增，因此，这部分群体的受偿意愿金额也相对比普通农户高；第二，休耕政策计划对五等、六等耕地进行休耕，然而部分地区为了让休耕项目集中连片，节约项目实施成本，将部分优质耕地也划作休耕区域。优质耕地的产出量和收益远远高于五等耕地和六等耕地，因此，这部分样本户的受偿意愿金额也会相对较高。期望越高，对现行休耕标准的满意度也就越低。

5.3 休耕农户经济补偿的效用分析

5.3.1 效用基础

在休耕补偿标准测算中要借用经济学中效用理论，首先要对经济学中的一类群体——消费者的行为进行剖析。在西方经济学中，消费者被假定为理性经济人，常常是以理性经济行为追求自身利益最大化的当事人，理性经济人的经济行为表现为，在外在环境既定的条件下，根据自身目标和有限资源做出最优选择。理性经济人有两个显著特点，一是欲望"永不满足"，二是追求"多多益善"，这就意味着理性经济人更偏好于拥有更多数量的元素组合而不是数量较少的元素组合，同时，在某一种组合中各种元素之间的可替代性，意味着如果某一种组合中的一种元素数量减少，就可以增加该种组合中其他元素的数量，以使个人的效用保持不变。

理性经济人追求自身利益最大化的过程实质是在追求一种满足感，即所谓的效用。效用是理性经济人在经济活动中为达到某种目的或购买某种商品所获得的满足感，具有主观性，因人而异，因时而异。效用理论又称消费者行为理论，该理论的核心便是理性经济人以追求效用为目的并获得效用最大化的过程，常被作为决策方案选择的依据（李惠梅等，2013）。在实现效用最大化的过程中，理性经济人会受到两种相反力量的激励和制约，一方面，为了自身的满足，尽可能多地消费或拥有商品；另一方面，消费者的收入或者获取收入的手段有限。因此，消费者的最优选择就是要把有限的收入合理地用于不同商品的消费，以便从消费商品中获取的满足感最大。所以，研究效用最大化的约束是消费者收入既定、商品市场价格既定。效用最大化的问题可以表述为

$$U = U(X) \tag{5-1}$$

约束条件为

$$\sum_i P_i X_i = M \tag{5-2}$$

式中，X 为各种数量商品的组合 $X = (X_1, X_2, X_3, \cdots, X_i)$；$P$ 为各种商品的价格组合 $P = (P_1, P_2, P_3, \cdots, P_i)$。

消费者均衡是实现效用最大化的条件，消费者均衡是单个消费者如何将有限的货币收入分配到商品购买中，然而一旦商品价格变化或收入变化后，消费者效用会发生变化，如何通过一些手段或方法使价格或收入变化后的效用与初始效用相等？这是效用最大化需要解决的关键问题。

补偿变差函数（CV）等计量工具可以实现效用的度量（佘时飞和钟生根，2015），所要解决的问题是使个人的效用水平在新的价格位置和初始位置之间保持不变时，消费者需要接受或支付多少补偿（即以收入改变来补偿）。希克斯的个人效用函数表明，补偿变差可以解释成受偿意愿或支付意愿。设物品价格为 P，Q_0 为某政策实施前的资源环境状态，Q_1 为政策实施后的资源环境状态，U_0 为个人初始效用，U_1 为政策实施后的个人效用，依据希克斯的补偿变差函数 CV 则为

$$CV = e(P, Q_1, U_1) - e(P, Q_1, U_0) \tag{5-3}$$

式中，$e(P, Q, U)$ 为个人支出函数，即消费者试图达到某种效用水平而使个人支出最小。假定经济收入不变，CV 应等于环境质量改变后 Q_1 的效用水平 U_1 与原有效用水平 U_0 间的差额。若式（5-3）的结果为正数，说明政策实施使得个人效用变好，此时 CV 为最大支付意愿；若式（5-3）的结果为负数，则政策实施使个人效用受损，CV 表示针对个人效用损失所能接受的最低赔偿，即最小受偿意愿（Isoni，2011）。任何资源环境政策或公共项目的实施既能产生一定的收益，也会带来一定的社会成本。耕地休耕政策，于农业发展和生态建设而言，具有显

著的积极意义；于农民而言，耕地休耕无疑会使其短期收益受损，因此，式（5-3）中 CV 理论上为负，即在耕地休耕政策实施中，CV 可以解释农民的受偿意愿。

5.3.2　补偿原理

补偿函数的经济学原理如图 5-4 所示，建立虚拟农产品交易市场，休耕农户作为消费者，某种农作物种植用地休耕意味着市场中该类农产品的供给量减少，农民购买该农产品的价格上升。图 5-4 设定农户的预算线（T）、效用曲线（U）、需求曲线（D）以及希克斯补偿需求曲线（H），图 5-4（上）为无差异曲线，表示同一条无差异曲线上的两种农产品的不同数量组合带给消费者的效用相同，图 5-4（上）中横轴为农产品 X 的需求量，纵轴为农产品 Y 的需求量，且农产品 Y 的价格和消费者的货币收入保持恒定。假定农户初始效用状态为 U_0 上的 A 点，现因种植作物 X 的耕地休耕，农产品 X 的供给量减少，价格上升，预算线从 T_0 变为 T_1，与横轴交汇于 M_1，农户的效用水平下降到了 U_1 上的 B 点，为使农户的效用水平恢复到休耕之前，必须使用经济手段予以补偿，T_2 表示使农户达到休耕

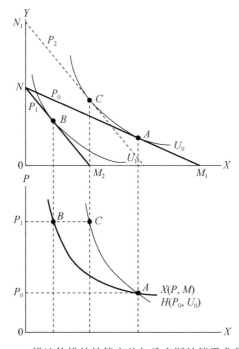

图 5-4　耕地休耕的补偿变差与希克斯补偿需求曲线

前效用水平的预算线，与纵轴交汇于 N_1，根据希克斯补偿原理，NN_1 即为补偿变差，表示使农户效用水平恢复到 A 点时所需要的最低货币补偿，即农户接受补偿的最小意愿值（Neyman，1923）。将这些均衡位置绘制到图 5-4（下）需求曲线上，表示在农产品 X 的不同价格下，农户对农产品 X 的需求，横轴依然代表农产品 X 的需求量，纵轴代表 X 的价格。B 点和 C 点的价格相同，均为农产品 X 价格上升后的价格 P_1，A 点的价格仍为 P_0，A 点和 B 点都在普通需求曲线上，福利经济学原理指出所有的成本最终以人们效用减少的形式表现出来，故需求曲线以下的面积 $S_{P_0ABP_1}$ 为耕地休耕引起的成本变化，补偿需求曲线下的面积 $S_{P_0ACP_1}$ 即为农户受偿意愿的大小。由图 5-4 可知，耕地休耕后农户的成本损失小于休耕后农户的受偿意愿，因此有效激励农户参与休耕的补偿标准必须满足农户的受偿意愿。

　　根据效用理论的分析表明，农户受偿意愿是补偿标准的关键环节，关系休耕政策的运行效率和可持续性，受偿意愿可以通过补偿变差函数来计量，补偿变差函数求解的核心在于资源环境状态变化后效用变动的大小。因此，农民休耕后效用最大化的测算结果可以实现消费者均衡，效用理论是受偿意愿的理论基础。

5.4　农户受偿意愿测算及其影响因素分析

5.4.1　休耕农户受偿意愿模型设计

5.4.1.1　研究方法

（1）受偿意愿的非参数估计

若不考虑受访者的特征及其他相关因素的影响，可直接通过问卷模拟市场中直接询问农户对休耕政策的意愿金额，设 V_i 代表受访者所选择的第 i 个投标金额，P_i 代表第 i 个意愿金额的概率，则受偿意愿为

$$E(\text{WTA}) = \sum_i P_i \times V_i \tag{5-4}$$

（2）受偿意愿的参数估计

通过问卷直接反映的意愿金额固然能在一定程度上体现农民的意愿，但仅仅考虑农民的意愿金额不够客观（甄霖等，2010），因此，需要运用效用函数进行修正。通常受访者选择意愿金额会基于自身效用最大化考虑，根据以上理论分析，效用变化的值即可等同 CV 的值，CV 即可解释受偿意愿，个人效用水平除受个人收入的影响外，还受到个人所处区域的社会经济特征 X 以及不可观测的因素 ε 等的影响，即个人效用水平是 Q、Y、X、ε 的函数，即

$$U = U(Q, Y, X) + \varepsilon \tag{5-5}$$

某项政策使资源环境状态从 Q_0 变为 Q_1 时，为保持消费者效用水平不减少，需要满足：

$$U^* = U_1 - U_0 \geqslant 0 \tag{5-6}$$

5.4.1.2　函数构建

根据上述效用理论，在式（5-6）的基础上构建农户受偿意愿效用函数，推导农户在参与休耕和不参与休耕情况下的等效用临界点，以测算满足农户受偿意愿的最低补偿标准。假定农户休耕的选择意愿用 Y 表示，若农户愿意休耕，可代表农户愿意接受补偿，$Y = 1$；农户不愿意休耕，代表农户不愿意接受补偿，则 $Y = 0$。C_1 为农户休耕时的成本支出；C_0 为农户未休耕时的成本支出，A_1 为农户休耕获得的补偿，A_0 则为农户未休耕所获得的补偿，X 为除补偿以外影响农户选择的其他因素，ε 为随机误差项，α、β、λ、η 为待估参数。农户参与休耕与不参与休耕的效用分别为

$$U_{Y=1}(X, C_1, A_1, \varepsilon_1), U_{Y=0}(X, C_0, A_0, \varepsilon_0) \tag{5-7}$$

进一步假定效用函数为线性函数，即

$$U_{Y=1}(X, C_1, A_1, \varepsilon_1) = \alpha_1 + \beta_1 X + \eta_1 C_1 + \lambda_1 A_1 + \varepsilon_1 \tag{5-8}$$

$$U_{Y=0}(X, C_0, A_0, \varepsilon_0) = \alpha_0 + \beta_0 X + \eta_0 C_0 + \lambda_0 A_0 + \varepsilon_0 \tag{5-9}$$

事实上 C_0、C_1 和补偿 A_0 是既定常数，农户未休耕得到的休耕补偿 A_0 为 0，令 $\alpha = \alpha_1 + \eta_1 C_1$、$\alpha_2 = \alpha_0 + \eta_0 C_0 + \lambda_0 A_0$ 则式（5-8）和式（5-9）可以写为

$$U_{Y=1}(X, C_1, A_1, \varepsilon_1) = \alpha + \beta_1 X + \lambda_1 A_1 + \varepsilon_1 \tag{5-10}$$

$$U_{Y=0}(X, C_0, A_0, \varepsilon_0) = \alpha_2 + \beta_0 X + \varepsilon_0 \tag{5-11}$$

当且仅当 $U_{Y=1} \geqslant U_{Y=0}$ 时，理性农户才会愿意休耕。令 $U^* = U_{Y=1} - U_{Y=0}$，随机误差项 ε 不会受休耕概率的影响，即 $\varepsilon_0 = \varepsilon_1$，因此可得农户愿意休耕（$Y = 1$）的概率方程：

$$P(Y = 1) = P(U^* \geqslant 0) = P(U_{Y=1} - U_{Y=0}) \tag{5-12}$$

而

$$U^* = U_{Y=1} - U_{Y=0} = (\alpha - \alpha_2) + (\beta_1 - \beta_0)X + \lambda_1 A = \alpha^* + \beta^* X + \lambda^* A \tag{5-13}$$

根据式（7-12），农户愿意休耕（$Y = 1$）的概率方程可表示为

$$P(Y = 1) = P(U^* \geqslant 0) = \alpha^* + \beta^* X + \lambda^* A \geqslant 0 \tag{5-14}$$

式（5-14）是一个二元选择模型，其中随机干扰项服从 Logistic 分布，由此可推导：

$$P(Y = 1) = \Lambda(U^*) = \frac{e^{U^*}}{1 + e^{U^*}} \tag{5-15}$$

将式（5-12）代入式（5-14），得到 Logit 模型，进一步转化可得到线性
Logistic 模型：

$$\ln \frac{P(Y=1)}{1-P(Y=1)} = \alpha^* + \beta^* X + \lambda^* A \tag{5-16}$$

当 $U_{Y=1} = U_{Y=0}$ 时，即可求得农户参与休耕受偿意愿，即

$$\alpha_2 + \beta_0 X + \varepsilon_0 = \alpha + \beta_1 X + \lambda_1 A_1 + \varepsilon_1 \tag{5-17}$$

式（5-17）两边取均值变形后可得

$$E(A) = -\frac{\alpha^* + \beta^* E(X)}{\lambda^*} \tag{5-18}$$

$E(A)$ 为等效用临界值，将式（5-16）中得出的 α^*、β^*、λ^* 等系数数值以及 X 变量的均值代入式（5-18），$E(A) = $ WTA，即农户休耕前后保持效用无差异的最低补偿标准。

5.4.2　变量选择及研究假设

由以上农户受偿意愿效用函数可知，农户休耕与否的等效用临界点不仅仅受到自身异质性的影响，外部环境的差异性也是重要的影响因素。假设休耕试点区的农户是追求自身效用最大化的理性小农，其决策目标是维持生计、规避风险、追求效用最大化。农户是否愿意参加休耕作为被解释变量，休耕的意愿即为愿意接受补偿的意愿，结合受偿意愿的相关研究成果，选取家庭的户主（或主事者）个人特征、家庭特征、生产特征以及农户对休耕政策的认知四类因素作为自变量准则层（表 5-5）。

1）家庭户主个人特征（I）。个体差异和偏好类型等异质性特征直接或间接影响农户休耕受偿意愿和动机（周业安等，2013）。家庭户主年龄（I_{age}）、性别（I_{gender}）、受教育年限（I_{edu}）、民族（I_{nation}）、健康状况（I_{health}）是衡量个体特征影响农户受偿意愿的常规变量，其中家庭户主的健康状况对休耕受偿意愿有着正向影响，身体状况越差（健康指向值越大）越倾向于休耕以获得闲暇时间。

2）农户家庭特征（F）。云南省的休耕项目连续实施三年，不同家庭特征的农户参与休耕的成本、风险认知有差异（刘燕和董耀，2014）。国内学者关于农户的脆弱性研究发现，通常家庭规模（F_{family}）越大，会导致农户的脆弱性越强（杨龙和汪三贵，2015；Ligon and Schechter，2003），使其更加厌恶风险，从而降低农户受偿意愿，具有负向影响；家庭有效劳动力（F_{labour}）越少，会降低农户参与休耕的机会成本，因而农户受偿意愿增强；家庭户主的年龄和受教育年限会对休耕受偿意愿产生影响，同样，家庭有效劳动力平均年龄（F_{age}）和有效劳动力平均受教育年限（F_{edu}）也是休耕受偿意愿的重要影响因子，但二者的影响程

度会因家庭的异质性而有所差异，与家庭户主年龄的作用方向一致，家庭有效劳动力平均年龄越大，说明家庭老龄化越严重，休耕受偿意愿会有所增强；家庭有效劳动力平均受教育年限越长，对新事物的接受和理解能力越强，休耕项目作为一项新政策，越容易被其接纳。云南省开展连年休耕试点，政策导向性较强，因而家庭成员中有村干部（F_{cadre}）的农户比一般农户更具有信息优势和政策倾向；农户类型（F_{career}）与休耕受偿意愿有正向关系，根据农业收入占家庭总收入的比例，将农户类型划分为纯农户、Ⅰ兼农户和Ⅱ兼农户，其中纯农户家庭收入全部来源于农业收入，Ⅰ兼农户家庭收入以农业收入为主，Ⅱ兼农户家庭收入以非农收入为主，这里按照农业收入占家庭收入的 50% 的节点划分Ⅰ兼农户和Ⅱ兼农户。纯农户对土地的依赖性较强，通常经济收入来源单一且低下，相较兼业农户其脆弱性更强，抗风险能力相对较差，故预期受偿意愿较弱；人均纯收入（F_{income}）与休耕受偿意愿呈正向关系，现有研究一致认为农村人均纯收入越高的农户，其再就业能力和兼业程度越高，因此规避风险的能力越强，对农业的依赖程度越低，因此休耕受偿意愿越强（赵雪雁等，2012；Karali et al.，2014）。

表 5-5　解释变量赋值及预期作用方向

因变量	变量名称	变量代码	变量定义	均值	标准差	预期作用方向
家庭户主特征（I）	休耕受偿意愿	Y_{fallow}	不愿意休耕=0，愿意休耕=1	0.42	0.49	
	年龄	I_{age}	家庭户主年龄（岁）	48.97	10.35	+/-
	性别	I_{gender}	女=0，男=1	0.95	0.22	+/-
	受教育年限	I_{edu}	家庭户主受教育年限（年）	6.26	3.08	+
	民族	I_{nation}	少数民族=0，汉族=1	0.25	0.43	+/-
	健康状况	I_{health}	健康=1，良好=2，一般=3，不健康=4	1.65	1.03	+
家庭特征（F）	家庭规模	F_{family}	家庭总人口数	4.70	1.45	-
	有效劳动力比	F_{labor}	劳动力人口/家庭总人口	0.71	0.20	
	有效劳动力平均年龄	F_{age}	家庭有效劳动力平均年龄（岁）	45.31	42.05	+/-
	有效劳动力平均受教育年限	F_{edu}	家庭有效劳动力人口的平均教育年限	7.03	2.41	+
	家中是否有村干部	F_{cadre}	否=0，是=1	0.09	0.28	+
	农户类型	F_{career}	纯农户=0，Ⅰ兼业农户=1，Ⅱ兼业农户=2	1.02	0.94	+
	人均纯收入（对数）	F_{income}	家庭总收入/家庭总人口（元）	8.34	2.24	+

续表

因变量	变量名称	变量代码	变量定义	均值	标准差	预期作用方向
生产特征（P）	耕地总面积	P_{area}	承包耕地面积+转入面积+开荒面积−转出面积（亩）	22.27	14.38	−
	耕地破碎度	P_{fragm}	耕地块数/耕地总面积	0.51	0.34	+
	耕地质量	$P_{quality}$	耕地平均质量等级：一等地=1，二等地=2，三等地=3，四等地=4，其他=5	2.41	0.63	+
	人均耕地面积	P_{pcland}	耕地总面积/家庭总人口（亩）	0.31	0.35	−
	作物投入产出比	P_{crop}	作物投入/作物产出（作物产出量按照市场价值显化后算）	0.71	0.78	+
农户对休耕政策的认知（C）	耕地责任人	C_{duty}	农户认为耕地责任人是：谁种地谁保护=1，农村集体经济组织=2，地方政府=3	1.65	0.90	−
	休耕政策认同度	C_{recog}	农户对休耕政策认同程度：没有必要=1，可有可无=2，有必要=3	2.90	0.36	+
	意愿金额	C_{expect}	农户愿意接受的补偿金额（元/亩）	1306.75	377.77	+

注：1 亩 = 1/15hm²，表中用"亩"作为承包地面积单位和补偿额度的单位参照，主要是因为调查区域既定补偿标准以亩为单位，若采用"hm²"缺乏对比的直观性

3）农户生产特征（P）。农户生产特征是其休耕受偿意愿的重要影响因素，实地调研发现，农户休耕行为首要考虑耕地状况和产出状况。通常耕地总面积（P_{area}）与休耕受偿意愿呈负相关关系（徐建英等，2017），拥有的耕地越多，其生计活动越依赖耕地资源，耕地总面积越大，规模种植的可能性也就越大，农业种植发挥的效益也就越高，理性农户的行为决策往往是与农业相关的生计活动，因此农户受偿意愿弱。因此，耕地总面积越大的农户休耕受偿意愿会越低；同理，耕地破碎度（P_{fragm}）也是基于作物种植能否发挥规模效应作用于被解释变量的，耕地破碎度越大，即农户地块越零散，作物种植成本会越高，农户休耕受偿意愿会越强；耕地质量（$P_{quality}$）是影响农户休耕受偿意愿的重要指标，与被解释变量呈正相关关系，耕地质量等别数值越大，耕地质量越差，作物种植收益产出越低下，休耕受偿意愿越强烈；人均耕地面积（P_{pcland}）越大，休耕损失的机会成本越高，农户受偿意愿越低；农作物投入产出比（P_{crop}）是影响农户参与休耕行为选择的重要指标（Fischer and Torgler，2013），投入产出比越大，农户

种植收入越低，当种植收入低于休耕补偿金额时，农户通常会选择休耕。

4）农户对休耕政策的认知（C）。这里主要选取农户对耕地责任人（C_{duty}）的认知、对休耕政策认同程度（C_{recog}）以及意愿金额（C_{expect}）三个方面的指标，这些认知将构成农户理性选择的信息基础。农户对耕地责任主体的认知，与被解释变量呈正相关关系，越有责任意识的农户，休耕受偿意愿越强；农户对休耕政策认同度高，其休耕受偿意愿较强（刘燕和董耀，2014）；农户出于获取补偿款而休耕，休耕补偿标准期望越高的农户，受偿意愿越强烈。

5.4.3　结果分析

5.4.3.1　模型运行结果与检验

运用SPSS19.0统计软件对400个样本进行信度检验得出Cronbach's α 系数值为0.84>0.8，说明问卷数据的信度可以接受，效度分析KMO值为0.87>0.8，说明问卷数据有效性很好。为检验样本数据间的相关关系，采用方差膨胀因子（VIF）进行多重共线性检验，结果显示VIF≤3.13，均远小于临界值10，表明变量间不存在严重的多重共线性问题，可进行回归分析。

通过最大似然估计法对Logistic回归参数进行估计，结果见表5-6。从模型检验效果来看，卡方值达到66.274，P（Sig. = 0.000）<0.01，预测准确率达到92.031%，Nagelkerke拟合优度达到64.90%，−2LL对数似然值达到333.981。总体而言，样本质量较好，可信度较高，回归效果良好。

表5-6　模型回归结果

变量名称	变量代码	B	Sig.	Exp（B）
年龄	I_{age}	0.007	0.672	1.007
性别	I_{gender}	0.504	0.456	1.655
教育年限	I_{edu}	0.008	0.894	1.008
民族	I_{nation}	0.015	0.966	1.015
健康状况	I_{health}	1.209	0.000 ***	3.349
家庭规模	F_{family}	−0.782	0.040 **	0.457
有效劳动力比	F_{labor}	−1.116	0.009 ***	0.328
有效劳动力平均年龄	F_{age}	0.004	0.235	1.004
有效劳动力平均受教育年限	F_{edu}	0.190	0.026 **	1.210

变量名称	变量代码	B	Sig.	Exp（B）
家中是否有村干部	F_{cadre}	0.540	0.322	1.717
农户类型	F_{career}	0.464	0.011 **	1.590
人均纯收入（对数）	F_{income}	0.047	0.320	1.048
耕地总面积	P_{area}	−0.006	0.621	0.994
耕地破碎度	P_{fragm}	0.497	0.029 **	1.644
耕地质量	$P_{quality}$	1.682	0.000 ***	5.374
人均耕地面积	P_{pcland}	−1.364	0.012 **	0.256
作物投入产出比	P_{crop}	1.819	0.000 ***	6.164
耕地责任人	C_{duty}	−0.629	0.000 ***	0.533
休耕政策认同度	C_{recog}	0.058	0.879	1.060
意愿金额	C_{expect}	1.797	0.001 ***	6.032
常量	D	−11.928	0.000	0.000
−2LL			333.981	
Nagelkerke 拟合优度			64.90%	
预测准确率			92.031%	
卡方值			66.274	
Sig.			0.000	

＊＊、＊＊＊分别表示统计检验达到5%、1%的显著水平

5.4.3.2 休耕样本户受偿意愿测算

（1）受偿意愿非参数估计结果

在不考虑自身特征以及相关变量的影响下，根据式（5-15）计算得到最低补偿标准 E（WTA）$= \sum_i P_i \times V_i = 19\,110$ 元/hm^2（1274 元/亩）。

（2）受偿意愿参数估计结果

根据本次调研农户休耕补偿期望的回归结果，结合模型得出各显著性变量回归系数和相应的 x_i 均值代入式（5-15），可计算得出样本农户休耕的受偿意愿：WTA $= 17\,597.4$ 元/hm^2（1173.16 元/亩），即有效激励样本农户参与休耕的临界受偿意愿为 $17\,597.4$ 元/hm^2（1173.16 元/亩）。

5.4.3.3　农户受偿意愿的影响因素分析

1）健康状况是家庭户主个人特征中的唯一显著因子。家庭户主健康状况这一变量通过了 1% 的显著性检验，对农户的受偿意愿有极为显著的正向影响，这与预期作用方向相同。本次调研区域的主要农作物为玉米、辣椒和烤烟，种植烤烟所消耗的劳动力较大，对农户体力要求较为苛刻，健康状况较差的农户劳动能力衰退，因而愿意接受休耕补偿的意愿也越强烈。而农户家庭户主个人特征中年龄、性别、受教育程度和民族四个变量对休耕受偿意愿的影响并不显著。

2）家庭规模、有效劳动力比、有效劳动力平均受教育年限和农户类型是家庭特征中的主要影响因素。家庭规模通过了 5% 的显著性检验，具有显著的负向影响，表明家庭规模越大的农户口粮需求越大，对耕地的依赖性越强，家庭越脆弱，从而更加厌恶风险，故休耕受偿意愿越弱，回归结果显示家庭人口数每增加1 人，农户休耕受偿意愿降低 45.7%；有效劳动力比是显著的负向影响因子，与预期相符，并通过了 1% 的显著性检验，表明家庭有效劳动力越多，从事农业劳作的效率越高，因而降低了农户受偿意愿；有效劳动力平均受教育年限通过了5% 的显著性检验，表明调研区域农户平均受教育年限越长，理解和接受新事物的能力越强，越容易了解更多休耕政策信息，同时，有效劳动力平均受教育年限越长，从事非农工作的概率越大，因此该因素作用下的农户休耕的受偿意愿越强，模型显示农户家庭有效劳动力平均受教育年限每增长一个单位，受偿意愿的可能性增加 21%；农户类型同样通过了 5% 的显著性检验，与预期相符呈现正向影响，就农户收入渠道的多样性而言，Ⅱ 兼农户 > Ⅰ 兼农户 > 纯农户，农户作物种植收益占比越大，家庭经济对土地的依赖性越强，农户更倾向于规避风险，因此农户受偿意愿越弱，相较完全以农业收入为生的纯农户，因兼业农户收入渠道的多元化，因此对耕地的依赖性没有纯农户强，随着粮价的持续走低，非农收益远高于农业收益，土地的生存保障功能于兼业户而言逐渐弱化，因此理性农户更愿意休耕，将劳动力转移到第二、第三产业，这与相关研究结果一致（Clark and Frijters，2008；陈展图等，2017）。

3）生产特征中耕地破碎度、耕地质量、人均耕地面积和作物投入产出比是显著性因素。耕地破碎度在 5% 水平上显著，呈现正相关关系，同预期相符，这表明耕地越破碎，越难形成规模效应，作物种植的投入成本越大，模型显示耕地破碎度增加 1 个单位，农户的休耕受偿意愿增加 64.40%。实地调研发现，云南省砚山县和石林县休耕试点区域的耕地破碎度普遍在 1 以下，400 户农户样本中，耕地破碎度小于 1 的有 361 户，90% 以上的耕地面积不足 1 亩，耕地破碎度在 1 以上的农户不足 10%；耕地质量在 1% 水平上显著，且作用方向与预期相同，与被解释变量有极为显著的正相关关系，调研区域的耕地质量平均水平为 2.41，农户家庭耕地质量等别达到一等地的农户仅 12 户，占比为 3%，而农户家庭耕地质量等别在三等地以上的农户达到 30 户，占比为 7.50%，该区域大部分耕地质量能够达到二等、三等地的水平。实地调查发现，凡耕地质量等别在四等地及以下水平，农户的耕种积极性大为降低，针对质量等别低的耕地，农户多撂荒或闲置，休耕无疑是低效低质耕地最好的利用方式。人均耕地面积通过了 5% 的显著性检验，并且与被解释变量呈现负相关关系，模型显示人均耕地面积每下降一个单位，休耕受偿意愿降低 25.6%。人均耕地面积越大，休耕损失的机会成本越高，理性农户受偿意愿越低。作物投入产出比在 1% 水平上显著，与休耕受偿意愿呈极显著的正相关关系，与预期分析相同，农户投入产出比越大，种粮收益越小，当投入产出比大于 1 时，农户种粮无利可图，这成为理性农户选择休耕的根本动因。调研组在云南省休耕试点区域实地调研的 400 户农户平均投入产出比为 0.71，有 16% 的农户投入产出比大于 1，种粮成本远大于种粮收益。

4）农户对补偿政策的认知上，耕地责任人认知和意愿金额两个变量通过了显著性检验。农户对耕地责任人的认知通过了 1% 水平的显著性检验，对农户休耕受偿意愿有着密切的负向影响；农户休耕补偿投标额度为正向影响，在 1% 的显著水平上显著，意愿金额越高，农户越会选择休耕，符合经济学逻辑。调研发现，农户对土地生态保护意识普遍较弱，问卷统计结果表明，农户投标额度在 1000 ~ 1200 元的占比为 53.50%，1200 ~ 1400 元的投标额度占比为 10.25%。

5.5　农户受偿意愿合理性分析

针对上述休耕补偿标准的测算结果，其合理性有待进一步分析。合理性分析的实质是通过休耕农户在某种补偿标准下与自身或周围人的对比，检验休耕农户的效用水平是否有降低。根据 5.3 节的分析，效用是农户满足程度的评价，是一种主观性较强的定性指标，无法量化，因此，这里以农户的经济福利这一定量指标指代效用水平，以此判断休耕农户接纳受偿意愿后，其效用水平的变化状况。这里根据相对收入理论，构建休耕农户的效用水平与非休耕农户效用水平之间的"反事实"框架，即在 17 597.4 元/hm^2（1173.16 元/亩）的补偿标准下休耕农户的经济福利与休耕农户未休耕时的经济福利相对比，观测其经济福利净效应，以此评判将效用理论框架下的受偿意愿作为休耕补偿标准的合理性。休耕补偿标准合理性的判断难点有两个方面，即休耕农户未休耕时的经济福利结果的观测及休耕农户和非休耕农户的匹配。本研究将通过倾向得分匹配法克服以上两个难点，对休耕农户经济福利净效应进行测度。

5.5.1　研究理论和方法

5.5.1.1　相对收入理论

理性经济人的效用水平会影响其行为选择，可以说效用水平是影响各种经济行为的基础。因此，休耕补偿政策施加于居民的效用水平关系到政策的持续性。传统的经济学认为，个人效用主要由居民的绝对收入决定，意味着绝对收入水平的提高有利于个人效用的提高。人均绝对收入水平与个人效用之间的关系并非如此，人均绝对收入水平的提高并没有让个人效用增加，以国家宏观尺度为例，当国家变富裕后，国民的幸福程度并没有随之提高，后来被称为"伊斯特林悖论"或"幸福悖论"。这一悖论的发现开启了经济学家对收入与主观幸福之间关系的研究，随后越来越多的研究也证实了个人效用并不随着绝对收入的增加而提高。经济学家 Duesenberry（1949）提出的相对收入理论认为个体的效用水平不仅仅与自己的收入水平有关，人们攀比心理的存在使得周围人的收入水平对个人效用的影响至关重要；社会学家 Stouffer（1949）提出的相对剥夺（relative deprivation，RD）理论也解释了这一现象，认为人们倾向于关注自己的收入和他人收入的差异程度，若自己的绝对收入增加，但增加后的收入与他人收入的差距变大，会产生被剥夺感，以至于绝对收入的增加不会带来效用水平的提升。一般而言，处于贫困线之上的人们，其相对收入对其效用的影响远远大于绝对收入的影响（王湘红和任继球，2012）。因此可以得出结论，个人的效用水平由绝对收入水平和相对收入水平共同决定，而且相对收入水平对个人效用水平有着显著的正向影响（Fischer and Torgler，2013）。目前，学者们将相对收入引入效用函数的模型主要有两种形式：

一是比例型比较效用函数（ratio comparison utility function），即

$$U=u(x,r)=u(x,x\ /\ \bar{x}) \tag{5-19}$$

二是加减型比较效用函数（additive comparison utility function），即

$$U=u(x,r)=u(x,x-\bar{x}) \tag{5-20}$$

式中，x 为个人绝对收入；$\bar{x}$ 为对照组的平均收入水平；r 为相对收入。

个人效用和相对收入之间的关系的研究，基本前提是寻找恰当的对照组，将处理组的个人收入与对照组进行对比。Clark 和 Frijters（2008）、Ball 和 Chernova（2005）根据比较对象差异性将相对收入的测度划分为两类：一是社会性比较（social comparison），二是习惯性比较（habituation comparison）。社会性比较是指个体将自己的经济水平与周围邻里进行横向比较；习惯性比较是指个体将自己的

经济水平与自身过去的经济水平或习惯进行纵向比较。关于处理组与周围人的社会性比较，对照组划分方法也大致可分为两种：一种是按照自然地理位置或行政单元分组（Stark and Taylor，1989），有学者对个体收入的社会性比较的研究分析发现，农村居民倾向于与同村的居民进行比较（Mangyo and Park，2011）；另一种着重关注研究个体的个人或家庭特征，寻找与处理组特征相似的人群进行比较（Akay and Martinsson，2010）。

5.5.1.2 休耕补偿的相对收入参照系设定

通常休耕经济补偿给农户带来的绝对收入的增加不一定带来效用的提升，休耕农户的相对收入水平是影响农户效用水平的关键。因此，本研究在相对收入理论视角下，以经济福利水平代表效用水平，休耕农户的经济福利水平的影响因素有两个：一是休耕农户的社会性比较，即与未休耕的农户的横向比较；二是休耕农户的习惯性比较，即与自身曾经未休耕状态的纵向比较（图5-5）。

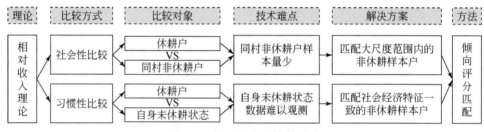

图 5-5 相对收入比较参照系

由于研究区休耕试点时间较短，习惯性比较可不考虑贴现率等因素。尽管现有调研资料中缺乏休耕农户一年前未休耕时的数据，但可用计量模型根据休耕农户的社会经济特征模拟其一年前未休耕时的生产生活状况。休耕农户与周围人的横向社会性比较若仅仅采用同村农户之间的对比，则对比结果难以有足够的说服力，从5.2节内容可以发现，同一个村的调研样本量不够大，但大尺度范围的对比对象于单个农户而言是较为陌生的，对比尺度越大对农户的攀比和炫耀心理的影响越小，甚至影响消失，但通过上述社会性比较的第二种划分方式可以克服大尺度中选择对照组比较效果不佳的难题，因此，本研究将对比范围扩展到此轮调研区域，寻找与处理组特征相类似的对照组进行对比。

根据以上分析，习惯性比较和社会性比较均涉及对照组匹配处理组的社会经济特征，习惯性比较与社会性比较效果相差无几，倾向得分匹配法的理论逻辑可以实现本研究中习惯性比较与社会性比较的统一处理。因此，本研究通过倾向得分匹配法对农户的经济福利进行比较，以观测受偿意愿的合意性。

5.5.1.3　倾向得分匹配法的引入

（1）反事实框架

根据相对收入理论的分析，要测算休耕农户的经济福利净效应，可以定义休耕农户为处理组，未休耕农户为对照组。对于现实状态下没有受到休耕政策影响的对照组，因其受到休耕补偿政策影响时的结果无法直接观测，要得到对照组受休耕补偿政策影响的结果关键要构建"反事实"框架（counter factual framework）。反事实是任何科学研究的核心（郭申阳等，2012），实质是原因不存在的情况下事件会发生的潜在结果或事件状态（Shadish and Cook，2002）。于休耕农户（处理组）而言，反事实就是处在非休耕户（对照组）状态下的潜在结果，相反，对于非休耕农户（对照组）而言，反事实就是处在休耕户（处理组）状态下的潜在结果，这意味着反事实在现实调研过程中并未观测到真实数据，因此，反事实评估的基本任务就在于用已知信息对未被观测到的数据进行填补。"反事实"框架的提出归功于 Neyman（1923）和 Rubin（1995）的研究，该框架强调处理组中的个体或对照组中的个体均存在两种状态。以处理组为例，一种是休耕户（处理组）能够直接观测到的状态，另一种是休耕户（处理组）不能够被观测到的状态。假定休耕户（处理组）中个体的以上两种潜在结果分别为 Y_1 和 Y_0，令 $T=1$ 表示休耕农户受到休耕补偿政策的影响，$T=0$ 表示休耕农户未受到休耕补偿政策的影响，T 是一个二分变量，Y 代表测量的结果变量。那么反事实框架可以表述为

$$Y = T Y_1 + (1-T) Y_0 \tag{5-21}$$

目前，学者们一般通过测算处理组的平均结果和对照组的平均结果来估计反事实，即计算处理组和对照组之间平均结果上的差值，统计学中称之为平均处理效应（average treatment effect on treated，ATT），可表达为

$$\text{ATT} = E(Y_1 | T=1) - E(Y_0 | T=1) \tag{5-22}$$

式中，$E(Y_1 | T=1)$ 为休耕农户（处理组）受休耕补偿政策影响时的结果；$E(Y_0 | T=1)$ 为一个假设状态，代表休耕农户（处理组）没有受休耕补偿政策影响时的结果，处理组未休耕状态下的经济福利和对照组休耕状态下的平均结果之差即为经济福利净效应。此时，如果使用简单的回归技术，粗略地将对照组的观测值认定为受到政策冲击后的观测结果，即假定 $E(Y_0 | T=0) = E(Y_0 | T=1)$，往往无法控制休耕对象本身的趋势和特征，尤其是时间效应（时间效应中混杂的其他政策的影响和冲击）势必会对休耕农户的福利损益结果造成严重偏误（胡宏伟等，2012）。这是因为在研究过程中，因样本选择有非随机性特征，变量之间的关系会受到混淆变量的影响，导致所得到的结论存在偏差，这些混淆变量造成

的选择误差即被称为内生性问题。在实验性研究中，内生性问题可以通过随机化的方法来克服，而基于调查的观察性研究无法通过随机化来克服内生性问题。因此为控制和消除调查研究中的内生性，Neyman 和 Rubin 基于"反事实"框架提出了倾向得分匹配法（propensity score matching，PSM）。

（2）倾向得分匹配法

倾向得分匹配法是使用非实验数据或观测数据进行干预效应评估的一类统计方法，其核心是倾向值（pscore）的计算，倾向值是指样本在控制可观测到的协变量的情况下，受到自变量影响的概率。倾向得分匹配法是基于非参数估计，不需要假设排除性约束条件成立、没有误差项的线性可加假设、不要求事先设定模型形式等，这些优点使其越来越多地被用于对自选择问题进行因果推断。根据 Rosenbaum 等（2015）的定义，倾向得分匹配法的思路是将处理组和对照组所有的协变量通过 Logistic 或 Probit 回归的方式计算倾向值，将其降维成一维，并选用特定的匹配规则寻找与处理组有相同或相近特征的对照组进行匹配，把对照组作为反事实的比较对象，以在处理组和对照组间达到协变量均衡可比，最后对比得到平均处理效应。

倾向得分匹配法最早应用在社会学领域，21 世纪以前研究热点主要集中在倾向得分匹配法的理论逻辑和应用探索上，21 世纪伊始，倾向得分匹配法逐渐成为一种统计方法去解决实际问题（胡安宁，2012）。2000 年后，倾向得分匹配法日趋成熟，开始应用于解决实际问题，也正是在这一阶段，倾向值匹配的软件模块开始被开发出来并嵌入一般的统计软件中。例如，Becker 和 Ichino（2002）发布的计算倾向评分匹配的模块 pscore 可以嵌入 STATA 软件中进行运算；Leuven 和 Sianesi（2003）发布的应用于倾向评分匹配的模块 psmatch 2 同样可嵌入 STATA 软件中。这些统计模块的开发使倾向得分匹配法在社会学、医学、经济学等领域得到广泛应用。在当前的学术研究中，随着研究人员对大规模调查资料的使用，倾向值匹配已逐渐发展成为一个普适的统计研究方法，并得到越来越多的重视（胡安宁，2012）。

5.5.2 变量选择

5.5.2.1 样本农户内生性分析

在进行倾向得分匹配分析前，需要考虑农户休耕的内生性问题。农户选择休耕有两个原因：第一，休耕行为选择方面，休耕目标下达后按照集中连片和农民自愿的原则划定休耕项目区，休耕政策的落实实质是农户的自选择结果。第二，休耕面积方面，县政府在总量控制的基础上，休耕农户自愿选择一定面积的耕地进行休耕，休耕的面积依然是农户自选择的结果。因此，无论农户是否选择休耕及休耕面积多少的确定都是内生变量，这意味着，利用最小二乘法估计对照组和处理组之间的平均处理效应会带来自选择导致的偏误问题，而倾向得分匹配法应用可以使上述问题得到有效解决。

5.5.2.2　倾向得分匹配模型的变量选择

根据倾向得分匹配法的思路，结局变量为平均处理效应的变量，即农户的经济福利，用人均纯收入（y）、农业收入（ny）和非农收入（fy）来表示；自变量是倾向得分匹配模型中的关键变量，用以区分对照组和实验组，在休耕政策对农户经济福利的效应模型中，自变量为是否休耕（fallow），因休耕户样本量为400 户，远大于非休耕户的 194 户，因此方便模型匹配对应，将非休耕户作为处理组，将休耕户作为对照组。另外，由于经济福利均为收入变量，数值较大，取所有收入和支出变量的对数以压缩变量的尺度，削弱数据的共线性和异方差性，使数据更加平稳。协变量是倾向值运算的关键，农户特征能够被协变量越详细地表达其倾向得分，匹配越精准。协变量的选择遵循两个基本原则（李云森，2013）：一是这些变量应该同时影响自变量和因变量；二是这些协变量不能受家庭经济福利的影响。关于第一个条件，现有文献已有对休耕决策变量和家庭经济福利变量影响因子的详细阐述（Clark and Frijters，2008；杨欣和蔡银莺，2011），关于第二个条件，一般只选择受处置前的特征变量，因为受处置前的变量肯定不受处置后的影响。

依据以上两个原则，本研究共选择四类变量：第一，家庭户主特征（I）。包括年龄（I_{age}）、性别（I_{gender}）、教育年限（I_{edu}）、民族（I_{nation}）、健康状况（I_{health}）和参与务农时间（I_{farm}）。第二，家庭特征（F）。包括家庭规模（F_{family}）、有效劳动力比（F_{labor}）、劳动力平均年龄（F_{age}）、劳动力平均受教育年限（F_{edu}）、家中是否有村干部（F_{cadre}）、家庭生活支出（F_{living}）、医疗支出（$F_{medical}$）、教育支出（$F_{edu-exp}$）、人情支出（F_{social}）、家庭负债（F_{debt}）、房产价值（F_{house}）和农机价值（F_{agri}）。第三，生产特征（P）。包括耕地总面积（P_{area}）、耕地破碎度（P_{fragm}）、人均耕地面积（P_{pcland}）、作物投入产出比（P_{crop}）和农业收入占家庭总收入的比例（P_{income}）。第四，村庄特征（V）。包括村庄人口规模（V_{popu}）、村人均耕地（V_{land}）、农业劳动力比例（V_{labor}）和村人均纯收入（V_{income}）。值得说明的是，因变量以对数值为统计量，要求原始值不能为负数，然而统计指标中的农业收入和人均纯收入皆以扣除成本的净收入计，难以避免负值出现，因此，本研究将纯收入为负值定义为家庭负债。变量描述及统计分析见表5-7。

表 5-7　变量描述及统计分析

变量名称	变量代码	变量定义	全样本	休耕户	非休耕户
因变量					
人均纯收入（对数）	lny	家庭总收入与家庭总人口的比值（元）	9.38	9.43	9.27
农业收入（对数）	lnny	非农经营收入、工资性收入、财产性收入和转移性收入之和（元）	10.04	10.21	9.56
非农收入（对数）	lnfy	农户农业经营纯收入（元）	10.30	10.29	10.31
核心变量					
休耕决策变量	fallow	休耕户=0，非休耕户=1	0.33	0	1
家庭户主特征					
年龄	I_{age}	家庭户主的年龄（岁）	49.37	49.17	50.2
性别	I_{gender}	女=0，男=1	0.95	0.95	0.94
教育年限	I_{edu}	年	6.37	6.24	6.58
民族	I_{nation}	少数民族=0，汉族=1	0.36	0.25	0.59
健康状况	I_{health}	健康=1，良好=2，一般=3，不健康=4	1.64	1.64	1.64
参与务农时间	I_{farm}	月	10.03	10.21	9.64
家庭特征					
家庭规模	F_{family}	家庭总人口数（人）	4.66	4.69	4.59
有效劳动力比	F_{labor}	劳动力人口/家庭总人口	0.71	0.71	0.72
有效劳动力平均年龄	F_{age}	家庭有效劳动力平均年龄（岁）	45.32	45.47	45.35
有效劳动力平均受教育年限	F_{edu}	家庭有效劳动力人口的平均教育年限（年）	7.07	7.03	7.13
家中是否有村干部	F_{cadre}	否=0，是=1	0.11	0.09	0.15
家庭生活支出（对数）	F_{living}	农村居民用于日常生活的全部开支（元）	9.2	9.15	9.28
医疗支出（对数）	$F_{medical}$	农村居民用于医疗保健并扣除医保报销后的全部开支（元）	7.61	7.53	7.74
教育支出（对数）	$F_{edu\text{-}exp}$	农村居民用于子女教育的全部开支（元）	4.94	5.1	4.62
人情支出（对数）	F_{social}	农村居民赠送亲朋好友的礼物、礼金的全部价值（元）	7.49	7.48	7.58

变量名称	变量代码	变量定义	全样本	休耕户	非休耕户
家庭负债（对数）	F_{debt}	家庭借款、贷款的总和（元）	0.19	0.19	0.19
房产价值（对数）	F_{house}	家庭房产现价（元）	2.15	2.18	2.02
农机价值（对数）	F_{agri}	家庭所有农业机械的折算价值（元）	7.69	7.96	7.11
生产特征					
耕地总面积	P_{area}	承包耕地面积+转入面积+开荒面积−转出面积（亩）	22.29	22.18	22.34
耕地破碎度	P_{fragm}	耕地块数/耕地总面积（块/亩）	0.53	0.51	0.57
人均耕地面积	P_{pcland}	耕地总面积/家庭总人口（亩）	0.33	0.31	0.36
作物投入产出比	P_{crop}	作物投入/作物产出（作物产出量按照市场价值显化后算）	0.68	0.72	0.61
农业收入占家庭总收入的比例	P_{income}	农业纯收入/家庭总收入	0.53	0.57	0.46
村庄特征					
村庄人口规模	V_{popu}	农户所在村庄 2016 年末总人口（人）	3365.91	3128.84	3801.96
村人均耕地	V_{land}	村庄耕地总面积/村庄总人口（亩）	1.45	1.56	1.23
农业劳动力比例	V_{labor}	村庄从事农业生产的劳动力人数/村庄总人口	0.62	0.63	0.59
村人均纯收入（对数）	V_{income}	村庄总收入/村庄总人口（元）	8.07	8.04	8.11

5.5.2.3　基本描述统计

本研究使用农户家庭人均纯收入、农业收入、非农收入三个指标来代表农户家庭经济福利。如表 5-8 所示，从样本平均数据来看，在农户受偿意愿的补偿条件下，休耕农户的经济福利总体上比非休耕农户的经济福利大；在农户人均纯收入指标上，休耕户比非休耕户多 0.19 万元；在农业收入上，休耕农户比非休耕农户多 1.32 万元，而非农收入变化不明显，二者仅仅相差 0.06 万元。

表 5-8　样本农户家庭收入情况统计表　　　　（单位：万元）

项目	农户人均纯收入	农业收入	非农收入
全样本	1.19	2.30	2.97
休耕户	1.25	2.73	2.95
非休耕户	1.06	1.41	3.01
差值	0.19	1.32	−0.06

5.5.3　休耕受偿意愿合理性判断

5.5.3.1　休耕补偿合理性判断标准

合理性判断标准的制定是检验休耕效用水平变化的关键环节，是评判受偿意愿作为休耕补偿标准合理性的唯一标尺。根据政府财政资金设置以下两种判断情景（图5-6）。情景Ⅰ：在财政资金充裕的前提下，休耕试点阶段的休耕补偿标准除提升农户休耕积极性外，兼顾减贫目标，此时休耕后的经济福利净效应的变化至少应该大于0，以此判断效用视角下的休耕补偿标准的合理性。

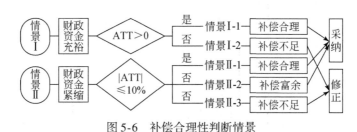

图 5-6　补偿合理性判断情景

此时有两种可能的结果以及对应的补偿方案：①情景Ⅰ-1，经济福利净效应大于0，则说明该补偿标准是合理的，可以弥补休耕试点区农户休耕机会成本损失，也能够满足试点区域休耕农户的受偿意愿期望值，因此，1173.16 元/亩的受偿意愿应被采纳，作为休耕补偿标准。②情景Ⅰ-2，经济福利净效应小于0，则说明该补偿标准是不合理的，应结合机会成本对测算结果进行修正。

情景Ⅱ：在财政资金吃紧的情况下，休耕试点阶段的补偿标准无法兼顾额外目标，仅以提升农户休耕积极性，增强休耕农户满意度为目标，此时休耕农户的经济福利净效应在理论上至少应大于现行补偿标准的净效应。

从5.2节中调研统计分析的结果发现，现行 15 000 元/hm² 的休耕补偿标准是不能满足大部分农户需求的，说明在此补偿标准之下的效用水平明显下降，代入倾向评分匹配模型中，农户若接纳 15 000 元/hm² 的休耕补偿标准，则经济福利净效应下降 14.07%（由于篇幅限制，此处计算过程省略）。这里基于效用理论测算得出的受偿意愿是休耕农户休耕前后的效用临界点，在倾向评分匹配模型中测算得出的经济福利净效应理论上应远远大于-14.07% 的测算结果，才足以提升休耕农户的主观满意程度。因此本研究基于 15 000 元/hm² 补偿标准的效用水平，提出经济福利净效应变化幅度为 10% 的节点，以此观测受偿意愿下的农户效用水平变化情况。

将受偿意愿的测算结果代入倾向评分匹配模型中，结果有三种可能性，并对应三种补偿方案，如图 5-7 所示：①情景Ⅱ-1。经济福利净效应的绝对值在 10% 以内，则说明该补偿标准是合理的，可以弥补休耕试点区农户休耕机会成本损失，也基本满足试点区域休耕农户的受偿意愿期望值，因此，17 597.4 元/hm² 的受偿意愿应被采纳，作为休耕补偿标准的下限。②情景Ⅱ-2。休耕农户休耕时的经济福利与休耕农户未休耕时的经济福利之间的净效应大于 10%，则补偿富余，表明 17 597.4 元/hm² 的补偿标准足以弥补休耕农户的机会成本损失，也远远超过试点区域农户的休耕受偿意愿，这将极大地提升农户参与休耕项目的积极性，有利于保障休耕项目实施的延续性，那么，17 597.4 元/hm² 的受偿意愿应直接作为休耕补偿标准，但受限于政府财力可适当压减。③情景Ⅱ-3。经济福利净效应小于 10%，则补偿不足，说明该补偿标准下的休耕农户经济福利损失没有得到有效的补偿，该补偿标准会挫伤农户休耕积极性，因此，休耕补偿标准的结果应结合调研区域的机会成本损失，在 17 597.4 元/hm² 的受偿意愿上进行适当修正。

综上所述，休耕补偿标准的制定要能够弥补休耕机会成本的损失，并且能够提升农户积极性，二者缺一不可。

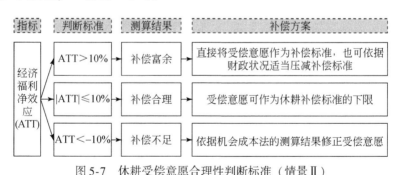

图 5-7　休耕受偿意愿合理性判断标准（情景Ⅱ）

5.5.3.2　休耕农户的经济福利净效应

（1）模型检验

研究关注的被解释变量为农户家庭经济福利，通过家庭人均纯收入、农业收入和非农收入三项指标来衡量。这里采用 Logistic 模型估计倾向值（图 5-8），非休耕组的倾向值集中在 0.80 ~ 1 的位置；而休耕组的倾向值大部分集中于 0 ~ 0.4，说明样本在匹配前协变量之间存在较大差异，需要通过倾向得分匹配法进行匹配。

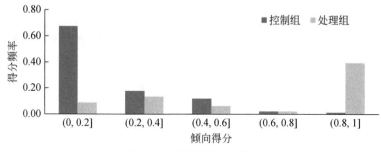

图 5-8　匹配前倾向值分布

为保证匹配效果，首先应对样本进行平衡性检验，即是否满足重叠性假设，使处理组和对照组在各个协变量上不再有系统的差别，其原理是通过控制匹配变量的差异，从而排除协变量的差异性对结果变量的影响，以便评估净效应（徐大伟和李斌，2015）。根据 Rosenbaum 和 Rubin（1985）的研究，匹配后的标准差异越接近于 0，匹配效果越好，当标准差异小于 10% 时，通常认为组间变量的均衡性较好。检验结果（图 5-9）显示，模型很好地平衡了处理组和对照组的数据，匹配后无明显差异，通过了平衡性检验。

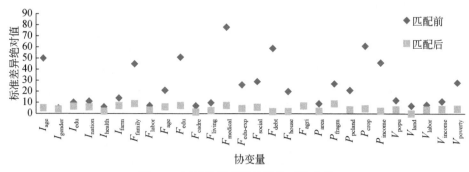

图 5-9　匹配前后标准差异绝对值比较

倾向得分匹配的方法主要包括参数匹配方法、非参数匹配方法，参数匹配方法主要包括最近邻匹配、半径匹配、马氏距离匹配等；非参数匹配方法主要包括 Kernel 内核匹配法、局部线性回归（Local Linear Regression，LLR）等。内核匹配（Kernel-Based Matching，KBM）是以对照组和处理组倾向值之间的差距为权重，将对照组中的所有样本进行加权平均作为匹配对象，所利用的信息更加全面（温兴祥和杜在超，2015），因此，本研究选取非参数方法的内核匹配法进行分析，匹配结果见表 5-9。

表 5-9 倾向评分匹配的处理效应（内核匹配法）

因变量	处理效应	处理组	对照组	净效应	标准误	t 检验值
家庭人均纯收入（对数）	匹配前	8.459	8.453	0.006	0.107	−5.570
	ATT	8.423	8.596	−0.173***	0.091	−3.790
农业收入（对数）	匹配前	7.310	7.279	0.031	0.135	−8.780
	ATT	7.557	7.501	0.056	0.157	0.710
非农收入（对数）	匹配前	9.045	9.219	−0.174	0.193	0.020
	ATT	9.059	9.248	−0.189*	0.107	−1.950

***、**、*分别代表 $p<0.01$，$p<0.05$，$p<0.1$

（2）结果输出

从表 5-10 内核匹配情况统计摘要可以看出，有 395 个休耕样本户和 131 个非休耕样本户落入了共同支持区间内，有 68 个样本户落入了共同支持区间外，表明这 68 个样本被剔除，剩下 526 个样本保留，占比 88.56%，说明参与匹配的样本数是可以接受的。

表 5-10 匹配情况统计摘要

分组	样本数量（共同支持区间外）	样本数量（共同支持区间内）	合计
对照组	5	395	400
处理组	63	131	194
合计	68	526	594

首先，从家庭人均纯收入指标来看，表 5-9 内核匹配法得出的平均处理效应表明，匹配前休耕组与非休耕组的家庭人均纯收入的自然对数分别为 8.459 和 8.453，二者之间的差异为 0.006，而通过内核匹配后，休耕组的家庭人均纯收入自然对数为 8.423，非休耕组的家庭人均纯收入自然对数为 8.596，平均处理效应 ATT 为 −0.173，并在 1% 水平上显著。这表明在考虑了农户样本自选择问题后，休耕变量对家庭人均纯收入的影响作用变大，农户休耕的家庭人均纯收入比未休耕时的家庭人均纯收入高 15.89%。

其次，从农业收入来看，匹配前休耕户和非休耕户的农业收入的自然对数分别为 7.310 和 7.279，二者相差 0.031，而匹配之后休耕户的平均农业收入自然对数为 7.557，非休耕户的农业收入自然对数为 7.501，休耕户比非休耕户的净效应下降了 0.056。这表明匹配前在混淆因素的影响下，低估了休耕户和非休耕户之间农业收入之间的差距，而在去除协变量的影响偏误后，休耕变量对农户农业收入的影响作用变大，匹配后休耕农户的农业收入比未休耕时下降了 5.76%，然而该项收入效应在统计意义上不显著。

最后，从非农收入来看，匹配前的休耕户非农收入的自然对数为 9.045，非休耕户的自然对数为 9.219，二者仅仅相差 0.174，匹配之后休耕户和非休耕户的非农收入的自然对数分别为 9.059 和 9.248，非农收入的净效应为 −0.189。表明匹配之后的非农收入效应差距拉大，休耕户的非农收入比非休耕户提升了 17.22%，该项收入效应在 10% 统计意义上显著。

总体上，在 17 597.4 元/hm² 的受偿意愿下的休耕农户相较于未休耕时的状态，其农业收入虽然有所减少，但非农收入提升较为明显，非农收入的变化幅度大于农业收入的变化，最终家庭人均纯收入也有一定程度的提高。

（3）匹配结果分析

对于休耕农户而言，以受偿意愿作为补偿方案，休耕农户的农业收入没有增加，反而非农收入有明显提升，可能的原因有以下两点：第一，经济作物种植收益远远高于粮食种植收益。如表 5-11 所示，调研区域石林县和砚山县的主要农作物除玉米外，烤烟种植比例较高，种植烤烟的投入成本虽然相较其他农作物高，但纯收入也远远高于其他农作物，调研区域烤烟种植面积达到 262hm²（0.39 万亩），占比 29.696%（图 5-10），烤烟种植如不计人工费，每亩（0.066 67hm²）纯收益可达 2400 元[1]，远远高于 4500 元/hm² 的玉米纯收益，可见农户家庭种植烤烟越多，其参与休耕所损失的作物种植机会成本也越高，以 17 597.4 元/hm² 的临界受偿意愿作为补偿标准远远不足以弥补一个纯烤烟种植户的机会成本损失。第二，休耕农户的剩余劳动力得到了有效转移。调研发现，该区域的农业产业及第二、第三产业承接了一半以上的休耕农户的再就业，如作为石林县支柱产业的旅游业以及砚山县的水泥生产企业日益兴旺，对吸纳休耕农户再就业效果显著，因此休耕农户的非农收入增加显著。

表 5-11 调研区域主要农作物种植面积及比例

作物类型	种植面积（hm²）	占比（%）
玉米	526	59.59
烤烟	262	29.68

---

[1] 农作物纯收益金额通过调研区域有效资料计算得出。

作物类型	种植面积（hm²）	占比（%）
辣椒	46	5.21
水稻	20.67	2.34
豆类	14.67	1.67
其他	13.33	1.51
总计	882.67	100

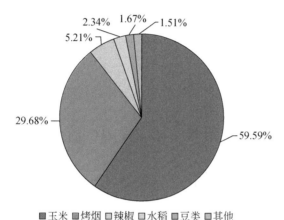

图 5-10　调研区域主要农作物种植比例

从农户家庭经济福利的总体情况来看，农户的人均纯收入水平有显著的提升，这是因为休耕后，农户的非农收入有较为显著的增加，随着非农经济的快速发展，过剩劳动力务农的机会成本持续上升，休耕后释放一部分劳动力往非农部门有效转移，非农收入的增加足以弥补农业收入的损失，也能够提升家庭经济福利。

5.5.4　休耕补偿标准的最终确定

根据上述分析，以受偿意愿作为补偿标准，农业收入损失 5.76%，虽然不能够完全弥补休耕后农业收入的损失，但休耕释放出来的劳动力可以有效转移到第二、第三产业部门，提升农户的非农收入，估计非农收入增加 17.22%，非农收入和农业收入的一增一减能够使农户的人均纯收入提升 15.89%。根据上述判断标准，该测算结果既满足情景Ⅰ-1，又满足情景Ⅱ-2（表 5-12），由此可见，以受偿意愿作为补偿标准，能够通过转移剩余劳动力的方式增加非农收入，进而达到提升家庭总收入和福利的目的。因此，如政府休耕财政资金充裕，可将 17 597.4元/hm² 的受偿意愿直接作为休耕补偿标准，或补偿标准的下限。

表 5-12 补偿标准判断结果

情景	子情景	条件	是否满足条件
情景 I	情景 I -1	ATT>0	√
	情景 I -2	ATT<0	—
情景 II	情景 II -1	∣ATT∣≤10%	—
	情景 II -2	ATT>10%	√
	情景 II -3	ATT<-10%	—

若政府休耕财政资金紧缩，可将 17 597.4 元/hm² 的受偿意愿作为目标值，在现行 15 000 元/hm² 的休耕补偿标准上适度提高补偿金。

5.6 本 章 小 结

5.6.1 小结

本章按照"补偿框架—补偿标准测算—补偿标准合理性验证"的思路，首先在效用理论的指引下构建效用函数，测算农户参与休耕的最低受偿意愿，并观测农户受偿意愿的影响因素，以此为切入点可有针对性地提出休耕补偿建议，以期完善休耕补偿政策。

1）农户休耕受偿意愿的参数估计和非参数估计结果有一定差距。在不考虑自身特征和社会经济环境特征的影响下，非参数估计的休耕农户平均受偿意愿为 19 110 元/hm²，而将农户自身特征和相关变量纳入效用函数模型中，得到参数估计休耕农户受偿意愿结果为 17 597.4 元/hm²。

2）休耕受偿意愿受多种因素的影响，农户的生产特征是关键影响因素。具体而言，家庭户主的健康状况、家庭劳动力平均受教育年限、农户类型、耕地破碎度、作物投入产出比、意愿金额与农户休耕受偿意愿有着显著的正向相关关系，家庭规模、家庭有效劳动力比及人均耕地面积与农户的休耕受偿意愿有着显著的负向相关关系，其中作物投入产出比过高是农户选择休耕最重要的原因，各项指标所涵盖的农户脆弱性是休耕受偿意愿强烈的根本原因。

3）效用理论框架下测算得出的农户受偿意愿 17 597.4 元/hm² 可作为休耕补

偿标准。通过比较分析可以判断农户的最低受偿意愿是否合理，运用倾向得分匹配法综合了横向社会性比较和纵向习惯性比较测算休耕农户的家庭经济福利净效应，从农业收入这项指标来看，17 597.4 元/hm² 的休耕受偿意愿会使农业收入损失 5.76%，但休耕会释放部分劳动力转移到非农部分，从非农收入指标来看，经过倾向得分匹配法匹配后，非农收入提升了 17.22%，非农收入的提升幅度大于农业收入的损失幅度，因此从总体上讲，农户的家庭人均纯收入提升 15.89%。根据判断标准，总体家庭经济福利水平变化幅度大于 10%，因此效用理论框架下测算得出的农户受偿意愿是科学合理的，能够满足休耕农户在横向对比和纵向对比后的效用预期。政府可根据休耕财政基金状况适度取舍，在休耕补偿基金充裕的条件下，可将 17 597.4 元/hm² 的休耕受偿意愿作为休耕补偿标准的下限，若在政府休耕补偿基金紧张的条件下，17 597.4 元/hm² 的休耕受偿意愿可作为现阶段休耕补偿标准的上限目标。

4）效用理论视角下测算得出的休耕受偿意愿可为休耕补偿标准的制定提供科学依据。基于效用理论视角，从微观农户受偿意愿出发，测算休耕补偿标准能满足现行补偿需要，具有现实可行性。在休耕农户与对照组之间的横向社会性对比和纵向习惯性比较中，农户的效用最大化得到了验证，说明该效用水平影响下的农业行为是良性行为，对推动农户积极主动参与休耕项目，促进休耕政策的可持续运行有重要意义。因此，效用视角下的休耕补偿标准能够作为云南省休耕试点区域的休耕补偿标准的参照，同时通过效用函数构建的休耕补偿标准测算体系可推而广之作为休耕试点区域补偿标准测算的依据。

5）补偿标准的确定及调整应因地制宜。第一，为保障休耕农户利益，云南省第一批次的休耕补偿标准可适当提高至 16 500～18 000 元/hm² 的休耕受偿意愿水平，以激励休耕农户主动参与休耕项目的积极性，保障休耕政策更有效率地运行，另外根据物价变动适时调整休耕补偿标准，最大限度地满足农户效用，提升政策实施的绩效。第二，农户对耕地的依赖性过大是农户休耕受偿意愿低的根本原因，因此积极探索农民增收渠道，减小农民对土地的依赖性，有效增加非农生计活动，一定程度上可减小休耕政策推进的阻力。第三，作物投入产出比过高是刺激农户参与休耕的主要因素，因此政府通过休耕政策修复生态的同时，也要加强农业基础设施建设，加快农业科技进步，提升农业产出效率，让高质高产耕地退出休耕，以提升休耕项目实施的针对性。

6）效用理论视角下测算得出的休耕受偿意愿 17 597.4 元/hm² 作为休耕补偿标准被证明是科学合理的，有效用理论作为支撑，并且满足现行补偿需要，具有现实可行性。第一，在研究视角上，重点关注与经济补偿需求方直接相关的微观农户，将其意愿和行为纳入休耕补偿标准测算框架中，从当前休耕补偿研究中过分关注耕地这一客观要素的格局中突破，以确保休耕农户的效用水平不因休耕而降低。因此以微观农户的效用为视角的休耕补偿标准测算，在休耕补偿领域的研究中是一次新尝试。第二，在理论和方法上，微观农户的行为意愿视角以效用理论来解释论证，并根据效用理论构建休耕经济补偿的框架，并得到了成功运用，实现了生态补偿测算的理论和方法的重组，为休耕补偿标准测算探索出新的路径。这有别于现有休耕补偿标准研究中的主流研究方法——机会成本，也同样区别于生态补偿研究中的主流理论——外部性理论和耕地资源价值构成论。可以说效用理论视角下的补偿框架是机会成本和外部性理论的结合产物，一方面效用最大化是理性经济人的行为选择的最终目标，为达此目的，弥补休耕项目的实施对自身造成的粮食种植收益损失，是理性经济人的最低要求。第三，研究思路上，目前关于休耕补偿标准甚至生态补偿标准的测算仅仅停留在标准测算本身，缺乏对其合理性的评判。本研究通过效用函数测算受偿意愿后，基于比较视角，运用相对收入理论，对休耕农户与对照组之间进行横向社会性比较和纵向习惯性比较，以评估效用函数测算得出的受偿意愿是否能够满足农户效用最大化的目标，农户效用以经济福利净效应指标指代，结果证实了效用函数测算的受偿意愿的合理性，并能够作为休耕补偿标准。"补偿框架–补偿标准测算–补偿标准合理性验证"的研究思路完善了休耕补偿标准测算思路，该思路在休耕补偿标准研究中是一次新尝试。

5.6.2　讨论

本章基于效用视角，构建休耕补偿标准的测算框架，并以云南省休耕试点区样本农户为例，测算得出该地区休耕的补偿标准，证明了理论上的可行性，然而立足效用理论，根据农户受偿意愿测算的休耕补偿标准尚存在一定的局限性：首先，补偿标准的测算需要极度依赖真实可靠的调研数据；其次，测算的结果不能取定值，只能表示现阶段农户所需求的补偿标准的大致取值范围。此外，休耕补偿制度的完善还需从以下几个方面深入探讨：

1）补偿标准有待区间化。目前只在理论上探讨经济补偿标准的下限，这较好地体现了底线思维。"坚守底线、力求高线"是现阶段的政策目标，休耕经济补偿标准的制定要明确警戒线和临界点才能够预判制度运行的风险，以求防患于未然。对农户耕地流转面积、租金及农户对休耕补偿标准倾向的调查表明，不同区域休耕补偿标准之间的差异与流转租金之间的差异不匹配，对休耕优等耕地的农户造成利益损失，影响休耕政策的落实和推进。课题组根据区域耕地市场流转情况及其租金、耕作投入产出收益等数据计算得出，河北、甘肃和云南三省休耕补偿金额分别应为 332. 77 元/(亩·a)、192. 45 元/(亩·a)、444. 02 元/(亩·a)，均低于现行补偿标准。在考虑土地流转的情况下，通过机会成本法测算得出河北省的补偿金额为 6648 元/hm² (443. 2 元/亩)，低于现行补偿标准 7500 元/hm² (500 元/亩)。运用效用理论测算出休耕农户受偿意愿结果为云南省的休耕补偿应达到 1173. 16 元/亩，高出现行补偿标准 2595 元/hm² (173 元/亩)，测算农民休耕后寻求效用最大化的补助金额成为解释农户受偿意愿大小的重点，因此，该结果可作为云南省休耕补偿的上限参考值。建议设置浮动的休耕补偿标准：河北省维持现有标准；甘肃省补偿标准下限为 3000 元/(hm²·a) [200 元/(亩·a)]，上限为 12 000 元/(hm²·a) [800 元/(亩·a)]；云南省补偿标准下限为 6750 元/(hm²·a) [450 元/(亩·a)]，上限为 16 500 元/(hm²·a) [1100 元/(亩·a)]。

2) 补偿标准测算体系有待多元化。休耕补偿的目标导向决定技术方法，目前本研究仅完成了对休耕补偿第一阶段经济补偿标准的测算工作，这一阶段为刺激农户的积极性，补偿标准往往较高。随着休耕政策的深入及农民对休耕政策的认同度的变化，休耕政策施行的阶段目标转变为农业结构调整，休耕补偿标准的测算体系应该纳入地区生产力水平、土地租金以及农业种植的投入产出等因素。云南省 17. 9% 的样本户涉及耕地流转，河北省和甘肃省耕地流转比例相对较低，分别为 5. 32% 和 4. 07%。云南省种植的经济作物包括烤烟、油菜、花卉、蔬菜及中药材等，由于这些作物能产生较高的经济效益，云南省耕地流转价格显著高于河北省和甘肃省，达到 11 707. 5 元/(hm²·a) [780. 5 元/(亩·a)]，而甘肃省和河北省分别为 293. 1 元/(hm²·a) [19. 54 元/(亩·a)] 和 8244. 15 元/(hm²·a) [549. 61 元/(亩·a)]。在自愿休耕原则下，当耕地流转租金显著高于休耕补助时，农户会优先考虑将承包耕地进行流转而不愿参与休耕；如果租金低于休耕补助，农户会将已经进入流转市场的耕地进行休耕。因此，休耕补助标准的制定应充分考虑耕地流转市场价格和原作物种植类型的差异。合理的休耕补助估算体系既能提高农户的休耕受偿意愿，也能降低财政压力，有利于休耕制度的长期实施。该体系的构建需要全面分析休耕主体和休耕对象，将土地流转租金、撂荒、农户休耕前后耕地收益变化、农户受偿意愿等，明确在此过程中可能对补助产生影响的因素，从而构建科学合理的休耕补助估算体系。过高的休耕补助标准会增加政府的财政投入，统一化的休耕补助对休耕优等地的农户有失公平，造成农业生产要素市场扭曲，不利于休耕的持续健康推进。当休耕政策的阶段目标转变为生态效益输出时，休耕补偿标准的测算体系应该纳入相关利益主体的支付意愿等内容。因此，休耕补偿标准测算依据应当随着阶段性目标的变动，适时调整，构建多元化的补偿测算体系。

3) 补偿方式有待多样化。本研究所探讨的休耕补偿标准仅限于对经济补偿的探讨，补偿方式较为单一。目前测算了休耕补偿政策中补偿主体（政府）应该支付给受偿主体（休耕农户）的具体金额，暂未将实物补贴和技术补贴等纳入研究范围，在未来的研究中还应该探讨多类型的补偿方式。从美国、欧盟和日本的休耕补偿实践得到以下启示：差别化和多元化的补偿方式是休耕政策取得预期效果的重要因素，差别化的补偿能够显著地提升补偿效率，多元化的补偿能够保证补偿的公平性。因此，除经济损失的补偿外，还应该将绿色补偿、奖励性补偿以及技术指导纳入未来的研究范围。绿色补偿是对主动实施绿色种植以促进耕地休养生息的农户予以技术指导或现金补贴；奖励性补偿是对休耕后主动采取农田生态环境保护措施行为的农户，以及主动进行水利整修、田间道路维护等行为的农户提供现金奖励；技术指导应与休耕补偿资金配合提供，主要针对连年休耕区域的休耕户，为其提供再就业指导，以避免休耕后劳动力闲置。

4）休耕补偿机制研究有待进一步探讨。当前研究仅限于休耕补偿机制中补偿标准的测算，暂未涉及休耕补偿机制整体的探讨。尽管休耕补偿标准是休耕补偿制度的核心内容，但休耕补偿机制是集补偿标准、资金来源、补偿方式、保障机制等于一体的综合性课题，随着休耕制度实施的深入，休耕补偿的资金来源、利益主体的相互关系，以及配套的保障机制等课题的重要性愈发凸显。目前中国休耕补偿金的主要来源渠道是中央财政投入，市场付费的渠道暂为封闭状态，资金来源是休耕补偿标准顺利发放的保障，多渠道的资金筹措有利于推进多样化、差异化的休耕补偿标准落地；同时，中国休耕补偿政策运行初期也缺乏补偿保障机制的探讨，一方面没有强制性的法律保障，休耕补偿金的发放容易产生主观性和随意性等乱象；另一方面没有完善的休耕补偿政策的监督机制也容易引发弄虚作假等现象。

5）休耕补偿的效应有待评估。明确休耕补偿的目标是评估补偿效应的根本任务，而对休耕补偿政策正确的评估是提升补偿政策实施质量的有力推手。如前文所提到的，休耕补偿政策的实施目标并非单一的生态目标，而应因不同阶段而异，因此休耕补偿的目标是多重的，可持续的休耕补偿政策不仅在生态目标和社会目标之间实现平衡，而且要在效率和公平中实现统一。目前，有关生态补偿效应的研究仅仅关注环境服务的产出这一终极目标，而缺乏对补偿不同阶段的溢出效应进行合理的评估。

参 考 文 献

陈端吕，彭保发，熊建新. 2013. 环洞庭湖区生态经济系统的耦合特征研究［J］. 地理科学，33（11）：1338-1346.

陈琳，欧阳志云，王效科，等. 2006. 条件价值评估法在非市场价值评估中的应用［J］. 生态学报，26（2）：610-619.

陈展图，杨庆媛，童小容 . 2017. 轮作休耕推进农业供给侧结构性改革路径研究 [J]. 农村经济，(7)：20-25.

董雪旺，张捷，刘传华，等 . 2011. 条件价值法中的偏差分析及信度和效度检验——以九寨沟游憩价值评估为例 [J]. 地理学报，66 (2)：267-278.

凡非得，王克林，熊鹰，等 . 2011. 西南喀斯特区域水土流失敏感性评价及其空间分异特征 [J]. 生态学报，31 (21)：6353-6362.

胡安宁 . 2012. 倾向值匹配与因果推论：方法论述评 [J]. 社会学研究，(1)：221-242.

胡春华，蒋建华，周文斌 . 2012. 环鄱阳湖区农家菜地土壤重金属风险评价及来源分析 [J]. 地理科学，32 (6)：771-776.

胡宏伟，张小燕，赵英丽 . 2012. 社会医疗保险对老年人卫生服务利用的影响——基于倾向得分匹配的反事实估计 [J]. 中国人口科学，(2)：57-66.

环境保护部 . 2008-09-10. 全国生态脆弱区保护规划纲要 [EB/OL]. https：//wenku. baidu. com/ view/ badcde707fd5360cba1adb7a. html.

黄宗智 . 1992. 长江三角洲小农家庭与乡村发展 [M]. 北京：中华书局 .

靳相木，杜茎深 . 2013. 耕地保护补偿研究：一个结构性的进展评论 [J]. 中国土地科学，27 (3)：47-54.

李波，赵海霞，郭卫华，等 . 2004. 退耕还林（草）、封山禁牧对传统农牧业的冲击与对策——以北方农牧交错带的皇甫川流域为例 [J]. 地域研究与开发，(5)：97-101.

李惠梅，张安录，杨欣，等 . 2013. 牧户响应三江源草地退化管理的行为选择机制研究——基于多分类的 Logistic 模型 [J]. 资源科学，35 (7)：1510-1519.

李秀彬，赵宇鸾 . 2011. 森林转型、农地边际化与生态恢复 [J]. 中国人口·资源与环境，21 (10)：91-95.

李云森 . 2013. 自选择、父母外出与留守儿童学习表现——基于不发达地区调查的实证研究 [J]. 经济学：季刊，12 (2)：1027-1050.

刘成武，李秀彬 . 2006. 对中国农地边际化现象的诊断——以三大粮食作物生产的平均状况为例 [J]. 地理研究，25 (5)：895-904.

刘燕，董耀 . 2014. 后退耕时代农户退耕还林意愿影响因素 [J]. 经济地理，34 (2)：131-138.

祁新华，林荣平，程煜，等 . 2013. 贫困与生态环境相互关系研究述评 [J]. 地理科学，33 (12)：1498-1505.

邵景安，张仕超，李秀彬 . 2014. 山区耕地边际化特征及其动因与政策含义 [J]. 地理学报，69 (2)：227-242.

佘时飞，钟生根 . 2015. 微观经济学分析方法 [M]. 北京：清华大学出版社 .

史清华 . 1999. 农户经济增长与发展研究 [M]. 北京：中国农业出版社 .

王成超，杨玉盛 . 2011. 基于农户生计演化的山地生态恢复研究综述 [J]. Journal of Natural Resources，(2)：344-352.

王湘红，任继球 . 2012. 相对收入对经济行为影响研究进展 [J]. 经济学动态，(4)：117-123.

温兴祥，杜在超 . 2015. 匹配法综述：方法与应用 [J]. 统计研究，32 (4)：104-112.

新华社 . 2017-1-24. 中共中央国务院关于加强耕地保护和改进占补平衡的意见 ［N］. 人民日
　报, （1）.

徐大伟, 李斌 . 2015. 基于倾向值匹配法的区域生态补偿绩效评估研究 ［J］. 中国人口·资源
　与环境, 25 （3）: 34-42.

徐建英, 孔明, 刘新新, 等 . 2017. 生计资本对农户再参与退耕还林意愿的影响——以卧龙自
　然保护区为例 ［J］. 生态学报, 37 （18）: 6205-6215.

阎建忠, 吴莹莹, 张镱锂, 等 . 2009. 青藏高原东部样带农牧民生计的多样化 ［J］. 地理学
　报, 64 （2）: 221-233.

杨龙, 汪三贵 . 2015. 贫困地区农户脆弱性及其影响因素分析 ［J］. 中国人口·资源与环境,
　25 （10）: 150-156.

杨欣, 蔡银莺 . 2011. 武汉市农田生态环境保育补偿标准测算 ［J］. 中国水土保持科学,
　9 （1）: 87-93.

禹雪中, 冯时 . 2011. 中国流域生态补偿标准核算方法分析 ［J］. 中国人口·资源与环境,
　21 （9）: 14-19.

翟德利, 许建初, 戴志聪 . 2015. 云南西双版纳地区森林转型特征 ［J］. 植物分类与资源学
　报, （1）: 93-98.

张伟, 张宏业, 张义丰 . 2010. 基于"地理要素禀赋当量"的社会生态补偿标准测算 ［J］. 地
　理学报, 65 （10）: 1253-1265.

赵雪雁, 路慧玲, 刘霜, 等 . 2012. 甘南黄河水源补给区生态补偿农户参与意愿分析 ［J］. 中
　国人口·资源与环境, 22 （4）: 96-101.

甄霖, 刘雪林, 李芬, 等 . 2010. 脆弱生态区生态系统服务消费与生态补偿研究: 进展与挑
　战 ［J］. 资源科学, 32 （5）: 797-803.

周业安, 连洪泉, 陈叶烽, 等 . 2013. 社会角色、个体异质性和公共品自愿供给 ［J］. 经济研
　究, 48 （1）: 123-136.

Mark W. Fraser, 郭申阳 . 2012. 倾向值分析: 统计方法与应用 ［M］. 郭志刚 重庆: 重庆大学
　出版社 .

Akay A, Martinsson P. 2010. Does relative income matter for the very poor? ——Evidence from rural
　Ethiopia ［J］. Economics Letters, 110 （3）: 213-215.

Ball R, Chernova K. 2005. Absolute income, relative income, and happiness ［J］. Social Indicators
　Research, 88 （3）: 497-529.

Becker S O, Ichino A. 2002. Estimation of average treatment effects based on propensity scores ［J］.
　Stata Journal, 2 （4）: 358-377.

Cao J H, Yuan D X, Zhang C, et al. 2004. Karst ecosystem constrained by geological conditions in
　southwest China ［J］. Geology-Geochemistry, （1）: 1-8.

Clark A , Frijters P, Shields M A. 2008. Relative income, happiness, and utility: An explanation
　for the Easterlin Paradox and Other Puzzles ［J］. Journal of Economic Literature, 46 （1）:
　95-144.

Duesenberry J S. 1949. Income, saving and the theory of consumer behavior ［J］. Review of

Economics & Statistics, 33 （3）: 111.

Easterlin R A. 1974. Does economic growth improve the human lot? Some empirical evidence ［J］. Nations & Households in Economic Growth, 89-125.

Fan S Y. 2005. Environmental protection policy effect on households: A case study as Yanchi County ［J］. China Population Resources & Environment, 15 （3）: 124-128.

FischerJ A V, Torgler B. 2013. Do positional concerns destroy social capital: evidence from 26 countries ［J］. Economic Inquiry, 51 （2）: 1542-1565.

Hua C J, Xian Y D, Cheng Z, et al. 2004. Karst ecosystem constrained by geological conditions in southwest China ［J］. Geology-geochemistry, （1）: 1-8.

Isoni A. 2011. The willingness-to-accept/willingness-to-pay disparity in repeated markets: Loss aversion or bad-deal aversion ［J］. Theory and Decision, 71 （3）: 409-430.

Karali E, Brunner B, Doherty R, et al. 2014. Identifying the factors that influence farmer participation in environmental management practices in switzerland ［J］. Human Ecology, 42 （6）:951-963.

Leuven E M, Sianesi B. 2003. PSMATCH2: Stata module to perform full Mahalanobis and propensity score matching, common support graphing, and covariate imbalance testing ［Z］. University of Amsterdam and Institute for Fiscal Studies, London.

Ligon E, Schechter L. 2003. Measuring vulnerability ［J］. Economic Journal, 113 （486）: 95-102.

Mangyo E, Park A. 2011. Relative deprivation and health: which reference groups matter ［J］. Journal of Human Resources, 46 （3）: 459-481.

Meyerhoff J. 2002. The influence of general and specific attitudes on stated willingness to pay: A composite attitude-behavior-model ［D］. Norwich, University of East Anglia .

Neyman J S. 1923. Statistical problems in agriculture experiments. Journal of the royal statistical society ［J］. B （2）: 107-180.

Robins J M. 1999. Association, causation, and marginal structural models ［J］. Synthese, 121 （1-2）: 151-179.

Rosenbaum P R, Rubin D B. 1985. Constructing a control group using multivariate matched sampling methods that incorporate the propensity score ［J］. American Statistician, 39 （1）: 33-38.

Rosenbaum P R. 2015. Sensitivity analysis in observational studies ［M］. Encyclopedia of Statistics in Behavioral Science. New York: John Wiley & Sons, Ltd.

Shadish W R, Cook T D, Campbell D T. 2002. Experimental and quasi-experimental designs for generalized causal inference ［J］. Publications of the American Statistical Association, 100 （470）: 708.

Stark O, Taylor J E. 1989. Relative deprivation and international migration oded stark ［J］. Demography, 26 （1）: 1-14.

Stouffer S A. 1949. The American soldier: adjustment during army life ［J］. Journal of the American Medical Association, 140 （14）: 1189.

Wunder S. 2007. The efficiency of payments for environmental services in tropical conservation ［J］. Conservation Biology, 21 （1）: 48-58.

Yu B H, Lv C H. 2011. Assessment of ecological vulnerability on the Tibetan Plateau ［J］. Geographical Research, 30 (12)：2289-2295.

Zhang J, Wang J, Gu X, et al. 2011. An ecological based sustainability assessing system for cropping system ［J］. Mathematical & Computer Modelling, 54 (3)：1160-1166.

第6章　农户生计视角下的休耕补偿
模式研究

　　厘清耕地利用与保护最重要的主体——农户在休耕政策实施过程中的实际损失，尽可能地消除休耕对农户家庭生活水平所产生的影响，不仅是休耕政策的主要内容之一，更是促进休耕政策稳健有序推进的关键。休耕补偿作为一种恢复和储备地力的经济手段，是调节利益相关者利益关系的制度安排（Zhang et al.，2011），或者说作为一种激励耕地保护的政策，就是要通过调动农户休耕的积极性，达到促进农业经济可持续发展的目的。为落实国家"藏粮于地"战略，保障国家粮食安全，促进耕地可持续利用和农业经济可持续发展，需将补偿重点落到真正以耕地作为生计来源的农户上。目前尽管关于休耕补偿的研究成果还较少，但有关生态补偿的研究较为丰富，主要围绕生态补偿的概念（Engel et al.，2008；Muradian et al.，2010）、机制（李文华和刘某承，2010；欧阳志云等，2013）、补偿对象（Cranford and Mourato，2011；谢花林和程玲娟，2017；马爱慧等，2012）、补偿标准（Ohl et al.，2008；陶建格，2012；王学等，2016；胡振通等，2017；张皓玮等，2015；戴其文和赵雪雁，2010）、补偿效应与评估（Börner et al.，2010）等方面进行了大量的理论与实证研究。生态补偿模式作为实施生态补偿的具体路径，近年来的相关研究开始重视补偿中的异质性问题，并从资金来源（王军锋和侯超波，2013）、功能分区（龙瑞军，2013）、农户意愿（韩鹏等，2012）等角度构建了多种生态补偿模式。但是，目前的补偿模式大多为统一的静态补偿标准，缺乏对于农户生计异质性和动态性的考量，造成了补偿成本较高、农民损失及发展权得不到有效保障等问题。基于此，本章以第3章的休耕补偿理论分析、第4章的休耕对农户生计和福利变化的影响以及第5章的效用视角下耕地休耕经济补偿标准研究为基础，以河北省平乡县为案例区，从农户生计视角出发，运用机会成本法分别探讨不同农户休耕的机会成本，同时考虑农户生计方式的变动，构建动态的劳动力转移补偿模式。

6.1 基于机会成本的休耕补偿理论与方法

6.1.1 基于机会成本的休耕补偿理论分析

19世纪末，奥地利经济学家弗里德里希·冯·维塞尔（Friedrich Von Wieser）在其著作《自然价值》中首次提出了机会成本（opportunity cost）的概念，之后被引入经济学领域，在理论和实践方面不断得到拓展。从经济学的观点看，当人们利用某种资源获得一种产品或劳务时，就必须放弃利用这种资源去生产另外的产品或劳务的机会，这种被放弃了的产品和劳务的价值便是现在所获得产品和劳务的机会成本（丁冰，1993）。所谓耕地保护行为中的机会成本，是耕地保护主体为保护耕地从事限制性的农业活动，而放弃对耕地的其他利用行为所带来的收益损失。机会成本的逻辑思路是"选择后放弃的最大收益"（曼昆，2000），即进行耕地保护过程中保护主体所放弃的最大利益。

机会成本在生态补偿标准的研究领域中，被认为是较为合理的理论逻辑，且应用越来越普遍（Dobbs and Pretty，2008，Kalacska et al.，2008）。Macmillan 等（1998）的研究结果表明，生态补偿标准与生态系统服务提供者的机会成本直接相关，并被多数生态补偿研究所证实（赵翠薇和王世杰，2010）。国内外关于机会成本在生态补偿中的研究有两个关键内容：第一，确定机会成本的范畴。国外学者对此认识较为广泛，基于机会成本会随着土地的耕作状况和社会经济条件的改变而发生变化这一基本认识（Chomitz et al.，2005），学者们不仅关注研究对象当前的直接经济损失，还重点关注发展的机会成本，在具体的补偿标准研究中不仅将直接经济损失作为考虑因素，也将发展的机会成本纳入测算体系中。例如，Pagiola 等（2007）在改善农业生态环境的补偿标准研究中，将农户的种植收益损失量作为机会成本的基本考虑对象，即更加关注研究区域所具备的产出能力。国内关于机会成本的认识也经历了从直接损失成本到发展的机会成本的过程。刘某承等（2017）研究了云南省红河州的生态补偿标准；代明等（2013）研究主体功能区下的生态补偿标准；陈会广和吕悦（2015）在动态监测土地利用变化的基础上，测算规划期内重要时间节点的耕地保护补偿标准。第二，应用机会成本测算补偿标准。国内外生态补偿的既有理论研究中，多数学者将研究区域内一年或多年的平均农业种植收益作为农户的机会成本损失量（Dent et al.，2011），同时，时间和风险因子对机会成本的影响也受到重视（李晓光等，2009a）。实践研究中，美国的保护性休耕项目，哥斯达黎加、尼加拉瓜等国的生态保护补偿项目

（Craig，2007），都以农户种植收益损失量作为机会成本测算生态保护补偿标准。据此，机会成本损失量应该作为生态补偿标准的下限（廖和平等，2011；雍新琴和张安录，2012）。

尽管机会成本应用广泛，但机会成本自身仍存在诸多问题。首先，机会成本是"选择后放弃的最大收益"，测算中有相应的经济活动对象，不同的经济活动对象的机会成本有一定差异。但在实际应用中，仅仅考虑了耕地保护者放弃的部分收益，除农业收益损失外，还包括耕地功能转变后的其他收益损失。因此，如何寻找耕地保护行为中所放弃的最大利益的经济活动行为，成为问题的关键。其次，获取真实数据的难度较大，机会成本测算的准确性依赖数据的真实性，在生态补偿的具体实践中，往往存在受偿者和补偿者之间的信息不对称，从而导致数据偏差。最后，机会成本在理论上是一种自愿性环境付费方案，但实际上其测算结果只是政府单方面的一种定价方法。补偿政策在实施初期是被农民接受的，但随着生活水平的提高和物价的上升，补偿政策会逐渐变得不能弥补农户的损失，受偿者的满意程度会趋于下降（李晓光等，2009b）。

6.1.2　测算方法探讨

机会成本法既是补偿原理也是补偿的手段和方法，该方法运算相对简单，被广泛运用在多个领域。基于福利理论的技术方法，国内外学者将农户福利衡量指标逐步从单一的经济福利衡量指标向多种福利变化测度工具过渡，侧重于全面反映不同利益主体的福利效应（魏玲等，2011）。一般来讲，经济福利较为容易准确测量，而非经济福利因其自身具有模糊特性，包括了定量指标和定性指标，很难精确测度。西方学者在度量农户经济福利时常采用传统的消费者剩余（CS）和生产者剩余（PS）等方法，而针对非经济福利的测度则借鉴了美国数控专家Zadeh于1965年所创立的模糊数学法（模糊评价法）（Baliamoune，2004）。虽然经济福利测度的消费者剩余可以从实际数据中直接测量消费者福利，但有学者证实了它在理论上的不可靠性（van Kooten and Cornelis，1994）。随后模糊数学法一度替代消费者剩余和生产者剩余等方法成为福利测度的主流工具。依托模糊数学法测度福利的补偿变化量和等值变化量、绝对损失量等成为测度资源环境政策给农户带来的福利变化的趋势（Gowdy，2004；Swait et al.，2004）。也有不少学者采用条件价值评估法（CVM）估算公共物品获得或失去的损益量（Choe et al.，2013），以及采用竞价法（Kim et al.，2017；Baghayipour and Foroud，2013）、关联分析法（Roe，2004）等测算农户福利。

当前国内关于耕地价值评估、测算等研究仍有诸多难题：第一，耕地非市场价值构成相互重叠，缺少明晰的价值构成体系；第二，对耕地资源非市场价值的研究还较为宏观和笼统，未将社会价值和生态价值分离测算，这是对耕地非市场价值认识不到位所导致的，因此，不能作为耕地保护补偿政策制定的科学依据；第三，当前研究将耕地外部效益评估作为补偿标准的基础，难点在于耕地非市场价值的测算（王迪等，2012）。农地生态补偿是对经济利益的再分配，涉及主体较多，需要考虑相关利益主体的福利效应和福利均衡，尤其是弱势群体的意愿应得到充分反映，同时也应注重休耕补偿标准制定中的农户参与。

6.2 数据来源与研究方法

6.2.1 研究区概况

平乡县位于河北省邢台市中南部，属于黑龙港流域，面积 406km²，2016 年下辖三镇四乡。气候类型为暖温带半湿润大陆性季风型气候，年平均降水量为 497.3mm。该县多年来一直靠地下水维持用水需求，地下水超采严重，含量远低于全省平均水平，属于地下水严重匮乏区。根据河北省农业厅、财政厅《关于印发 2016 年度河北省地下水超采综合治理试点种植结构调整和农艺节水相关项目实施方案的通知》（冀农业财发〔2016〕37 号）和邢台市农业局、财政局《关于印发 2016 年度邢台市地下水超采综合治理试点种植结构调整和农艺节水相关项目实施方案的通知》（邢农联〔2016〕41 号）文件要求，2016 年平乡县在深层地下水超采严重的丰州镇、河古庙镇、田付村乡、寻召乡等乡镇开展休耕工作，适当压减依靠地下水灌溉的冬小麦种植面积，将冬小麦、夏玉米一年两熟种植模式，改为一季休耕、一季雨养种植模式（只种植一季雨热同季的春玉米等一年一熟作物），既减少灌溉用水，又能休养地力。2016 年平乡县开展季节性休耕工作的耕地面积共 5.1 万亩，采取按地补偿的方式，对每亩休耕地补助 500 元，补助资金共计 2550 万元。

6.2.2 数据来源

为了解河北省平乡县农户生计与休耕补偿的具体状况，课题组收集了研究区劳动力结构、社会经济发展状况、休耕政策以及当前耕地状况等基础信息，并通过实地问卷调查收集到了与休耕补偿相关的农户数据。农户实地调研是在综合考虑了平乡县各村的经济发展水平、休耕情况、劳动力结构等因素之后，选取具有典型代表性的村落，分层抽取 200 户样本农户进行调查。调查采用问卷调查与访谈相结合的形式，共发放问卷 200 份，回收有效问卷 183 份，有效问卷占 91.5%。问卷内容包括受访农户的家庭人口、性别、劳动力结构及其变动、耕地利用状况、生计来源、从事农业的投入和收益、各产业从业人员人均收入、休耕补偿现状等与休耕补偿息息相关的信息。研究区人口数据、劳动力结构数据、社会经济发展数据等来源于 2007~2016 年《平乡县统计年鉴》，休耕面积数据及相关政策信息来自《2016 年度平乡县地下水超采综合治理试点调整农业种植结构项目实施方案》。在对资料进行甄别、筛选、分析之后，构建了休耕补偿模型的数据集。

6.2.3　研究方法

（1）采用机会成本法确定一季休耕的补偿标准

以耕地作为生计来源的农户休耕的机会成本近似于种植农作物的总收益与总成本之差，其计算式为

$$E_1 = \mathrm{Pri} \times \mathrm{Per} - \beta_1 - \beta_2 - \beta_3 - \beta_4 - \beta_5 - \beta_6 \tag{6-1}$$

式中，Pri 为出售农产品价格（元/kg）；Per 为作物单产（kg/亩）；β_1 为种子投入成本（元/亩）；β_2 为农药投入成本（元/亩）；β_3 为种子灌溉投入成本（元/亩）；β_4 为化肥投入成本（元/亩）；β_5 为机械投入成本（元/亩）；β_6 为劳动力投入成本（元/亩）。其中，劳动力投入成本 β_6 通过劳动力的影子工资（φ，元/工日）乘以单位劳动力投入（ω，工日/亩）来计算，即

$$\beta_6 = \varphi \times \omega \tag{6-2}$$

φ 通常等于边际农业收入：

$$\varphi = \eta \times W / L \tag{6-3}$$

式中，W 为农业总收益（元）；L 为农业劳动总投入（工日）；η 为劳动投入的弹性系数，利用柯布–道格拉斯生产函数进行估计（都阳，2000），模型如下：

$$\ln W = \alpha + \psi \times \ln A + \eta \times \ln L + \theta \times \ln C + \sum(\delta \times Z) + \varepsilon \tag{6-4}$$

式中，α 为常数项；A、L 和 C 分别为土地、劳动力和资本投入；ψ、η 和 θ 分别为对应的弹性系数；Z 为影响农业总收益的耕作条件、劳动力特征等外部因素；δ 为对应的系数；ε 为残差项。

转向非农产业的农户休耕的机会成本为休耕期间放弃流转土地所损失的收益，计算式可表达为

$$E_2 = J \times M \tag{6-5}$$

式中，J 为土地流转价格（元/亩）；M 为冬小麦生长期占全年的比例。

（2）劳动力动态转移补偿模型

随时间推移，农村劳动力就业结构由以农业为主向以非农为主转变，本章以2016年为基准起始年，根据研究区前十年的农业劳动力转移情况，将模型中劳动力转移率设定为ξ，则每年非农产业的劳动力数量为

$$F_2 = F_0 + F \times \xi \times (n - 2016) \qquad (6\text{-}6)$$

式中，F为基准年休耕农户总劳动力数量；F_0为基准年非农劳动力数量；n为当年的年份值，$n = 2016，2017，2018，\cdots$。其中，$F$未有明确的统计资料，因此采取以下方法进行测算：

$$F = S/Q \qquad (6\text{-}7)$$

式中，S为休耕总面积（亩）；Q为人均耕地面积（亩），其中Q采用耕地总面积（H，亩）除以乡村劳动力资源数（V，人）求得，计算式如下：

$$Q = H/V \qquad (6\text{-}8)$$

每年农业劳动力数量F_1为

$$F_1 = F - F_2 \qquad (6\text{-}9)$$

结合式（6-1）、式（6-6）、式（6-7）、式（6-9），可构建劳动力转移补偿模式中各年休耕补偿的成本为

$$C_n = (E_1 \times F_1 + E_2 \times F_2) \times Q \qquad (6\text{-}10)$$

6.3　结果与分析

6.3.1　农业劳动力转移状况

在农户生计视角下，农户就业结构是影响休耕补偿的重要因素。目前平乡县农业以传统的小农经济为主导，多以家庭为单位进行农业活动，规模化程度低，农业经营效率不高，农业劳动力收入远不如非农劳动力收入，因此，从事非农产业成为更多农村劳动力的就业选择。为分析平乡县劳动力就业结构的变动情况，本章统计了平乡县2006~2015年的劳动力就业数据，结果表明：十年间，研究区农业劳动力的比例显著下降，截至2015年，农业劳动力比例还不到40%，而非农劳动力比例逐渐上升，2009年所占比例已超过农业劳动力，截至2015年，其所占比例超过60%，就业结构以非农劳动力为主。但由于研究区经济发展水平较低，农业所占比例较大，非农产业尚不发达，农业劳动力转移速度较为平缓，劳动力转移率近似于一个常数。通过分析研究区多年来的农业劳动力转移状况，得出其年平均农业劳动力转移率为3.02%。

6.3.2　休耕补偿标准的确定

在经济理性准则下，农户是否采取休耕行动取决于净收益是否大于零，对于不同生计来源的农户来说，休耕的机会成本并不一致，休耕补偿抵消休耕负外部性的临界值亦存在差异。根据实地调查及入户访谈获取的资料，研究区内以耕地为主要生计来源的农业劳动力若选择休耕，则耕作制度将由冬小麦-夏玉米一年两熟制变为春玉米一年一熟制。由于夏玉米与春玉米收益大体相等，农户休耕的机会成本近似于放弃种植冬小麦所损失的收益。即若要使农业劳动力主动休耕，其休耕补偿标准应不低于该值。而转向非农产业的劳动力多是青壮年劳动力，身体素质、学习能力等都高于平均水平，转移到非农产业后几乎不会再从事农耕活动，因此农业收入占比非常低，也不会考虑休耕对于种植农作物的影响。但由于这部分劳动力拥有土地承包经营权，本着利益最大化原则，闲置的土地可通过流转获得收益，当休耕补偿大于或等于流转土地收益所得时，这部分劳动力就会选择休耕。因此，按照生计来源的异质性，研究区休耕补偿的对象可划分为农业劳动力和非农劳动力两类。

研究区内农业劳动力休耕的机会成本近似于种植冬小麦的纯收益，也就是冬小麦总收益与冬小麦总成本之差。基于调研数据，利用柯布-道格拉斯生产函数进行回归分析后得出，研究区农业劳动力的平均影子工资为46.2元/工日，再结合式（6-1）计算出冬小麦的纯收益为443.2元/亩，具体见表6-1。而农业劳动力机会成本为休耕期内流转土地的收益，调研表明平乡县平均土地流转价格为368.4元/亩，结合式（6-6）计算出非农劳动力在休耕期间所损失的土地流转收益，可得非农劳动力的平均休耕机会成本为231.4元/亩，如表6-2所示。

表6-1　农业劳动力机会成本

农产品价格（元/kg）	作物单产（kg/亩）	种子投入成本（元/亩）	农药投入成本（元/亩）	种子灌溉成本（元/亩）	化肥投入成本（元/亩）	机械投入成本（元/亩）	劳动力投入成本（元/天）	农业劳动力机会成本（元/亩）
2.4	450	75.8	31.9	162.6	169.6	150.7	46.2	443.2

表6-2　非农劳动力机会成本

土地流转价格（元/亩）	冬小麦生长期占全年的比例（%）	非农劳动力机会成本（元/亩）
368.4	0.628	231.4

6.3.3 劳动力转移补偿模式分析

在劳动力转移补偿模式中，农户生计异质性与劳动力就业结构变动是影响补偿总额的决定性因素。农业劳动力越来越趋向于向非农产业转移，以2016年为基准年，预计在未来十年间，休耕农户中转移到非农产业的农业劳动力可达5624人，致使农业劳动力比例由基准年的32.7%下降到2025年的5.5%，农业劳动力补偿总额亦呈明显的下降趋势，将从基准年的739.1万元下降至2025年的124.7万元。2016~2025年，非农劳动力比例由67.3%增加到94.5%，非农劳动力补偿总额也相应升高，将从794.5万元增加到1115.2万元。但由于非农劳动力的机会成本远小于农业劳动力，随着非农劳动力比例上升，休耕补偿总额明显下降，总体将从基准年的1533.6万元下降至2025年的1239.9万元（图6-1、图6-2）。

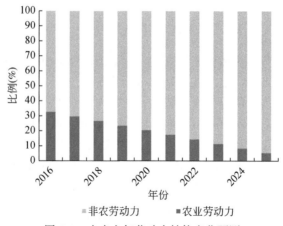

图6-1 未来十年劳动力结构变化预测

从未来十年间的测算数据来看，在休耕面积不变的情况下，每年按地补偿模式的休耕补偿总额固定为2550万元，而基准年劳动力转移补偿模式的补偿总额为1533.6万元，两者绝对值之差为1016.4万元；2024年劳动力转移补偿模式的补偿总额将不及现行按地补偿模式总额的1/2，到2025年，劳动力转移补偿模式的补偿总额将降至1239.9万元，两者绝对值之差增至1310.1万元。并且随着农业劳动力的转移，非农劳动力在就业结构中的重要地位日渐显现，按地补偿模式与劳动力转移补偿模式差距的增速也逐渐加快。由图6-2可知，2016~2020年，按地补偿模式补偿总额与劳动力转移补偿模式补偿总额的差距由0.7倍增长到0.8倍，平均增速为每年2.5%；2021~2025年，两者差距由0.9倍增长到1.1

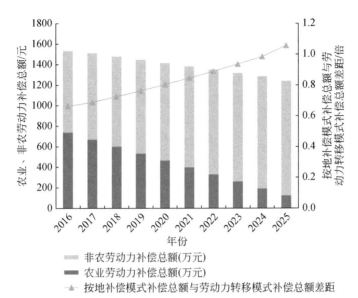

图 6-2　劳动力转移补偿模式下研究区休耕补偿变化

倍，平均增速为每年 5%。可见，由于未考虑农户生计来源变动，两种补偿模式的补偿总额绝对值差距不断增大。

6.4　本章小结

6.4.1　讨论

本章从农户生计异质性视角出发，将河北省平乡县的休耕补偿对象分为农业劳动力和非农劳动力，运用机会成本法分别计算他们在休耕期间所损失的机会成本，并以 2016 年为基准年，估算未来十年研究区劳动力就业结构变化，由此建立劳动力转移补偿模式。

1）与当前"一刀切"的休耕补偿标准相比，区分农户生计来源的异质性，可根据不同生计来源农户休耕的机会成本，更加准确地进行休耕补偿。目前平乡县实行休耕政策的国家补偿标准为 500 元/亩，而经过计算，无论是农业劳动力还是非农劳动力，因休耕所损失的收益均小于现今的补偿标准，特别是非农劳动力，其所损失的机会成本与当前补偿标准相差较大。这说明，当前的休耕补偿不仅未能着重补贴到农业劳动力上，切实增加农业劳动力收入，发挥农业劳动力休耕的主导作用，反而使得非农劳动力在休耕中获益更多，拉大了农业劳动力与非农劳动力的收入差距。

2）休耕补偿作为休耕制度的重要组成部分，为保护国家粮食安全，促进农业经济可持续发展，需将补偿重点落到真正以耕地作为生计来源的农户上，根据农户生计来源的异质性，制定差异化的补偿策略。根据本章的研究结果，在不考虑市场价格变化的条件下，建议将河北省农业劳动力的补偿标准设定为443.2元/亩，非农劳动力的补偿标准设定为231.4元/亩。目前的研究未区分农户生计来源异质性，因此得出的多是统一的休耕补偿标准。谢花林和程玲娟（2017）对河北省衡水市休耕冬小麦的补偿标准建议是518元/亩，而王学等（2016）对河北省沧县冬小麦的补偿标准建议是350元/亩，可能与调研地区冬小麦市场价格及劳动力成本有较大的关系。

3）当前国家制定的休耕补偿是按休耕面积进行补偿，并未考虑农户的生计异质性和动态性。虽然这种休耕补偿模式在执行层面上来看方便易行，但随休耕政策广泛推行，休耕面积逐步扩大，补偿总额将迅速增加。当前由政府对农户进行补偿的休耕补偿，巨大的休耕补偿总额无疑加重了政府的财政负担，难以高效地达成预期目标。因此在政策制定过程中，除考虑执行难易程度外，更应该综合考虑政策导向、财政情况等因素，以达到最高的补偿效率。

4）本章以河北省平乡县的数据为基础，将各年劳动力转移率设为定值，并假设未来十年间休耕面积不变，以此为前提构建动态的劳动力转移补偿模式。然而具体来看，劳动力转移率受户籍政策、社会经济发展等因素的影响，并非一成不变，休耕面积也会随政策、生态环境状况而进行调整，未来在数据条件允许的情况下，应考虑这些因素的变化，按实际情况对本研究的劳动力转移补偿模型进行修正。

6.4.2 结论

通过上述研究，得到如下主要结论：

1）在休耕期内，农业劳动力与非农劳动力的机会成本存在明显区别，农业劳动力休耕的机会成本为443.2元/亩，非农劳动力休耕的机会成本为231.4元/亩，两者均小于当前国家制定的500元/亩的休耕补偿标准。

2）在劳动力转移补偿模式中，以2016年为基准年，随着研究区劳动力结构的变化，未来十年农业劳动力补偿总额将从基准年的739.1万元下降至124.7万元，非农劳动力补偿总额将从基准年的794.5万元增加到1115.2万元，休耕补偿总额将从基准年的1533.6万元下降至1239.9万元。

3）当前的休耕补偿不仅未能着重补贴到农业劳动力上，切实增加农业劳动力收入，发挥农业劳动力休耕的主导作用，反而拉大了农业劳动力与非农劳动力的收入差距，同时也增加了政府财政负担，使得休耕补偿效率较低。

参 考 文 献

陈会广，吕悦.2015.基于机会成本与 Markov 链的耕地保护补偿基金测算——以江苏省徐州市为例［J］.资源科学，37（1）：17-27.

代明，刘燕妮，陈罗俊.2013.基于主体功能区划和机会成本的生态补偿标准分析［J］.自然资源学报，28（8）：1310-1317.

戴其文，赵雪雁.2010.生态补偿机制中若干关键科学问题——以甘南藏族自治州草地生态系统为例［J］.地理学报，65（4）：494-506.

丁冰.1993.当代西方经济学原理［M］.2版.北京：经济学院出版社.

都阳.2000.影子工资率对农户劳动供给水平的影响——对贫困地区农户劳动力配置的经验研究［J］.中国农村观察，（5）：36-42.

韩鹏，黄河清，甄霖，等.2012.基于农户意愿的脆弱生态区生态补偿模式研究——以鄱阳湖区为例［J］.自然资源学报，（4）：625-642.

胡振通，柳荻，孔德帅，等.2017.基于机会成本法的草原生态补偿中禁牧补助标准的估算［J］.干旱区资源与环境，31（2）：63-68.

李文华，刘某承.2010.关于中国生态补偿机制建设的几点思考［J］.资源科学，32（5）：790-796.

李晓光，苗鸿，郑华，等.2009a.机会成本法在确定生态补偿标准中的应用——以海南中部山区为例［J］.生态学报，29（9）：4875-4883.

李晓光，苗鸿，郑华，等.2009b.生态补偿标准确定的主要方法及其应用［J］.生态学报，29（8）：4431-4440.

廖和平，王玄德，沈燕，等.2011.重庆市耕地保护区域补偿标准研究［J］.中国土地科学，25（4）：42-48.

刘某承，熊英，白艳莹，等.2017.生态功能改善目标导向的哈尼梯田生态补偿标准［J］.生态学报，37（7）：2447-2454.

龙瑞军.2013.藏北高寒草地生态补偿机制与方案［J］.生态学报，33（11）：3404-3414.

马爱慧，蔡银莺，张安录.2012.耕地生态补偿相关利益群体博弈分析与解决路径［J］.中国人口·资源与环境，22（7）：114-119.

曼昆 N G.2000.经济学十大原理［J］.中国集体经济，（6）：26-32.

欧阳志云，郑华，岳平.2013.建立我国生态补偿机制的思路与措施［J］.生态学报，33（3）：686-692.

陶建格.2012.生态补偿理论研究现状与进展［J］.生态环境学报，21（4）：786-792.

王迪，聂锐，王胜洲.2012.耕地保护外部性及其经济补偿研究进展［J］.中国人口·资源与环境，22（10）：131-136.

王军锋，侯超波.2013.中国流域生态补偿机制实施框架与补偿模式研究——基于补偿资金来源的视角［J］.中国人口·资源与环境，23（2）：23-29.

王学，李秀彬，辛良杰，等 . 2016. 华北地下水超采区冬小麦退耕的生态补偿问题探讨 ［J］. 地理学报，71（5）：829-839.

魏玲，张安录，望晓东 . 2011. 农地城市流转中福利变化研究进展综述 ［J］. 中国土地科学，25（3）：90-96.

谢花林，程玲娟 . 2017. 地下水漏斗区农户冬小麦休耕意愿的影响因素及其生态补偿标准研究——以河北衡水为例 ［J］. 自然资源学报，32（12）：2012-2022.

雍新琴，张安录 . 2012. 基于粮食安全的耕地保护补偿标准探讨 ［J］. 资源科学，34（4）：749-757.

张皓玮，方斌，魏巧巧，等 . 2015. 区域耕地生态价值补偿量化模型构建——以江苏省为例 ［J］. 中国土地科学，29（1）：63-70.

赵翠薇，王世杰 . 2010. 生态补偿效益、标准——国际经验及对我国的启示 ［J］. 地理研究，29（4）：597-606.

Baghayipour M，Foroud A A. 2013. A new market clearing mechanism，based on comprehensive welfare，allocation，considering participants' optimality，efficiency，and extent，of transmission use ［J］. European Transactions on Electrical Power，23（8）：1335-1364.

Baliamoune M. 2004. On the Measurement of Human Well-Being：Fuzzy Set theory And Sen's Capability Approach ［R］. Helsinki：UNU World Institute for Development Economics Research.

Börner J，Wunder S，Wertzkanounnikoff S，et al. 2010. Direct conservation payments in the Brazilian Amazon：Scope and equity implications ［J］. Ecological Economics，69（6）：1272-1282.

Cho H，Choe H，Kim M. 2013. A study on willingness-to-pay for financial planning ［J］. Journal of Consumer Studies，24（1）：71-98.

Chomitz K M，Alger K，Thomas T S，et al. 2005. Opportunity costs of conservation in a biodiversity hotspot：The case of southern Bahia ［J］. Environment & Development Economics，10（3）：293-312.

Craig L A. 2007. Paying for the environmental services of silvopastoral practices in Nicaragua ［J］. Ecological Economics，64（2）：374-385.

Cranford M，Mourato S. 2011. Community conservation and a two-stage approach to payments for ecosystem services ［J］. Ecological Economics，71（1）：89-98.

Dent C J，Bialek J W，Hobbs B F. 2011. Opportunity cost bidding by wind generators in forward markets：Analytical results ［J］. IEEE Transactions on Power Systems，26（3）：1600-1608.

Dobbs T L，Pretty J N. 2008. Case study of agri-environmental payments：The United Kingdom ［J］. Ecological Economics，65（4）：765-775.

Engel S，Pagiola S，Wunder S. 2008. Designing payments for environmental services in theory and practice：An overview of the issues ［J］. Ecological Economics，65（4）：663-674.

Gowdy J M. 2004. The Revolution in welfare economics and its implications for environmental valuation and policy ［J］. Land Economics，80（2）：239-257.

Hitzhusen F，van Kooten G C. 1994. Land Resource Economics and Sustainable Development：Economic Policies and the Common Good ［J］. American Journal of Agricultural Economics，

76（2）：337-341.

Kalacska M，Sanchez-Azofeifa G A，Rivard B，et al. 2008. Baseline assessment for environmental services payments from satellite imagery：A case study from Costa Rica and Mexico［J］. Journal of Environmental Management，88（2）：348-359.

Kim T，Kim S H，Chae B C，et al. 2017. An approach to the estimation of the loss in social welfare caused by information asymmetry between principal and agent within a supply chain［J］. Journal of the Korean Society of Supply Chain Management，17（1）：23-29.

Macmillan D C，Harley D，Morrison R. 1998. Cost-effectiveness analysis of woodland ecosystem restoration［J］. Ecological Economics，27（3）：313-324.

Muradian R，Corbera E，Pascual U，et al. 2010. Reconciling theory and practice：An alternative conceptual framework for understanding payments for environmental services［J］. Ecological Economics，69（6）：1202-1208.

Ohl C，Drechsler M，Johst K，et al. 2008. Compensation payments for habitat heterogeneity：Existence，efficiency，and fairness considerations［J］. Ecological Economics，67（2）：162-174.

Pagiola S，Ramírez E，Gobbi J，et al. 2007. Paying for the environmental services of silvopastoral practices in Nicaragua［J］. Ecological Economics，64（2）：374-385.

Roe B，Irwin E G，Morrow-Jones H A. 2004. The effects of farmland，farmland preservation，and other neighborhood amenities on housing values and residential growth［J］. Land Economics，80（1）：55-75.

Swait J，Adamowicz W，van Bueren M. 2004. Choice and temporal welfare impacts：Incorporating history into discrete choice models［J］. Journal of Environmental Economics & Management，47（1）：94-116.

Zhang J C，Wang J H，Gu X H，et al. 2011. An ecological based sustainability assessing system for cropping system［J］. Mathematical and Computer Modelling，54（3-4）：1160-1166.

第7章 中国耕地差异化休耕模式及技术措施探讨

现阶段由中央政府组织开展的耕地休耕制度实施刚起步，地方的自主休耕实践日渐丰富，休耕模式受到了广泛关注。刘世平和庄恒扬（1996）对苏北地区轮作优化模式进行了研究，邢福等（2011）从政策保障、理论指导和技术支撑三个方面论述了实行草田轮作的可行性，分析了中国两次"种草高潮"的经验得失，提出了农业结构优化、草田轮作模式构建与示范以及满足草田轮作需要的作物及牧草品种选育等建议。2008~2012年，中国科学院东北地理与农业生态研究所在松辽平原中部的吉林省德惠市进行轮作休耕试验，三年一个耕作周期，四年一个轮回。试验表明，与长期连作相比，轮作休耕有利于积累土壤有机质，缓解土质酸化，遏制黑土退化（邓琳璐，2013）。2008~2011年，中国科学院红壤生态实验站在江西省鹰潭市建立秸秆还田和休耕试验田，结果表明休耕能够很好地维持或提高土壤养分含量，添加秸秆能显著增加土壤养分。本章重点构建休耕模式分析框架，并根据中国当前实施耕地休耕制度试点地区耕地利用面临的问题提出差异化的休耕模式及技术措施。

7.1 休耕模式分析框架

7.1.1 休耕模式的内涵

模式是指事物的标准样式，其实质是解决某一类问题的方法论，把解决某类问题的方法总结归纳到理论高度，就称其为模式（陆岷峰和张兰，2010）。目前，相关研究中使用"休耕模式"一词的频次较高，但对其概念的探讨和界定还较为欠缺。本研究在"模式"定义的基础上，结合休耕模式的内容构成界定其内涵。休耕模式是指休耕制度主体以提高耕地地力为目的，基于因地制宜，保障粮食安全、巩固产能，社会、经济及生态效益三位一体，以及"休、养、用"统一等原则而采取的具有普遍性、代表性及可操作性的休耕形式，或者可供他人重复操作的标准样式。休耕模式需基于不同区域休耕实践过程中休耕地面临问题、治理方式、休耕培肥作物类型、休耕时间安排及翻耕方式等技术措施进行设计。

7.1.2　国外休耕模式总结

国外学者从多个角度对休耕模式进行了研究。一是休耕中动物群落的研究。Toivonen 等（2016）研究了休耕地蝴蝶和大黄蜂群落组成的生态位宽度和扩散能力改变对休耕类型和景观的响应；de Frutos 等（2010）分析了在西班牙西北部休耕对于黄爪隼栖息地保护的重要性。二是休耕期土地利用模式变化的研究。Börner 等（2007）从治理生态退化和改善农村福利的技术与政策选择方面研究了巴西东部亚马孙地区采用休耕替代刀耕火种的方案；Zeleke 等（2014）研究了以水土保持为目的的休耕期作物留茬管理的田间试验与模拟；Lojka 等（2008）通过建模对秘鲁地区种植豆科作物的休耕地生物物理指标和经济性能进行评估。三是休耕中关于微量元素以及土壤肥力变化的研究。Chmolowska 等（2017）对休耕土壤和牧场土壤中纤维素的分解速度进行对比分析，认为休耕土壤中硝酸盐和磷酸盐含量较高，促进了纤维素的分解速度；de Cara 等（2011）采用经济模型分析了麦茬轮作夏季休耕管理当中减少全蚀病和氮素淋失的经济效应；Szott 等（1999）研究了湿润和半湿润热带地区在种植和休耕期间生态系统肥力的变化；Kintché 等（2015）利用多哥北部单模降雨区 40 年的试验资料，分析了花生、棉花和高粱三年轮作和二年、三年休耕交替的土壤肥力动态变化；van Noordwijk（1999）运用"Trenbath"模型两个参数来描述休耕期间土壤肥力的积累状况，指出在土壤肥力恢复其最大值的 50% ~60% 后，通过开始新的种植期，可以获得每单位土地的最高产量；Mekonnen 等（1997）将树木与作物结合分析田菁休耕肥地作物、天然休耕杂草和玉米田三种不同土地使用系统中根系和无机氮分布情况；Moreels 等（2003）在比利时佛兰德斯的 Wijlegem 集水区，使用 4 种硝酸盐浸出模型模拟在比利时佛兰德斯 Wijlegem 集水区休耕地的裸休土壤中硝酸盐浸出状况。四是不同休耕模式对农作物产量的影响评估。Srivastava 等（2012）基于 EPIC 模型的多情景分析法估算了不同休耕时长对山药产量的影响；Gaiser 等（2010）将作物模型评估尺度从田间提升到国家或全球尺度，评估采用环境政策综合气候模型对耕地休耕后玉米产量的敏感性。五是休耕过程中各类气体元素排放与储存研究。Xu 和 Hosen（2010）研究休耕季节土壤含水量和稻草结合对休耕期间及下一个水稻种植季节 CH_4 排放的影响；Silatsa 等（2017）研究了在喀麦隆中部不断变化的农业景观中，在休耕和可可农林系统下模拟碳储存动态；Mobbs 和 Cannell（1995）研究了在休耕系统的树木和作物阶段使用氮循环模型来确定影响长期作物产量的主要因素。六是基于各类模型方法的休耕地管理研究。Schroers 等（2009）利用 MODIS 影像资料探讨测绘休耕地管理实践的潜力；Walker 等（2008）在肯尼亚的 10 年双模降雨环境中，使用 WaNuLCAS 模型模拟了 6 次休耕作物轮作，提出不同限制因素对休耕策略选择的影响；Chen 等（2014）通过采用不同河流入水超支概率下的休耕地优化模型，确定了旱区在早期评价稻田多功能效益的最佳休耕地点和面积，并且随着灌溉区域向下游转移，休耕面积增加；Batabyal 和 Nijkamp（2009）采用随机模型分析瑞士农业在休耕与不休耕时的状态。

总体来看，国外研究主要从微观层面和宏观层面来划分休耕模式，微观层面主要从动物栖息地变化和土壤微量元素及各类排放物变化来划分，宏观层面主要从绿肥作物种植与产量变化及耕作模式变化来划分（图 7-1）。

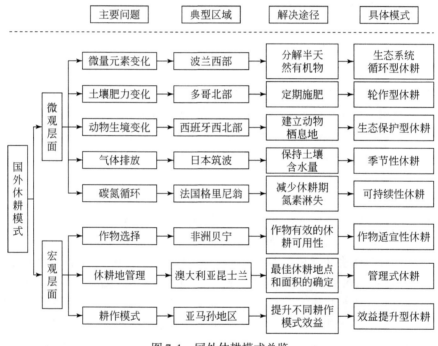

图 7-1　国外休耕模式总览

1）微观层面上，根据休耕所涉及的微量元素变化、土壤肥力变化、动物生境变化、气体排放及碳氮循环等，将休耕模式划分为生态系统循环型休耕、轮作型休耕、生态保护型休耕、季节性休耕和可持续性休耕等。

2）宏观层面上，根据休耕所涉及的作物选择、休耕地管理、耕作模式等，将休耕模式划分为作物适宜性休耕、管理式休耕、效益提升型休耕等。

7.1.3　中国休耕模式建立的原则与思路

1）因地制宜的原则。此处因地制宜包含两层意思，一方面是因中国自然地理、社会经济发展及耕地利用问题等差异显著，不同区域地形地貌、水热状况、土壤类型、社会经济差别较大，土地污染情况不同等，将休耕区域划分为地下水漏斗区、生态严重退化及耕地污染区等，选择最为有效的休耕模式进行耕地休养生息。另一方面是根据耕地地力本身的状况来决定是否参与耕地休耕以及休耕时序、时长。

2）坚持保障粮食安全、巩固产能的原则。保障粮食安全是进行休耕的前提，不能因为实施耕地轮作休耕而减少粮食生产量，影响粮食安全，要在确保"吃饭有保障、粮食有安全"的前提下实行轮作休耕（黄国勤和赵其国，2017）。在保障国家粮食安全的基础上，再对如何休耕、选择何种休耕模式等进行探讨。

3）社会、经济及生态效益三位一体原则。实行耕地休耕制度，涉及休耕主体、客体及制度本身，因此，需要协调好三者之间的关系。首先，实行耕地休耕制度需要对农户进行适当的经济补偿，不能因实行休耕而降低农户原有的生计水平；其次，休耕需要保证耕地地力提升、生态修复的初衷；最后，应在经济效益及生态效益的基础上体现休耕所带来的长远社会效益，如实现绿色发展、食品安全以及农业可持续发展等。

4）休耕地"休、养、用"统一的原则。耕地休耕作为一项制度要顺利运行就得协调好"休、养、用"之间的关系，休耕地的"休、养、用"是有机统一的整体。从长期来看，"休"和"养"是手段，"用"是目的，即休养的最终目的是遏制土地退化，并培肥地力，以更好地满足"用"的需求。从短期看，休耕是一种特殊的土地利用方式，在休耕期间，"休"是手段，"养"是目的，而"用"是连接"休"和"养"之间的桥梁。休耕不是撂荒，需要加以科学管护，但不管采取何种休耕模式，都涉及培肥作物种植，当国家减少对农户休耕补偿后，仅实行"休"和"养"是不够的，还需要配合"用"这一桥梁，种植一些既具有经济效益同时又能培肥地力的作物，实现耕地休耕和提升农户生计水平的双赢，实现休耕效益最大化。

7.1.4　中国差异化休耕模式构建的分析框架

7.1.4.1　理论基础

耕地休耕模式构建受休耕制度运行的行为主体（农户等）、行为客体（耕地自身特点）等多种因素影响。与休耕模式构建密切相关的主要理论有博弈论、农户行为理论、资源环境承载力理论及地域分异理论等。①博弈论。各级政府、农户、公众等在休耕制度实施中的利益博弈及角色扮演对休耕模式选择会产生影响，中央政府主要负责制定休耕计划、编制休耕总体方案等；地方政府主要负责休耕工作的组织、指导及协调；集体经济组织及农户主要负责休耕工作落实；公众则主要负责监督等，在此过程中，对休耕模式选择产生重要影响。②农户行为理论。农户决策行为决定其是否愿意休耕、如何休耕。③资源环境承载力理论。耕地的生态环境、土壤养分、水分等承载力是否超载，决定是否需要休耕。④地域分异理论。自然环境条件决定区域模式，社会经济及技术条件等决定采用何种技术措施。

7.1.4.2　差异化休耕模式构建的分析框架

实行耕地休耕制度是贯彻落实绿色发展理念、"藏粮于地""藏粮于技"战略的重大举措，其根本目标是恢复地力、提升耕地质量、促进耕地生态健康和可持续利用。中国幅员辽阔，自然地理环境、社会经济条件、人地关系状况、资源环境承载力及耕地利用等问题差异显著，休耕模式是休耕制度顺利运行的关键环节，需在综合考虑上述因素的基础上有针对性地进行模式设计。

中国耕地休耕模式设计受到制度主体、制度客体及制度环境等因素的影响，不同区域的影响因素既有相似之处，又有明显的区域差异，需根据其相似特征和区域差异设计休耕模式。①休耕制度主体包括政府、农业企业（合作社）、农户及集体经济组织，其在休耕制度实施中存在博弈过程，特别是在休耕模式设计的技术措施方面表现较为明显，如选取何种休耕培肥作物，会对农户生计、培肥地力等产生一定影响。②休耕制度客体，即耕地本身的条件及特点，是休耕模式设计需要重点考虑的对象，涉及耕地利用面临的不同问题，如利用强度、土壤养分、水分、耕地污染等；自然环境本底差异，如气候条件、水土流失、生态退化等；耕作制度差异，如各地区的耕作方式、习惯及熟制等存在较大差异；资源环境承载力差异，如耕地的水资源、生态环境等的承载力。③休耕制度环境，主要是指中国农地实行家庭联产承包责任制，以及在此基础上形成的耕地细碎化特征和小农经营方式，该制度环境决定了中国休耕模式设计不能直接套用西方模式，需充分结合中国特有的休耕制度环境进行模式设计。在对休耕制度主体、制度客体及制度环境等影响因素综合分析的基础上，有针对性地设计出能有效解决不同问题的休耕模式，具体包括模式类型及名称、模式内涵、模式技术措施、模式适用区域以及典型案例区（图7-2）。不同的休耕模式因面临的主要问题不同而有差异化的休耕方式，但每一种模式均涉及具有共性的技术措施，如休耕时间安排、休耕培肥技术、休耕翻耕技术及试验示范技术等。

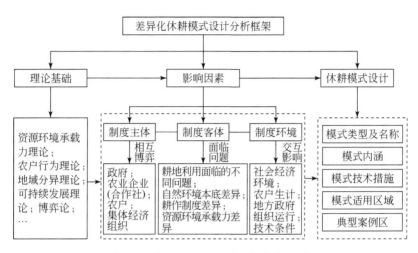

图 7-2 差异化休耕模式设计分析框架

7.2 中国差异化休耕模式设计及技术措施

7.2.1 中国差异化休耕模式

中国国情复杂、地情差异显著，但耕地利用存在的问题又有一定的共性，针对不同共性问题设计差异化的休耕模式，对中国全面实施休耕制度意义重大。本章将从解决耕地利用问题的角度提出不同的休耕模式设计方案，主要包括地下水漏斗区、土地污染区、生态严重退化区、耕作过度集约化区及耕地撂荒严重区休耕模式。休耕模式设计包括模式类型及名称、模式内涵、模式适用区域及典型案例区（表 7-1）。

表 7-1 中国耕地差异化休耕模式

耕地利用问题类型	模式类型及名称	模式内涵	模式适用区域	典型案例区
地下水漏斗	节水保水型休耕	该模式主要针对由地下水过度抽取，引发地面沉降，导致耕地地力下降、生态环境恶化的耕地，探索实行"一季休耕、一季雨养"的节水保水型休耕模式	华北平原地下水漏斗区	河北省邢台市、广宗县、平乡县及巨鹿县等

耕地利用问题类型	模式类型及名称	模式内涵	模式适用区域	典型案例区
土地污染	清洁去污型休耕	该模式主要针对由采矿、发展工业等导致的耕地土壤污染，休耕的最终目的就是去污染、保证食品安全，模式设计以去除土壤污染物为核心目的	重金属污染区、有机物污染区	湖南省长沙市等
生态退化	生态修复型休耕	该模式主要针对由石漠化、荒漠化、盐碱化及土壤板结化等导致的耕地利用及生态问题，休耕的主要目的是恢复耕地生态环境、提高耕地质量	西南喀斯特石漠化区、西北干旱半干旱区	石漠化区主要有云南省石林县及砚山县；干旱半干旱区主要为甘肃省环县
耕作过度集约化	耕地地力保护型休耕	该模式主要针对由耕地长时间过度集约利用、高复种指数，导致耕地超负荷利用、地力退化的情况，探索实行保护现状地力的同时实施季节性休耕和循环休耕模式	东北黑土区、东南高复种指数连作区	主要为东北黑土区黑龙江省和东南高复种指数连作区江苏省等
耕地撂荒严重	耕地"流转+休耕"	该模式主要针对由农村人口大量迁出导致的耕地撂荒，通过在村农户、合作社或农业企业将撂荒耕地流转过来，配合休耕政策，实现耕地地力保护和减少撂荒	农村人口外流、耕地撂荒严重地区	南方山区耕地撂荒较为严重，如湖南省祁东县、耒阳市等

7.2.1.1　地下水漏斗区休耕模式

地下水漏斗区：节水保水型休耕模式。该区域地下水过度抽取，进而引发地面沉降、耕地地力下降及生态环境恶化等问题。该问题多发区域以华北平原冬小麦种植区域为主，诱因为地下水过度开采（柳获等，2018）。水资源是该区域的承载力短板因素，需科学合理计算农业水资源承载力，探索"一季休耕、一季雨养"节水保水型休耕模式，以种植节水作物为主。该模式适用区域为以抽取地下水灌溉的华北平原；典型案例区为河北省邢台市、广宗县、平乡县及巨鹿县等。主要依靠抽取地下水灌溉的冬小麦压减，只种植雨热同季的玉米、油料作物及对地下水消耗较小的杂粮等，休耕期间主要种植二月兰、紫云英、油菜等绿肥作物，不抽取地下水浇灌，在下茬作物种植前粉碎还田，减少地表裸露，培肥地力等。

7.2.1.2　土地污染区休耕模式

土地污染区：清洁去污型休耕模式。该区域采矿、发展工业等导致耕地土壤污染严重，其中重金属污染最难治理。休耕的最终目的就是去污染、保证食品安全。因此，休耕模式设计以去除土壤污染物为核心目的，主要选择对土壤重金属富集、吸收能力强的作物品种进行种植，如能源高粱、伴矿景天、花生、油葵等作物对重金属污染耕地有良好的去污修复作用（张慧芳等，2013）。另外，也可以通过改良土壤、投入土壤调理剂等手段进行修复（俞振宁等，2018）。适用区域为重金属污染区和有机物污染区；典型案例区为湖南省长沙市等。

7.2.1.3　生态严重退化区休耕模式

生态严重退化区：生态修复型休耕模式。该区域石漠化、荒漠化、盐碱化及土壤板结化等生态问题突出，休耕的主要目的是恢复耕地生态环境、提高耕地质量。生态严重退化区主要分布于西北干旱半干旱区和西南喀斯特石漠化区，其诱因有自然因素和人为因素，其中自然因素方面，西北地区因降水稀少引起干旱、荒漠化和盐碱化等问题（石飞等，2018），而喀斯特石漠化区主要由于大量喀斯特岩石分布形成；人为因素方面，西北地区主要是一年多茬耕作，以及化肥、农药等过度使用及不合理利用所致，石漠化地区因不合理利用活动而导致水土流失，形成极薄瘦地（杨庆媛等，2018）。因此，该区域需在生态环境承载力评价基础上，确定生态安全阈值，根据每个区域生态恶化的原因，设计行之有效的休耕模式。主要技术措施为：石漠化区休耕应减少土壤翻耕次数，以减少水土流失；可种植免耕绿肥及牧草，将畜牧业与休耕相结合；喀斯特地质景观与乡村旅游结合，实施草食畜牧业、土地整治与休耕、农旅结合等措施；干旱是西北地区最大的短板，可实施技术措施以调整种植结构，以改种防风固沙、涵养水分又具有培肥地力的作物为主。同时，水土流失较严重的区域应将耕地休耕与土地综合整治充分结合，在土地整治前将熟化的表土层剥离存放，待土地整治工程结束后，将表土回填，并进行休耕，以此达到水土保持和恢复地力的目的。该模式适用于干旱半干旱地区的荒漠区、盐碱地区及喀斯特石漠化区；典型案例区为西北干旱半干旱区的甘肃省环县和西南喀斯特石漠化区的云南省石林县及砚山县。

7.2.1.4　耕作过度集约化区休耕模式

耕作过度集约化区：耕地地力保护型休耕模式。该模式主要为粮食主产区，其耕地质量较高，但因长期过度集约化、超负荷利用，地力下降。该模式设计应在保护现状地力的基础上，安排一定比例的耕地循环休耕，逐渐培肥地力。中国耕作过度集约化区域主要分布于东北黑土区和东南高复种指数连作区。其中，东北黑土区是世界四大黑土片区之一，以高有机质和高肥力而著称，是中国重要的粮食生产基地，主要分布在黑龙江、吉林、辽宁及内蒙古东四盟等地，总面积

124.4×10⁴km²（韩晓增和邹文秀，2018）。黑土地开垦时间已有200余年，长时间过度集约利用，导致耕地地力退化严重，具体表现为黑土层变薄、土壤有机质含量降低、水土流失加剧、滥用化肥农药等。中国东南区域为东部季风区，地貌类型以平原和丘陵为主，由于雨热同期、光照充足，熟制为一年两熟或三熟，复种指数均较高，种植农作物以水稻、玉米、油菜等为主，一年四季耕地处于"连轴转"状态，该区域成为典型的"连作障碍区"。

针对常年耕作且复种指数较高、过度使用的耕地，休耕模式设计以季节性休耕为主。中国华北大部分地区复种指数为120%～200%，河南省相对较高，部分县市超过200%（张志国，2011）；长江流域及华南地区复种指数为180%～250%（周立三，2007）。该类耕地长期超负荷耕作，处于"连轴转"状态，休耕模式设计应重点对复种指数较高的耕地实行季节性休耕，休耕季节种植绿肥作物，并对休耕农户发放补助（图7-3）。

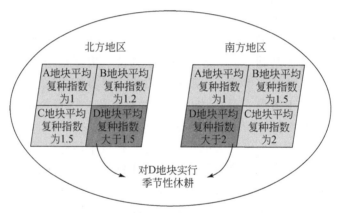

图7-3　"连轴转"耕地季节性休耕模式

7.2.1.5　耕地撂荒严重区休耕模式

耕地撂荒严重区：耕地"流转+休耕"模式。休耕是应对耕地利用问题的主动行为，其目的在于实现耕地利用方式由掠夺型向保护型转变，让受损的耕地休养生息、恢复健康；而耕地撂荒是因为城市化、工业化快速推进过程中农业比较利益降低而无法维持可持续生计，农户被迫放弃耕作，转向从事第二、第三产业的行为。休耕与耕地撂荒具有本质区别，休耕是国家战略化、组织化的制度安排，而撂荒是农户家庭生计决策后自发的、分散的行为，通过耕地"流转+休耕"模式，将休耕与耕地撂荒有机结合，既可以解决农户因外出务工无人种地养地的问题，又可为休耕制度的顺利实施提供条件。随着大量农村人口向城市转移，耕地撂荒现象越发明显，导致耕作区不连片、杂草蔓延、病虫鼠害增加，影响耕作地块正常经营，同时，还会危及耕地保有量和国家粮食安全。为了解决这一系列问题，政府应出台相应政策鼓励当地在村农户、合作社或农业企业将撂荒耕地流转过来，配合休耕政策，安排地力较差的地块进行休耕，并对转入耕地的农户、合作社或农业企业进行相应的补助。该模式的适用范围主要为耕地撂荒现象突出且耕作条件较好的区域，如平原、坝区及耕地质量较高的梯田等。农户将耕地直接撂荒则没有经济收入，同时会影响周边耕地的耕作，通过土地流转可在一定程度上减少撂荒现象，但如果农户将休耕与流转结合起来，将流入的一部分耕地进行休耕，一方面可以解决撂荒问题，另一方面可以获得相应休耕补助。而针对生态脆弱区、山区坡耕地等撂荒现象较为普遍的区域，应有计划、分步骤地实施退耕。该模式的优点包括：一是解决耕地撂荒及粮食安全问题；二是通过休耕可恢复地力；三是转入耕地的主体能够得到相应的补偿；四是转出耕地的农户可以获得流转收益，同时可以安心外出务工（图7-4）。

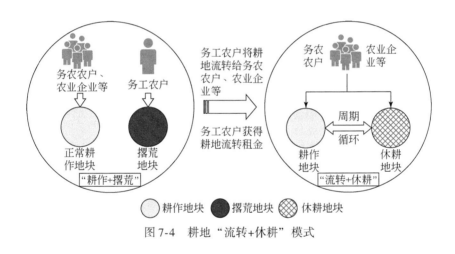

图7-4　耕地"流转+休耕"模式

7.2.2　休耕模式技术措施

休耕技术措施是指休耕工作实施过程中，为进一步提高耕地地力、耕地质量，改善耕地生态环境而采取的措施，包括休耕时间长短、休耕地培肥作物品种选择、翻耕方式及休耕试验示范区建设等具体内容。耕地休耕模式均涉及具有共性的休耕技术措施，归纳起来主要有休耕时长安排、休耕地培肥技术、休耕地翻耕技术及休耕试验示范技术等。

7.2.2.1 休耕时长安排

休耕时间太短，达不到培肥地力、恢复耕地生态等目的；休耕时间过长则影响农户生计，加重财政资金负担。因此，需要通过科学试验测算出不同区域、不同培肥技术的理想休耕时长。根据休耕时间长短、物候、季节及复种指数高低（Gaiser et al., 2010）等特征，将其划分为季节性休耕、长期休耕及短期休耕3种类型。长期休耕与撂荒较为相似，在我国为确保粮食安全一般不实行长期休耕，除非重金属污染确实难以种植农作物的地区可在实施一定治理措施后进行长期休耕，直到达到耕地安全要求为止（Xie et al., 2018）。我国目前主要实行三年期的短期休耕和季节性休耕，季节性休耕主要分布于华北平原，在山区、高寒地区等地力较差的区域较为常见，也存在农户自发性行为。

7.2.2.2 休耕培肥技术

培肥技术是根据自然环境、气候条件、土壤类型、水文条件及社会经济条件等因素，筛选适宜的培肥品种、组合类型及耕作方式而形成的技术措施。根据对全国不同休耕试点区域的调研情况，休耕培肥技术可以分为少耕肥豆轮作、免耕过腹还田、免耕净种绿肥、免耕肥草间套种、秸秆还田、增施有机肥（腐熟农家肥）及上述多种方式混合形成的培肥技术。

7.2.2.3 休耕地翻耕技术

休耕地翻耕是指休耕实施过程中围绕休耕本身开展的一系列操作性的、技术性的工作，主要包括对休耕地深松浅翻、深翻晒垡、旋耕保墒等技术措施。翻耕技术在西北干旱半干旱地区及西南石漠化地区基本相同，由于西南地区降水较为丰富，存在休耕期间不用翻耕的"免耕净种绿肥"方式。

休耕地翻耕技术措施以甘肃省环县为例，主要包括翻耕时间、深度、质量及作业机具等方面。休耕期间共深耕2次，第1次在3月土壤解冻后，第2次在绿肥作物粉碎还田后；翻耕深度以打破犁底层为原则，一般为30cm以上，各行深度误差为±2cm；翻耕质量达到"深、平、细、实"，漏耕率≤2.5%；作业机具采用深耕联合整地机进行深耕作业，满足绿肥播种和翻压的要求。

7.2.2.4 休耕试验示范技术

休耕试验示范技术是对休耕过程中涉及的系列技术进行集成试验和示范，包括休耕绿肥品种筛选试验、休耕时长试验、土壤指标测定试验、休耕对比示范等。开展休耕试验示范技术研究的目的是探索形成适合相应区域用地养地相结合的休耕技术体系，为大田推广休耕工作树立样板、建立典型、示范效应，为全面推广耕地休耕提供科学依据。

7.3　西南喀斯特石漠化地区生态修复休耕模式

7.3.1　休耕试点区概况

7.3.1.1　自然环境概况

石林县位于云南省东部，地理位置为 103°10′~103°41′E、24°30′~25°3′N，地处滇东高原腹地，距昆明市 78km，土地总面积 1682.16km²，其中，耕地面积 581.28km²，占土地总面积的 34.56%。县内高原起伏和缓，海拔多在 1700~1950m，主要地貌类型为山地，占比达 69%，平坝面积占比不足 15%。砚山县地处云南省东南部，文山州西部（图 7-5），地理位置为 103°35′~104°45′E、23°19′~23°59′N，土地总面积为 3826.57km²，其中耕地面积 1371.47km²，占土地总面积的 35.84%。县内地貌类型以山地为主，海拔多在 1080~2263m，其中，山地面积占 56%，丘陵面积占 29%，盆地面积占 15%。石林县和砚山县同属低纬高原山地季风气候，四季分明，日照充足，降雨充沛，是云南省石漠化最严重的区域（表 7-2）。

表 7-2　石林县和砚山县石漠化程度

石漠化程度	石林县		砚山县	
	面积（km²）	占比（%）	面积（km²）	占比（%）
轻度	196.58	40.65	73.32	8.50
中度	203.63	42.11	625.76	72.56
重度	53.78	11.12	159.37	18.48
极重度	29.58	6.12	3.92	0.46
合计	483.57	100.00	862.37	100.00

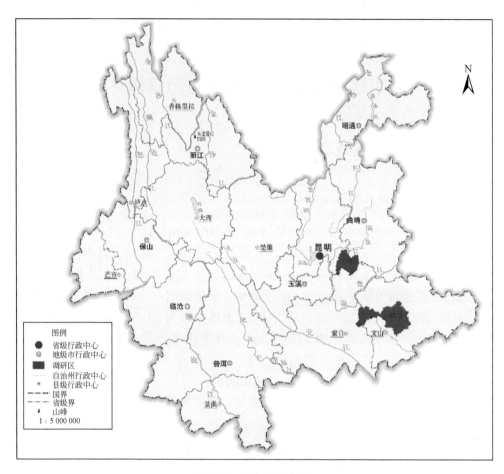

图 7-5　研究区示意图

7.3.1.2　社会经济概况

至 2016 年末，石林县辖 1 街道 3 镇 1 乡，人口 26.04 万人，居住着汉族、彝族、白族、壮族等 26 个民族，少数民族人口占总人口比例达 33.56%，人均耕地面积 0.23hm²。至 2016 年末，砚山县辖 4 镇 7 乡 3 个管理区 1 个农场，人口 49.71 万人，人均耕地面积 0.28hm²。第一产业在两个县的经济结构中占重要地位，2016 年三次产业结构分别为 24.9∶27.0∶48.1 和 22.1∶31.9∶46.0，第一产业占比均高于云南省平均水平[①]（表 7-3）。

———————————

① 2016 年云南省三次产业结构为 14.91∶38.38∶46.71。

表 7-3　试点县 2016 年社会经济概况

试点县	人口 （万人）	地区生产总值 （亿元）	城镇居民人均可 支配收入（万元）	农村居民人均可 支配收入（万元）	人均耕地面积 （hm²）
石林县	26.04	77.41	3.47	1.24	0.23
砚山县	49.71	110.85	2.74	0.89	0.28

注：数据来源于 2016 年石林县、砚山县统计年鉴、国民经济和社会发展统计公报

7.3.1.3　休耕试点情况

（1）石林县休耕试点情况

2016 年全县实施耕地休耕 666.67hm²，其中，鹿阜街道 400hm²（小密枝村 86.67hm²、松子园村 73.33hm²、螺蛳塘村 66.67hm²、林口铺村 133.33hm²、老挖村 40hm²），长湖镇 160hm²（雨胜村 93.33hm²、蓑衣山村 33.33hm²、海宜村 33.34hm²），西街口镇 66.67hm²（雨布宜村 33.33hm²、威黑村 33.34hm²），圭山镇蝴蝶村 40hm²（表 7-4）。具体情况如下：

鹿阜街道办小密枝村的 86.67hm² 休耕耕地位于石漠化地区，土地整治后农家肥投入不足，培肥措施落实不到位，加之部分地块属常年低产地。松子园村 73.33hm² 耕地位于石漠化地区，与小密枝村 86.67hm² 耕地连成一片，属常年低产地，加之土地离自然村较远，农家肥投入不足。螺蛳塘村 66.67hm² 耕地仍属于人均耕地面积较多地区，土壤有机质不足，肥力中下，影响粮食产量。林口铺村 133.33hm² 耕地属于人均耕地面积较高地区，长期农家肥施用不足，加之耕地外租过度开发，收回耕地后肥力不足。老挖村 40hm² 耕地属于典型的石漠化地区，土壤肥力中等偏上，但土壤有机质不足，持水能力低。

长湖镇雨胜村 93.33hm² 耕地属于典型的石漠化地区，土壤有机质严重不足，中微量元素偏低，常年植株长势较差，有较大的培肥增产潜力。蓑衣山村 33.33hm² 耕地属典型的石漠化地区，土壤有机质严重不足，中微量元素偏低。海宜村 33.34hm² 耕地由于距离村落较远，农家肥长年施用不足，土壤肥力较低。

西街口镇雨布宜村 33.33hm² 耕地中有一半位于大雨布宜组，土壤整治、培肥措施不足，土壤有机质不足，肥力较差；另一半位于茂舍祖组，属常年低产地，因该村土地多、人口少，农家肥投入严重不足，土地处于中等以下肥力状态。威黑村 33.34hm² 耕地距离村所在地较远，农家肥投入不足，土壤肥力差。

圭山镇蝴蝶村 40hm² 耕地位于 2200m 高海拔地区，土壤内在质量中等，但由于种植中药材，有机肥投入不足，土壤出现退化板结。

表7-4 2016年云南省石林县休耕试点分布情况

县	镇街道	村	面积（hm²）
石林县	鹿阜街道	小密枝村	86.67
		松子园村	73.33
		螺蛳塘村	66.67
		林口铺村	133.33
		老挖村	40
		小计	400
	长湖镇	雨胜村	93.33
		蓑衣山村	33.33
		海宜村	33.34
		小计	160
	西街口镇	雨布宜村	33.33
		威黑村	33.34
		小计	66.67
	圭山镇	蝴蝶村	40
	合计		666.67

（2）砚山县休耕试点情况

2016年云南省砚山县共休耕666.67hm²，休耕补助为15 000元/hm²。休耕涉及5个乡镇、6个片区、1944户农户、7613块耕地（表7-5）。其中，平远镇涉及大清塘片区的木瓜铺村休耕农户311户，休耕面积为133.33hm²；维摩乡涉及斗果村和倮可臘村休耕农户分别为289户和285户，休耕面积分别为178.87hm²和121.13hm²；盘龙乡涉及翁达村的309户农户，休耕面积为66.67hm²；者腊乡涉及老龙村493户农户，休耕面积为133.33hm²；蚌蛾乡涉及六掌村257户农户，休耕面积为33.34hm²。

表7-5　2016年云南省砚山县休耕试点分布情况

县	乡镇	村	户数（户）	地块数（块）	面积（hm²）
砚山县	平远镇	大清塘片区（木瓜铺村）	311	812	133.33
	维摩乡	斗果片区（斗果村）	289	2376	178.87
		岔路口片区（倮可腻村）	285	625	121.13
		小计	574	3001	300.00
	盘龙乡	翁达片区（翁达村）	309	1270	66.67
	者腊乡	老龙片区（老龙村）	493	1479	133.33
	蚌峨乡	六掌片区（六掌村）	257	1051	33.34
		合计	1944	7613	666.67

7.3.2　休耕技术模式分析

7.3.2.1　云南省石林县休耕技术模式

石林县耕地休耕模式为绿肥秸秆还田模式。在试点地区的耕地中种植绿肥（不同品种绿肥），待绿肥成熟后，采用大型拖拉机进行深松浅翻，将绿肥鲜杆翻压至土壤中，实现秸秆零燃烧。具体又可分为四种不同的模式，分别是绿肥-豆类-绿肥、豌豆-豆类-豌豆、苜蓿-养畜-还田、萝卜-豆类-萝卜，具体方式、休耕地选择原则及技术路径见表7-6。

表7-6　石林县休耕技术模式

方式	休耕地选择原则	技术路径
绿肥-豆类-绿肥	先易后难原则，先以瘠薄瘦地休耕为主，再逐步向土壤趋于退化、趋于板结地块拓展	连续三年在休耕地上种植绿肥培肥，绿肥秸秆全部粉碎还田
豌豆-豆类-豌豆	承包耕地休耕原则，落实休耕地块必须选择农民二轮承包耕地，退耕还林地、开荒地不作为休耕土地	连续三年对休耕地投入枯草芽孢杆菌、地衣芽孢杆菌、苏云金芽孢杆菌等微生物，以抑制土壤中有害微生物繁殖，减少地下害虫危害，达到分解土壤有机质和释放土壤营养元素的目的

方式	休耕地选择原则	技术路径
苜蓿–养畜–还田	提升耕地质量原则，对休耕地进行深松培肥，不减少或破坏耕地、不改变耕地性质、不削弱农业综合生产能力，确保急用之时能够复耕	第三年根据土壤中微量元素的情况，因地施用必要的中微量元素肥料
萝卜–豆类–萝卜	农民自愿原则，深入宣传耕地休耕制度重大意义，使农民从内心支持、自觉参与，实现连续三年对集中连片休耕地进行培肥	

绿肥秸秆含有丰富的有机质和矿物质养分，还田后能培肥改土、节省化肥，将秸秆焚烧改为秸秆还田，减少烟尘污染，还田秸秆在微生物的作用下，经过腐烂并释放出养分后才能起到培肥改土作用和被作物吸收利用。绿肥翻压一般在蕾期至盛花期，翻压过早，生物量和养分含量不高；翻压过迟，茎叶纤维化或木质化，不易分解腐烂，培肥价值降低。

石林县休耕技术路径主要有三方面：第一，连续三年在休耕地上种植绿肥培肥，绿肥秸秆全部粉碎还田；第二，连续三年对休耕地投入微生物，达到分解土壤有机质和释放土壤营养元素的目的；第三，第三年根据土壤中微量元素的情况，因地施用必要的中微量元素肥料。

7.3.2.2 云南省砚山县休耕技术模式

针对当地不同片区间耕地资源本底条件、劳动力状况、农业经济结构、人粮矛盾、石漠化程度等差异，云南省砚山县设计了四种耕地休耕培肥方式，各种模式的实施区域、技术路径及效益见表7-7。第一种，免耕净种绿肥模式。在地力瘠薄、生态恶化、产量低下的区域免耕净种绿肥。第二种，少耕肥豆轮作模式。绿肥和豆类均能培肥地力，豆类还可收获果实增加收入。第三种，免耕肥草间套种模式。在土地面积宽阔、有畜牧业基础的区域推行免耕肥草间套种，实现培肥和养畜双赢。第四种，免耕牧草过腹还田模式。种植牧草，以草养畜、以畜养地。当然，也有将四种措施综合运用的，如砚山县维摩乡斗果村休耕片区，通过分段设计不同方式，同时配套高标准农田建设，拟通过三年培肥和建设，建成高标准农田。

表 7-7　砚山县休耕培肥方式

方式	主要实施地点、技术路径及实施效果
免耕净种绿肥 （432hm^2）	实施地点：维摩乡岔路口村、者腊乡老龙村，面积约 253.33hm^2，属于瘠薄耕地类型，生态恶化，农作物产量低。其中维摩乡岔路口村地处石灰岩山区缓坡地块，半裸和潜在石旮旯地，耕层薄肥力低；者腊乡老龙村属于容易受侵蚀的瘠薄坡耕地，耕层生土和熟土混乱，地力提升较难。 技术路径：休耕地仅种植绿肥作物肥地，采用"休耕+培肥"模式，加速耕层熟化和培肥，通过三年休耕培肥，实现低产田变中产田。 实施效果：免耕净种绿肥有利于劳动力流转，增加打工经济收入
少耕肥豆轮作 （36.67hm^2）	实施地点：砚山县维摩乡斗果村片综合区。 技术路径：休耕地轮流种植绿肥和豆科植物（黄豆、绿豆等）以增加肥力，通过休耕培肥固氮，实现培肥地力与养殖经济、农民增收相结合。 实施效果：引进新型经营主体参与，发展订单农业，采取"公司+基地+农户"的发展模式，种植大豆可增收近 2 万元/hm^2，经济效益明显。既能养地培肥，又能增加农户收入，深受休耕农户的欢迎，带动非休耕区农户种植大豆 533.33hm^2
免耕肥草间套种 （160.67hm^2）	实施地点：平远镇大清塘村，约 133.33hm^2，丘陵瘦红土区，土壤瘠薄，地形平缓，当地有畜牧经济基础，实行肥草间套种，可以达到吸纳劳动力就地就业、耕地培肥与养畜双赢效果。 技术路径：休耕地绿肥和牧草混套种，肥草结合，肥饲兼用，通过休耕培肥，培肥地力和养畜经济相结合，三年实现地力上升一级，提高家庭经济收入。 实施效果：有利于发展畜牧业，促进种养产业相结合
免耕牧草过腹还田 （37.33hm^2）	实施地点：蚌峨乡六掌村，面积约 33.33hm^2，属于河谷区稻田，田间排灌不配套，产量低，人多地少，有外出务工和家庭养畜传统，种草养畜增加农家肥源，实现就业、增收、肥田多目标。 技术路径：种植牧草，以草养畜，增加农家肥源，通过连续休耕种草养畜，过腹还田。 实施效果：促进畜牧业发展，用农家肥养地，肥畜双收
混合方式 （即以上四种 模式兼有）	实施地点：维摩乡岔路口片区俫可腻村约 120hm^2，其中，免耕净种绿肥 107.33hm^2；净种牧草 3.33hm^2；少耕肥豆（大豆）种植 4hm^2；肥草间套种 5.33hm^2

注：以上绿肥和牧草品种，大面积以光叶紫花苕绿肥、一年生黑麦草或桂牧一号为主，小面积尝试紫花苜蓿、小冠花、白三叶等品种

　　云南省的休耕注重与当地农业结构调整进行对接，由休耕前单一的种植业逐渐向休耕后种养结合转型。休耕地上种植的光叶紫花苕、苜蓿、牧草等，其发达的根系可以改良土壤，地上部分的茎叶果实等可以作为青贮饲料，销售给当地的奶牛场、畜牧场，也可以作为绿肥还田，既培肥了地力又促进了畜牧业的发展。

例如，砚山县大清塘村、翁达村有养畜经济基础，推广种植绿肥、牧草，实现培肥与养畜双赢。休耕产业链的形成使得休耕具有内在发展动力，提高了农户休耕的积极性，缓解了2017年休耕补助减少带来的不利影响。

7.3.3 休耕组织模式分析

7.3.3.1 因地制宜整片推进

云南省的休耕采取整片推进的模式。云南省地形崎岖，耕地坡度大，耕地地块零碎、分散、面积小，因而在选择休耕区域的时候，要求地块连片面积在 33.33hm^2 以上，导致休耕区域与村行政区域不完全重合，也就是说，休耕片区有可能涉及多个行政村。在 1 个行政村内，有的村民小组休耕，有的不休耕；即使在 1 个村民小组内，也有休耕户和非休耕户。例如，砚山县维摩乡斗果村共有农户 599 户，2016 年休耕面积 178.87hm^2，涉及 11 个村民小组共 289 户，不到全村农户数的一半；在休耕的村民小组中，最多的有 66 户 829 块 77.13hm^2 耕地，最少的仅有 2 户 4 块 0.11hm^2 耕地。在推进过程中，农业、国土、林业部门密切配合，确保休耕地按要求落实到土地利用现状图上，避免与退耕还林地块重合。

7.3.3.2 签订协议强化约束

在技术路径上，不管是2016年还是2017年的休耕，云南省均明确在同一块土地上连续休耕三年，在休耕期间，农户主要种植绿肥、牧草和豆科植物培肥地力。由于云南省休耕时间固定，县、乡、村、组、农户逐级签订责任书，有较强的约束性。村委会、村民小组与农户签订休耕协议，明确相关权利、责任和义务，明确实施休耕的农户在休耕期间内遵守有关休耕的管理规定，充分尊重和保护农户享有的土地承包经营权益，保障试点工作依法依规、有序开展。

7.3.3.3 上下联动核准面积

在宏观控制层面，2016 年云南省休耕面积指标由国家下达，为 1333.33hm^2，然后由省下达到市，再下达到各县。县级政府并不指定哪些乡镇休耕，而是通过动员，调动基层干部的积极性，由村委会摸清群众意愿，上报到乡镇，再逐级汇集到县，这是一个上下联动、相互协调的过程。由于群众休耕积极性高，上报的面积往往突破下达的指标，如砚山县各乡镇上报约 933.33hm^2，而指标只有 666.67hm^2，因此要进行筛选。在微观机制方面，云南省组织科技人员实地丈量核实休耕面积，制作休耕地块到户图斑，每个村进行不低于3次的县级统一组织核对，做到丈量面积与影像图计算面积——对应，并张榜公示。同时，建立休耕面积数据库，做到休耕耕地精确定位。

7.3.3.4　与经济社会发展相统筹

将休耕项目与劳动力转移、产业发展相结合。2016年，石林县在农业园区周边的村委会落实休耕面积431.10hm²，占当年休耕面积的64.67%，便于休耕后农民就近务工，有效地解决了农户休耕后的就业问题，同时缓解了园区企业劳动力不足的问题。

7.4　西北生态严重退化地区生态治理休耕模式

7.4.1　休耕试点区概况

7.4.1.1　自然环境概况

环县位于陕甘宁三省区交界，甘肃省东部、庆阳市西北部，鄂尔多斯盆地腹中，大西北经济圈中枢，银（川）—武（汉）大动脉纵贯全境；地处36°1′~37°9′N，106°21′~107°44′E，东临甘肃省华池县、陕西省定边县，南接甘肃省庆城县、镇原县，西连宁夏回族自治区原州区和同心县，北靠宁夏回族自治区盐池县（图7-6）。东西宽约124km，南北长约127km，总面积9236km²。环县地处毛乌素沙漠边缘，属陇东黄土高原丘陵沟壑地貌类型，境内海拔在1200~2089m，山大沟深，地形复杂，山、川、塬兼有，墚、峁、谷相间，属典型的干旱半干旱大陆性季风气候，年均降水量在300mm左右，干旱缺水，土壤沙化严重，极端气候频发。境内特殊的地貌类型和风化作用，形成了风化岩石的残积、坡积母质。县域内耕地土壤主要有黑垆土、黄绵土、淤积土、潮土和红土5个土类，黑垆土、轻黑垆土、黄绵土、粗黄绵土、淤积土、盐化潮土和红土7个亚类，土壤类型较简单，土种较少。县域内河谷川道区土壤开发利用较早，农业土壤发育时间长，土壤熟化程度高；山塬墚峁大面积的土壤形成年代较晚，耕作粗放，施肥少，熟化层不深，程度低，产量不稳定。耕地地力水平低，产出水平不高，水土流失严重，土壤沙化不断蔓延，污染加剧，耕地后备资源不足。水土流失造成土壤结构破坏、养分贫瘠，急需开展休养生息，重点为防沙治沙，培肥地力。

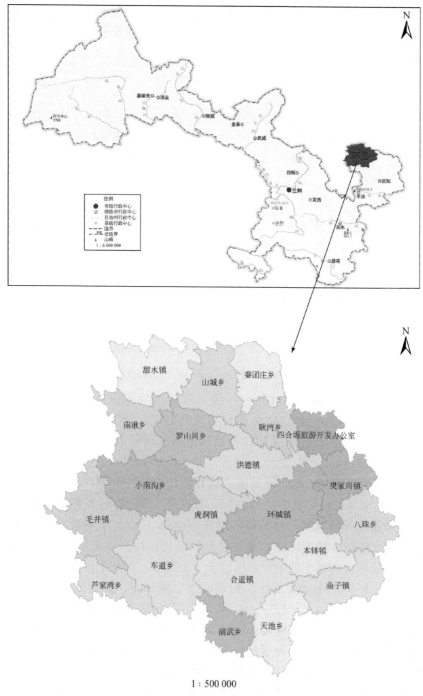

1 : 500 000

图 7-6　甘肃省环县区位示意图

7.4.1.2　社会经济概况

2016 年末，环县户籍总人口 35.8 万人，其中农村人口 32.83 万人，城镇化率为 8.30%，属于城镇化刚起步的地区。环县为 1936 年解放的革命老区，红色政权陕甘宁边区组成部分。环县西距兰州 480km，北距银川 260km，南距西安 420km，东距延安 320km。全县辖 20 个乡镇，250 个行政村。

7.4.1.3　休耕试点情况

（1）休耕试点范围

2016 年，根据国家《探索实行耕地轮作休耕制度试点方案》和甘肃省农牧厅等十厅局（委、办）《关于印发甘肃省耕地休耕试点实施方案的通知》的安排，环县被确定为全省首批两个耕地休耕试点县之一，下达任务指标 666.67hm²，休耕期限三年，从 2016 年 9 月开始实施，至 2019 年 10 月结束。2017 年初，甘肃省第二批耕地轮作休耕试点工作启动，环县又名列其中，国家下达任务指标 3333.33hm²，试点区域主要涉及洪德镇、环城镇、甜水镇、天池乡、山城乡、耿湾乡和南湫乡 7 个乡镇 22 个行政村、77 个村民小组、2771 户，10 897 块耕地地块。各乡镇行政村休耕面积见表 7-8。

表 7-8　2017 年环县耕地休耕任务面积分配表

序号	乡镇	村	休耕面积（hm²）	乡镇合计（hm²）
1	洪德镇	李塬村	333.33	666.66
		大户塬村	180.00	
		张崾岘村	153.33	
2	环城镇	杨庙掌村	66.67	666.66
		西川村	166.66	
		肖川村	100.00	
		高龚塬村	133.33	
		漫塬村	66.67	
		唐塬村	133.33	
3	甜水镇	高崾岘村	148.67	666.67
		狼儿滩村	66.67	
		鲁掌村	163.00	

续表

序号	乡镇	村	休耕面积（hm²）	乡镇合计（hm²）
3	甜水镇	赵掌村	133.33	666.67
		邱滩村	155.00	
4	天池乡	张邓塬村	66.67	133.34
		梁河村	66.67	
5	山城乡	赵庄村	177.34	400.00
		王山口子村	96.06	
		山城堡村	126.60	
6	耿湾乡	万湾村	333.33	333.33
7	南湫乡	花儿山村	67.00	466.67
		代家洼村	399.67	
合计	7	22	3333.33	3333.33

（2）试点区耕地利用情况

长期以来，因干旱缺水，环县农作物产量极不稳定，加之耕地养分贫瘠，耕作粗放，连年重茬，作物产量很难再明显增加。耕地休耕区域内，降水的时间、空间分布不均，地形地貌、自然条件、理化性状及田间管理等因素存在差异，不同乡镇休耕区域内各种作物产量差异大，2016 年环县耕地休耕试点乡镇主要作物产量统计见表 7-9。

表 7-9　2016 年环县耕地休耕试点乡镇主要作物产量统计　（单位：kg/hm²）

乡镇	小麦	玉米	马铃薯	荞麦
洪德镇	1 950	8 250	21 000	3 000
环城镇	2 100	9 000	21 000	3 000
甜水镇	1 050	6 750	19 500	2 700
天池乡	2 250	10 500	24 000	3 300
山城乡	1 050	7 200	18 000	2 850
耿湾乡	1 800	8 250	22 500	3 000
南湫乡	825	6 000	19 500	2 700

耕地休耕区域主要种植的作物有小麦、玉米、马铃薯和荞麦,四种作物单产较 20 世纪 80 ~ 90 年代均明显增加,平均增幅超过 40%;2012 ~ 2016 年,因年景好坏,主要作物产量介于 750 ~ 1500kg/hm²。由表 7-9 可以看出,休耕区域作物产量从县东南向西北依次递减,其中小麦产量最高的是天池乡,最低的是南湫乡;玉米产量最高的是天池乡,最低的是南湫乡;马铃薯产量最高的是天池乡,最低的是山城乡;荞麦产量最高的是天池乡,最低的是甜水镇和南湫乡。产量相对较高的天池乡、洪德镇和环城镇耕地质量等级为八级,产量相对较低的山城乡、甜水镇和南湫乡耕地质量等级为十级,耿湾乡处于两者的中间水平,耕地质量八级、九级兼有。可见,环县耕地休耕试点区域耕地质量等级也偏低,作物产量低。通过耕地休耕,提高耕地质量,是探索产量构成因素中最佳组合的技术方法,也是解决目前产量低问题的重要技术手段。

7.4.2　休耕技术模式分析

7.4.2.1　环县的休耕培肥模式

环县根据自然条件和群众生产习惯,建立了地力综合培肥与种植绿肥作物相结合的技术模式,按照"增施有机肥—种植绿肥—杀青还田—深翻晒垡—旋耕保墒—翌年再种植绿肥"的流程进行,绿肥主要施种芸芥、箭筈豌豆、毛苕子三种。同时,考虑到绿肥施种次序可能带来的耕地质量改善情况差异,在不同试点乡镇设置了差异化的绿肥种植模式(表 7-10),以期探索出最优的休耕培肥技术模式。休耕期按照预定计划种植防风固沙、涵养水分、保护耕层的绿肥作物,同时减少农事活动,不断改善生态环境。重点选择土地面积广阔、干旱缺水、土壤沙化、肥力缺失严重的地块开展试点工作。休耕前及时深耕一次(深度为 25 ~ 30cm),施用适量有机肥或腐熟农家肥,种植一年生或多年生绿肥作物,杀青还田,提高肥力。

表 7-10　耕地休耕试点工作各乡镇年度种植绿肥情况

乡镇	任务指标 (hm²)	年度种植模式		
		第一年	第二年	第三年
洪德镇	666.66	芸芥	芸芥	草豌豆
山城乡	333.33	芸芥	芸芥	草豌豆
	66.67	芸芥	草豌豆	芸芥

续表

乡镇	任务指标（hm²）	年度种植模式		
		第一年	第二年	第三年
甜水镇	533.33	芸芥	芸芥	草豌豆
	133.34	箭筈豌豆+毛苕子混种	芸芥	草豌豆
南湫乡	400.00	草豌豆	草豌豆	芸芥
	66.67	箭筈豌豆+毛苕子混种	草豌豆	芸芥
天池乡	133.34	草豌豆	草豌豆	芸芥
耿湾乡	333.33	草豌豆	草豌豆	芸芥
环城镇	666.66	箭筈豌豆+毛苕子混种	草豌豆	芸芥
合计	3333.33	—	—	—

2016 年休耕区域前茬作物收获后，及时深翻耕，每亩统一施用商品有机肥 120kg、固氮菌剂 1kg，种植芸芥、箭筈豌豆或毛苕子，在绿肥作物盛花期翻耕还田，并施腐熟剂 1kg，秋季适时旋耕一次，第二年、第三年继续种植绿肥作物。2017 年休耕区域春季及时翻耕灭茬，动员休耕农户施用充分腐熟的农家肥，分区域分别种植芸芥、箭筈豌豆与毛苕子混种、草豌豆。全县 3333.33hm² 休耕区域，种植芸芥 1599.99hm²、箭筈豌豆和毛苕子混种 866.67hm²、草豌豆 866.67hm²。2016 年和 2017 年耕地休耕试点工作技术流程见图 7-7。

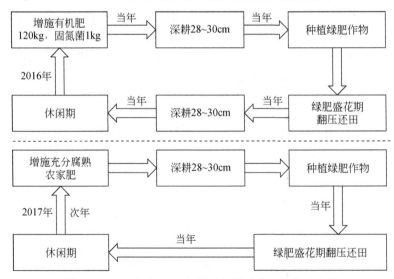

图 7-7　2016 年和 2017 年耕地休耕试点工作技术流程

7.4.2.2　环县的休耕技术模式

（1）机械深翻耕技术

1）深耕时间。深翻作业主要有利于改善土壤结构，打破犁底层，增加耕作层厚度，促进根系深扎，提高植物抗逆性、抗倒伏性，同时将大量的病原物埋入深层土壤，降低了其危害，确保绿肥作物良好生长，大大减小杂草危害，确保植物生长养分供给。此次试点工作共深耕两次，第一次在 3 月中旬土壤解冻后，第二次在绿肥作物粉碎还田后，一般选择在同年 7 月中旬。

2）深耕深度。深度的确定要因地制宜，以打破犁底层为原则，一般为 30cm 以上，深耕作业要求耕深尽量一致，各行深度误差为 ±2cm。对于土壤比阻较大及犁底层较厚的地块，使用普通联合整地机难以达到深耕整地的效果，应采用浅松铲与深耕铲相结合的深耕机进行复式深耕作业，分层打破犁底层，以保持耕层土壤适宜的松紧度和创造合理的耕层。

3）深耕质量。深耕质量达到"深、平、细、实"，漏耕率≤2.5%，土地耕整后地表平整，地头、地边整齐，深耕带间隔不大于 60cm，深耕后的裂沟要合墒弥平，抗旱保墒，适宜播种。两次整地作业后要做到田面平整，土壤细碎，没有漏耕，深浅一致。

4）作业机具。深耕犁必须由熟悉其构造和调整的农机人员操作，深耕机具从类型上分为单机和联合作业机。采用深耕联合整地机一次进地完成深耕作业，并达到待播状态。配套拖拉机功率应根据不同耕深、土壤比阻与深耕机相匹配，耕作幅宽与拖拉机轮距相匹配。

（2）播种管理技术

1）播种。适时下种，浅播密植，一般在当年 3 月中旬至 4 月上旬，墒情差的地可适当探墒播种。播种前将种子在阳光下晒 1~3 天，芸芥、毛苕子亩播种量均为 1kg，播深 2~3cm；箭筈豌豆、草豌豆亩播种量均为 7kg，播深 3~5cm；毛苕子和箭筈豌豆混种时种子量按 1∶7 的比例播种。可以条播、穴播和撒播，必须保证播种均匀，绿肥种子幼芽顶土力较弱，因此播种前必须认真精细整地。出苗率要求达到 90% 以上，若出苗率不达标，由相关耕种中标单位自行购买种子补苗。

2）施肥及田间管理。2016 年休耕试点区域（洪德镇）播种前亩施商品有机肥 120kg，同时添加圆褐固氮菌 1kg。2017 年休耕试点区域（南湫乡、甜水镇、山城乡、耿湾乡、环城镇、天池乡）亩施充分腐熟农家肥 3000kg。2018 年后全县所有休耕区域均施腐熟农家肥 3000kg，不再增施商品有机肥。

根据绿肥喜湿怕灌的特点，田间管理工作的重点是水分管理和中耕除草。在田间各生育阶段进行观察，杂草是绿肥的最大危害，会影响绿肥扎根和对养分的吸收，要及时中耕锄草，中耕深度 3~5cm，同时要防治大雨天气雨水漫灌，提前开好围沟、畦沟、腰沟，做到能排能灌。

（3）绿肥粉碎杀青还田技术

在绿肥作物盛花期及时粉碎杀青还田，一般在当年的 6 月中旬到 7 月中旬，还田要做到不妨碍深耕，茎秆切碎长度≤10cm，抛洒不均匀率≤10%。秸秆腐熟剂可以加快绿肥秸秆腐熟，并且对土壤有机质含量的提升有明显的促进作用，在还田过程中亩施秸秆腐解菌剂 1kg。绿肥翻压深度一般为 15~20cm，翻压过深会因缺氧而不利于发酵，过浅则不能充分腐解发挥肥效。绿肥翻压后有条件的农户可以灌水，加速分解腐烂，提高绿肥转化率。

7.4.3 实施组织模式

7.4.3.1 深入调研谋划，细化实施方案

为扎实稳健推进休耕制度试点工作，环县在休耕具体实施前进行了充分的调研论证，目的是确保休耕实施方案符合县情实际、符合群众意愿，并探索形成了休耕制度落地的"三定"措施：一是调查摸底定区域。通过走访农户、调查摸底、召开座谈会等形式，宣传耕地休耕的意义和要求，全面掌握群众休耕意愿和耕地现状、农业机械配套等情况，按照不减少耕地、不削弱生产能力的要求，以村为单位，以适当集中连片的方式准确落实休耕区域和地块。二是反复论证定方案。深入休耕试点村组反复调查论证，充分听取专家、驻村干部、村组干部、村民代表意见，结合当地休耕习惯，借鉴省内外休耕经验，应用最新地力配肥技术，从休耕区域、技术模式、补助程序、保障措施等方面进行了全面梳理，制定了《环县耕地休耕试点工作方案》，为试点工作有序推进提供了科学遵循。三是分类计算定标准。综合分析近年农业生产机械耕作成本、产出效益、价格浮动等各方面因素，确定 2016 年休耕区域（洪德镇）每亩补助资金为 800 元（种植收益补助 400 元、物化补助 175 元、机械服务补助 225 元），2017 年休耕区域每年每亩补助资金 500 元（种植收益补助和有机肥补助 300 元、物化补助 30 元、机械服务补助 170 元），既保障了农户正常生活和稳定收益，又调动了群众积极性。

7.4.3.2 严格落实方案，规范项目管理

环县耕地休耕试点农户地块数据以环县农村土地承包经营权确权登记数据库为准，由技术依托单位根据村组、乡镇上报的休耕农户信息提取休耕地块图斑，

并审核可靠性和准确性。在休耕区域确定、农户信息收集和地块图斑提取的过程中，严格按照地块落实、标注上图、张榜公示、签订协议的程序，规范项目环节管理，确保休耕试点技术质量达标。具体做法是：

1）统一标准落实地块。以土地确权登记成果为依据，对照 1∶2000 航拍影像图和农村土地承包经营权确权登记数据库，对相对集中连片且坡耕地小于 5° 的川塬地、梯田进行休耕，统一休耕地块标准，划定拟休耕区域，分配休耕面积，进行田间实地调查，确定休耕农户。

2）精细精准标注上图。分乡镇绘制耕地休耕地块图斑分布图、耕地休耕地块图斑与监测点分布图、耕地休耕试点工作地块信息示意图和耕地休耕试点农户信息表，实行"三图一表"精细化管理，详细标注每户休耕地块的面积、土地等级等信息，做到任务精准到户、到休耕地块。

3）签订协议明确权责。实施乡镇人民政府作为甲方，县农牧局作为乙方，农户作为丙方，签订了"环县耕地休耕试点工作合作实施三方协议"，共签订休耕协议 8388 份，进一步明确了三方应尽的义务和受益权利，做到权责分明、公平公正。

4）严格规范资金管理。项目资金为全额中央财政补贴资金，种植收益补助通过一折通直接补助到户；种子、肥料等物化补助经公开招标采购供应；机械耕作工程由试点乡镇优选有资质的合作社或农机服务公司实施，经农户签字确认、验收合格后兑付资金。

5）定期监测休耕质量。加大监测密度，每个技术环节按每 33.33hm² 抽查 1 户，每户选择 1 块休耕地现场监测，详细记录监测数据，适时分析休耕效果。

6）严格督查考核验收。抽调农牧系统 5 名科级干部和 10 名专业技术人员组成专门督查组，定期开展督查指导，对播种不及时、出苗不足、耕作质量不达标的田块，督促限期落实整改，确保休耕取得实效。

7.4.3.3　加强舆论宣传，夯实群众基础

休耕制度试点的顺利开展需要坚实的群众基础，在这一方面环县积极创新宣传培训方式，加大宣传培训力度，切实提高了群众政策知晓率和工作人员业务能力，其具体宣传措施包括：第一，在"中国·环县"门户网站、环县电视台等媒体循环播放耕地休耕相关政策，统一印制发放《环县耕地休耕试点工作手册》《环县耕地休耕耕作措施技术要求》等宣传资料 5000 余份（册）；第二，在试点乡镇醒目位置树立标示牌 7 面，张贴宣传标语 30 多条，营造浓厚舆论氛围，切实调动了农民群众参与休耕的积极性；第三，组织开展政策集中宣讲和现场观摩活动，确保工作人员准确理解政策要求，熟悉具体操作规程，执行政策不走样、

落实规定不打折。截至 2017 年底，累计举办不同层次培训班 38 期，培训农民 3500 人次；在绿肥生长盛花期召开现场会观摩会 1 次，各试点乡镇分管领导、承担耕作工程的合作组织及相关业务人员参加了交流学习；市、县电视台先后报道休耕工作 5 次，组织 9 人次参加了省有关业务工作及培训会议。

7.4.3.4 创新利益联结，发挥示范效应

通过政策引导和扶持、利益驱动、技术服务，鼓励引导新型农业经营主体与农民建立利益共享联结机制，支持培植公司+农户、合作社+农户、农户协作联合等多种组织运行模式，参与耕地休耕工作落实。公司及合作社对农户无力落实的休耕措施提供有偿服务，农户主要负责实施地块落实、田间管理等休耕措施。同时，建立了利益补偿机制，对承担休耕任务的农户给予必要补助，确保不影响试点农民收入，积极引导农户参与耕地休耕试点任务，确保了试点工作的有序实施。在主推由乡村及村民小组组织区域内农户直接实施、直接验收、直接补助的基础上，鼓励引导农民专业合作社等新型农业经营主体通过公开竞争的方式参与休耕耕作措施落实，与休耕农户建立利益共享联结机制，支持培植公司+农户、合作社+农户、农户组团协作联合实施等多种组织运行模式。2017 年，全县已经有 32 个农民专业合作社参与休耕工作的落实。

除此之外，为充分展示轮作休耕技术成效，试验示范不同休耕技术模式，环县在洪德镇李家塬村南庄组建立了 13.33hm² 核心示范区 1 个，分别布设了休耕模式、绿肥作物筛选等试验 3 项，不同休耕年限与绿肥作物对比、不同休耕轮作方式对比等示范 9 项，设立标志牌 1 面，以此开展休耕地休耕年限、休耕模式、休耕措施、地力提升、耕地保护等试验研究和对比示范，为大田推广树立样板、建立典型，发挥了示范带动作用。

7.4.4 休耕试验示范区建设

环县特别设立耕地休耕试验示范区，研究适宜西北生态脆弱区耕地地力恢复措施和配套休耕模式，开展相关休耕技术研究，目的是探索形成用地养地结合的休耕制度体系，为全面推广耕地休耕技术提供科学依据。

7.4.4.1 试验示范区概况

示范点位于洪德镇李家塬村南庄组，是本次耕地休耕试点区的中心。李家塬村位于洪德镇西南部，村内塬面开阔，土地面积大。东邻肖关村，南与虎洞镇接壤，西邻大户塬村，北接张崾岘村，总土地面积为 33.4km²，距县城 25km，交通

便利，肖关村至大户塬村通村油路穿境而过。全村共辖 6 个村民小组，365 户，1674 人，耕地面积为 626.67hm²。2016 年，洪德镇依托土地整理项目在李家塬村新修机平梯田 312.53hm²，梯田面积累计达到 480hm²，人均梯田面积为 0.29hm²；有水窖 420 眼，农电入户率达到 100%；粮食以玉米、小麦为主，年均种植全膜双垄沟播玉米 320hm² 左右，种植冬小麦 166.67hm²，种草 133.33hm² 左右。2015 年全村农民人均纯收入为 5640 元。

7.4.4.2　试验示范内容

按照耕地休耕试点目标及技术要求，围绕防止休耕地撂荒、保护休耕地耕层、提升休耕地地力、协调休耕地水肥四个主要休耕环节，分别设适宜休耕绿肥品种筛选、二年和三年休耕条件下的最优模式筛选、三年粮经饲最优轮作模式筛选 3 项试验，9 项休耕技术示范，建立休耕核心示范区 13.33hm²（图 7-8）。

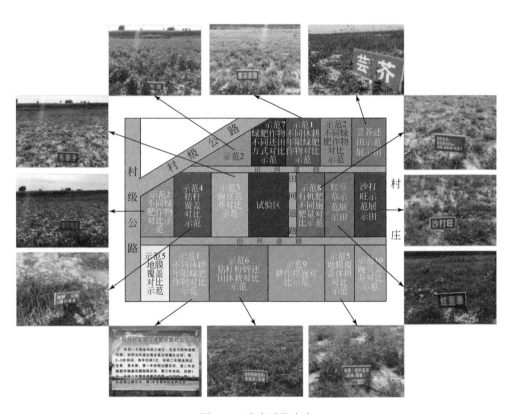

图 7-8　试验示范内容

7.4.4.3 休耕试验设计

采用完全随机区组设计，每处理重复 3 次，小区面积为 40～50m²。

（1）试验一：适宜休耕绿肥品种筛选试验

试验一主要结合当地休耕传统，筛选适宜当地种植的绿肥。一年生绿肥品种为箭筈豌豆、毛苕子、芸芥，每年春季播种，盛花期全量深耕还田；多年生绿肥品种有红豆草、沙打旺、紫花苜蓿，第一年春季播种，前两年在盛花期收割带走，第三年盛花期全量深耕还田。具体方案见表7-11。

表 7-11　不同休耕绿肥品种筛选试验方案

绿肥类型	模式序号	第一年	第二年	第三年
一年生	1	箭筈豌豆	箭筈豌豆	箭筈豌豆
	2	大豆	大豆	大豆
	3	毛苕子	毛苕子	毛苕子
	4	芸芥	芸芥	芸芥
多年生	5	草木犀	草木犀	草木犀
	6	红豆草	红豆草	红豆草
	7	沙打旺	沙打旺	沙打旺
	8	紫花苜蓿	紫花苜蓿	紫花苜蓿
对照	9	休闲	休闲	休闲

（2）试验二：二年和三年休耕条件下的最优模式筛选试验

试验二以休闲、增施有机肥、种植绿肥为主要措施，连续休耕二年和三年，以第三年种植小麦、第四年种植玉米作为指示作物，探讨二年和三年不同休耕模式对耕地地力提升和作物产量的影响。具体处理见表7-12。

表 7-12　二年和三年休耕模式

序号	第一年	第二年	第三年（裂区种植）		第四年
1	休闲 CK1	休闲 CK1	休闲 CK1	小麦	玉米
2	休耕（残膜覆盖）	休耕（残膜覆盖）	休耕（残膜覆盖）	小麦	玉米
3	休耕（深耕）	休耕（深耕）	休耕（深耕）	小麦	玉米
4	休耕（深耕+秸秆覆盖）	休耕（秸秆覆盖）	休耕（秸秆覆盖）	小麦	玉米

续表

序号	第一年	第二年	第三年（裂区种植）		第四年
5	休耕（秸秆粉碎还田+深耕+覆膜）	休耕（秸秆还田+残膜）	休耕（秸秆还田+残膜）	小麦	玉米
6	休耕（秸秆粉碎还田+有机肥 400kg+深耕）	休耕（有机肥 400kg+深耕）	休耕（有机肥 400kg+深耕）	小麦	玉米
7	秸秆粉碎还田+有机肥 400kg+深耕+毛苕子+固氮菌剂	深耕+毛苕子+固氮菌剂	深耕+毛苕子+固氮菌剂	小麦	玉米
8	秸秆带膜还田+苜蓿+固氮菌剂	秸秆带膜还田+苜蓿+固氮菌剂	秸秆带膜还田+苜蓿+固氮菌剂	小麦	玉米
9	固氮菌剂+苜蓿	固氮菌剂+苜蓿	固氮菌剂+苜蓿	小麦	玉米
10	毛苕子	箭筈豌豆	芸芥	小麦	玉米
11	草木犀	芸芥	毛苕子	小麦	玉米
12	毛苕子	草木犀	黄豆	小麦	玉米
13	连续种植作物	连续种植作物	连续种植作物	小麦	玉米

（3）试验三：三年轮作模式筛选试验

试验三以种植当地粮食作物（小麦、玉米）、经济作物（胡麻、向日葵）、饲料作物（毛苕子+箭筈豌豆、大豆）为主要措施，探讨粮经饲最优轮作模式。具体处理见表 7-13。

表 7-13　轮作模式

序号	第一年	第二年	第三年
1	毛苕子+箭筈豌豆	小麦	胡麻
2	玉米	毛苕子+箭筈豌豆	向日葵
3	胡麻	玉米	毛苕子+箭筈豌豆
4	大豆	胡麻	小麦
5	向日葵	豆	玉米
6	小麦	向日葵	大豆
7	玉米	小麦	大豆
8	玉米	玉米	玉米

7.4.4.4　测定指标及方法

1）气象状况。对不同试验区的降水量、气温、土温进行测定。

2）土壤物理性状。每年在试验前后测定 0~20cm、20~40cm、40~60cm 土层土壤物理性状（容重、孔隙度、团粒结构）。

3）土壤水分状况。每年 4~10 月，每月监测 1 次不同处理不同土层（0~20cm、20~40cm、40~60cm、60~90cm、90~120cm、120~150cm、150~180cm）土壤水分状况。

4）土壤养分。主要包括有机质，全 N、P、K，速效 N、P、K，pH，以及全盐测定。测定深度为 0~60cm，按 20cm 分层进行研究。

5）土壤生物状况。每年在试验前后及 7 月中下旬绿肥翻压后测定 0~20cm、20~40cm、40~60cm 土层土壤生物学性状（细菌、真菌、放线菌，脲酶、碱性磷酸酶、脱氢酶、硝酸还原酶、过氧化氢酶）。

6）气体排放量。主要测定 CO_2 排放特征。

7）干物质累积量。分地上地下，在作物收获期或翻压期取样，分别测定干物质量，并对不同处理地上地下产物的 C、N、P 等营养元素含量进行测定。

7.4.4.5　示范项目设置

1）不同休耕年限与绿肥作物对比示范。休耕一年期选用芸芥、箭筈豌豆、毛苕子三种绿肥作物，休耕当年盛花期全量深耕翻压还田，第二年、第三年休闲，每年伏耕 1 次。休耕二年期选用红豆草、草木犀，第一年收割过腹还田，第二年在绿肥作物盛花期粉碎还田。第三年休闲，伏耕 1 次。休耕三年期选用紫花苜蓿、沙打旺，第一年、第二年收割过腹还田，第三年全量粉碎深耕还田。

2）一年生不同绿肥作物对比示范。选用一年生绿肥作物芸芥、箭筈豌豆、毛苕子、豌豆，当年种植当年在盛花期粉碎翻压，连续实施三年。

3）不同休耕轮作方式对比示范。采用绿肥–绿肥–绿肥、绿肥–玉米–大豆、玉米–绿肥–大豆、绿肥–大豆–小麦、绿肥–玉米–马铃薯 5 种休耕模式与传统玉米–大豆–小麦方式轮作对比示范，绿肥作物选择芸芥、箭筈豌豆、毛苕子，连续休耕三年。

4）秸秆覆盖休耕对比示范。前茬作物全膜玉米收获后，保护原覆盖地膜与露地对照示范。然后利用玉米秸秆进行覆盖，设置全量玉米秸秆与二倍玉米秸秆两个覆盖模式，分别休耕一年、二年、三年。

5）地膜覆盖休耕对比示范。前茬全膜覆盖种植田块玉米、大豆、高粱作物收获后，除去秸秆，连续休耕三年，与露地休闲对比示范。

6）秸秆粉碎还田休耕对比示范。前茬作物玉米收获后，将玉米秸秆粉碎深耕还田，分别设置全膜覆盖、不覆盖、露地不还田 3 个处理，连续休耕三年对比示范。

7）绿肥作物不同还田方式对比示范。分别种植芸芥、沙打旺，采用当年收割、直接放牧、粉碎还田三种方式，连续休耕三年对比示范。

8）有机肥不同施用量对比示范。前茬作物玉米收获后，按亩施肥 100kg、200kg、300kg、400kg、500kg 与不施肥进行对比示范。

9）耕作措施对比示范。设免耕、旋耕、深翻耕、深松耕，配套休闲，绿肥作物进行对比示范。

7.5　本章小结

本章首先界定了休耕模式内涵和休耕模式类型的划分，并对国外休耕模式进行了梳理和总结，并提出休耕模式建立应遵循的原则和思路，在此基础上构建了休耕模式基本分析框架。以西南石漠化区的休耕试点区云南省石林县、砚山县和西北生态严重退化地区的休耕试点区甘肃省环县为例，对生态严重退化地区的休耕模式展开了分析，系统总结了其休耕制度落地推进过程中的技术模式、实施模式、组织方式等一系列经验与做法，可为相应区域全面展开休耕工作提供模式借鉴、经验参考及试验示范作用。具体结论如下：

1）中国耕地休耕模式设计受制度主体、制度客体及制度环境等因素的影响，应基于因地制宜，保障粮食安全、巩固产能，社会、经济及生态效益三位一体，以及"休、养、用"统一等原则进行设计，休耕模式设计的主要内容包括模式类型及名称、模式内涵、模式适用区域、典型案例区及模式技术措施等。

2）中国差异化耕地休耕模式主要有地下水漏斗区节水保水型休耕模式、土地污染区清洁去污型休耕模式、生态严重退化区生态修复型休耕模式、耕作过度集约化区耕地地力保护型休耕模式及耕地撂荒严重区耕地"流转+休耕"模式。

3）差异化休耕模式涉及的主要技术措施包括休耕时长安排、休耕培肥技术、休耕地翻耕技术及休耕试验示范技术等。当前中国休耕时长安排主要有季节性休耕、长期休耕及短期休耕 3 种类型；休耕培肥技术主要有少耕肥豆轮作、免耕过腹还田、免耕净种绿肥、免耕肥草间套种、秸秆还田、增施有机肥（腐熟农家肥）及上述多种方式混合的技术措施；休耕翻耕技术主要有深松浅翻、深翻晒垡、旋耕保墒等；休耕试验示范技术主要包括休耕绿肥品种筛选试验、休耕时长试验、土壤指标测定试验、休耕对比示范等，并以甘肃省环县为案例进行分析，可为中国全面开展耕地休耕提供案例参考和技术支撑。

本章运用文献研究法、归纳总结法、系统分析法及案例分析法等，结合中国耕地休耕主要试点区实地调研资料及数据，首次对休耕模式的内涵进行了界定，提出了中国耕地差异化休耕模式设计分析框架，总结、提炼差异化耕地休耕模式及主要技术措施。黄国勤和赵其国（2018）主要分析了中国连作障碍区、重金属污染区和地下水漏斗区的轮作休耕模式与技术措施，与之相比，本书增加了西北干旱半干旱区和西南石漠化区等生态严重退化区的休耕模式探讨内容，并提出了中国差异化耕地休耕模式分析框架，是对中国当前已有耕地休耕模式研究的深化和有益补充。这里提出的地下水漏斗区节水保水型休耕模式、土地污染区清洁去污型休耕模式、生态严重退化区生态修复型休耕模式均在相应区域开展了试点工作，取得了初步成效，对改善土壤理化性状、提升耕地质量具有深远影响，但针对各类模式的具体成效，需获取休耕前后相关指标，构建评价指标体系进行科学评价后才能得出，该部分内容是今后的重点研究方向。关于将中国南方和北方复种指数较高的耕地按比例实行季节性休耕的模式设计，本书仅通过概念图提出思路，每个区域复种指数不同，甚至同一区域也会因不同耕作条件及社会经济发展的不同而有所差异，因此，需在后续研究中通过构建模型进行科学测算，这也是休耕模式后续研究的一个重要方向。另外，关于休耕试验示范技术，本书仅对甘肃省环县休耕试验示范的内容和方案进行了介绍，由于无法获取试验示范监测数据，未能对其成效进行分析，这是本研究的不足之处，将在后续研究中收集相关数据，对其成效进行定量研究。未来关于休耕模式的研究应进一步向定量化方向深入，后续研究可在本研究提出的差异化休耕模式分析框架基础上，构建数学模型，收集各类休耕数据，对不同类型的休耕模式进行效益评价，通过不同类型休耕模式前后数据及研究结果的对比，验证其休耕效益，为指导中国耕地休耕实践提供科学依据。

参 考 文 献

邓琳璐, 王继红, 刘景双, 等 .2013. 休耕轮作对黑土酸化的影响 [J]. 水土保持学报, 27 (3)：184-188.

韩晓增, 邹文秀 .2018. 我国东北黑土地保护与肥力提升的成效与建议 [J]. 中国科学院院刊, 33 (2)：206-212.

黄国勤, 赵其国 .2017. 江西省耕地轮作休耕现状、问题及对策 [J]. 中国生态农业学报, 25 (7)：1002-1007.

黄国勤, 赵其国 .2018. 中国典型地区轮作休耕模式与发展策略 [J]. 土壤学报, 55 (2)：283-292.

刘世平, 庄恒扬 .1996. 苏北轮作轮耕轮培优化模式研究 [J]. 江苏农学院学报, 17 (4)：31-37.

柳荻，胡振通，靳乐山 . 2018. 华北地下水超采区农户对休耕政策的满意度及其影响因素分析 ［J］. 干旱区资源与环境，32（1）：22-27.

陆岷峰，张兰 . 2010. 构建多元化中小企业融资模式的战略思考 ［J］. 企业研究，（4）：50-53.

庞成庆，秦江涛，李辉信，等 . 2013. 秸秆还田和休耕对赣东北稻田土壤养分的影响 ［J］. 土壤，45（4）：604-609.

石飞，杨庆媛，王成，等 . 2018. 世界耕地休耕时空配置的实践及研究进展 ［J］. 农业工程学报，34（14）：1-9.

邢福，周景英，金永君，等 . 2011. 我国草田轮作的历史、理论与实践概览 ［J］. 草业学报，20（3）：245-255.

杨庆媛，毕国华，陈展图，等 . 2018. 喀斯特生态脆弱区休耕地的空间配置研究：以贵州省晴隆县为例 ［J］. 地理学报，73（11）：2250-2266.

杨锡财，刘素波，任希武 . 2012. 浅析玉米高光效休耕轮作栽培技术在磐石地区推广的局限性 ［J］. 农业与技术，32（12）：68.

俞振宁，谭永忠，练款，等 . 2018. 基于计划行为理论分析农户参与重金属污染耕地休耕治理行为 ［J］. 农业工程学报，34（24）：266-273.

张慧芳，吴宇哲，何良将 . 2013. 我国推行休耕制度的探讨 ［J］. 浙江农业学报，25（1）：166-170.

张志国 . 2011. 河南省复种指数的时空特征及其与粮食产量关系研究 ［J］. 湖北农业科学，50（17）：3653-3656.

赵雲泰，黄贤金，钟太洋，等 . 2011. 区域虚拟休耕规模与空间布局研究 ［J］. 水土保持通报，31（5）：103-107.

周立三 . 2007. 中国农业地理 ［M］. 北京：科学出版社 .

Batabyal A A，Nijkamp P. 2009. The fallow and the non-fallow states in swidden agriculture：A stochastic analysis ［J］. Letters in Spatial and Resource Sciences，2：45-51.

Börner J，Denich M，Mendoza-Escalante A，et al. 2007. Alternatives to Slash-and-burn in Forest-based Fallow Systems of the Eastern Brazilian Amazon Region：Technology and Policy Options to Halt Ecological Degradation and Improve Rural Welfare ［C］ // Tscharntke T，Leuschner C，Zeller M，et al. Stability of Tropical Rainforest Margins：Linking Ecological，Economic and Social Constraints of Land Use and Conservation. Berlin：Springer，333-361.

Chen C W，Hsu N S，Wu C S. 2014. Optimal fallow area and location for multifunctional benefits of a paddy field during drought periods ［J］. Paddy and Water Environment，12（2）：319-333.

Chmolowska D，Hamda N，Laskowski R. 2017. Cellulose decomposed faster in fallow soil than in meadow soil due to a shorter lag time ［J］. Journal of Soils and Sediments，17（2）：299-305.

de Cara S，Jacquet F，Reynaud A，et al. 2011. Economic analysis of summer fallow management to reduce take-all disease and N leaching in a wheat crop rotation ［J］. Environmental Modeling & Assessment，16（1）：91-105.

de Frutos Á，Olea P P，Mateo-Tomás P，et al. 2010. The role of fallow in habitat use by the Lesser Kestrel during the post-fledging period：Inferring potential conservation implications from the abolition of obligatory set-aside [J]. European Journal of Wildlife Research, 56 (4): 503-511.

Gaiser T, Judex M, Hiepe C, et al. 2010. Regional simulation of maize production in tropical savanna fallow systems as affected by fallow availability [J]. Agricultural Systems, 103 (9): 656-665.

Kintché K, Guibert H, Bonfoh B, et al. 2015. Long-term decline in soil fertility and responsiveness to fertiliser as mitigated by short fallow periods in sub-Sahelian area of Togo [J]. Nutrient Cycling in Agroecosystems, 101 (3): 333-350.

Lojka B, Lojkova J, Banout J, et al. 2008. Performance of an improved fallow system in the Peruvian Amazon—modelling approach [J]. Agroforestry Systems, 72 (1): 27-39.

Mekonnen K, Buresh R J, Jama B. 1997. Root and inorganic nitrogen distributions in sesbania fallow, natural fallow and maize fields [J]. Plant and Soil, 188 (2): 319-327.

Mobbs D C, Cannell M G R. 1995. Optimal tree fallow rotations: some principles revealed by modelling [J]. Agroforestry Systems, 29 (1): 113-132.

Morcels E, De Neve S, Hofman G, et al. 2003. Simulating nitrate leaching in bare fallow soils: A model comparison [J]. Nutrient Cycling in Agroecosystems, 67 (2): 137-144.

Schroers R D, Denham R, Witte C. 2009. Investigating the Potential for Mapping Fallow Management Practises Using MODIS Image Data [C] //Jones S, Reinke K, Innovations in Remote Sensing and Photogrammetry. Berlin: Springer, 331-348.

Silatsa F B T, Yemefack M, Ewane-Nonga N, et al. 2017. Modeling carbon stock dynamics under fallow and cocoa agroforest systems in the shifting agricultural landscape of Central Cameroon [J]. Agroforestry Systems, 91 (5): 993-1006.

Srivastava A K, Gaiser T, Cornet D, et al. 2012. Estimation of effective fallow availability for the prediction of yam productivity at the regional scale using model-based multiple scenario analysis [J]. Field Crops Research, 131: 32-39.

Szott L T, Palm C A, Buresh R J. 1999. Ecosystem fertility and fallow function in the humid and subhumid tropics [J]. Agroforestry Systems, 47 (1): 163-196.

Toivonen M, Herzon I, Kuussaari M. 2016. Community composition of butterflies and bumblebees in fallows: Niche breadth and dispersal capacity modify responses to fallow type and landscape [J]. Journal of Insect Conservation, 20 (1): 23-34.

van Noordwijk M. 1999. Productivity of intensified crop—fallow rotations in the Trenbath model [J]. Agroforestry Systems, 47 (1): 223-237.

Walker A P, Van Noordwijk M, Cadisch G. 2008. Modelling of planted legume fallows in Western Kenya. (II) Productivity and sustainability of simulated management strategies [J]. Agroforestry Systems, 74 (2): 143-154.

Xu H, Hosen Y. 2010. Effects of soil water content and rice straw incorporation in the fallow season on CH4 emissions during fallow and the following rice-cropping seasons [J]. Plant and Soil, 335 (1): 373-383.

Zeleke K T, Anwar M, Liu D L. 2014. Managing crop stubble during fallow period for soil water conservation: Field experiment and modelling [J]. Environmental Earth Sciences, 72 (9): 3317-3327.

第8章 可持续休耕影响因素的实证分析

可持续休耕既是休耕制度建设及实行的重要目标，也是需要解决的重要问题，农户对休耕政策的认知、满意度和后期管护意愿均是影响可持续休耕的重要因素。当前，学术界关于可持续休耕方面的研究成果较少，国外休耕的研究主要关注其发展历史及经验总结等方面，国内休耕的研究大多集中于休耕意愿、效益及补偿标准等方面，无论是休耕制度的可持续性还是休耕项目的可持续性及影响因素研究均未得到重视。本章以外部性理论、公共产品理论和福利经济学理论等为理论指导，以生态严重退化区的国家休耕试点县甘肃省环县为研究案例地，调研农户对休耕的认知和政策满意度，构建可持续休耕影响因素评价指标体系，运用结构方程模型，诊断影响休耕可持续性的关键因素，提出实现可持续休耕的对策，为休耕可持续实施提供新的理论视角，也进一步丰富和完善休耕政策的理论基础。

8.1 可持续休耕理论分析及模型构建

8.1.1 可持续休耕的内涵解析

从经济学的角度看，"可持续性"和"可持续发展"两个概念基本相同，是同一个概念的不同表达方式（杨先斌，2007）。可持续性原本是指为了满足人类不断增长的需求而对资源环境系统进行约束，随着经济社会的不断发展，内涵得以不断丰富，已经应用于生产、生活、政策等各个方面。

目前国内学者对休耕可持续性探讨较少，大多集中在休耕意愿、休耕补偿及休耕制度等方面。这里从农户视角出发，把可持续休耕定义为在未来一段时间内（以政策实施要求为准），绝大多数农户愿意参与休耕且对休耕政策满意程度较高，并愿意参与后期耕地管护，从而使休耕能够实现生态效益、经济效益和社会效益不断提高的政策目标的过程或状态。其实质是，在未来一定时期内，参与休耕的各利益主体都愿意按照休耕契约要求，谋求不间断休耕、循环休耕。可持续休耕也指休耕的社会接受度高，农户休耕意愿持续高涨，休耕综合收益持续高于休耕成本的一种休耕模式。休耕的可持续性主要表现在生态、经济、社会三个方面：耕地质量得到一定程度上的恢复提高，地力得到提升，农业得以可持续发展；休耕能有效增加休耕农户收入，促进农村产业结构调整，减轻农户对耕地的依赖性；粮食安全得以保障，相关的基础设施得到完善，农户对政策的满意度有明显提高，社会发展的和谐度明显增强。休耕的可持续性具体体现为休耕的社会可持续性、经济可持续性和生态可持续性三个方面。

8.1.2 可持续休耕的理论支撑

8.1.2.1 外部性理论与可持续休耕

外部性理论主要源于马歇尔 1890 年发表的《经济学原理》（张宏军，2007）。20 世纪 30 年代，庇古对外部性理论进行了补充和更准确的解释。庇古以福利经济学理论为基础，指出因边际私人净产值和边际社会净产值有所偏差导致了外部性产生，即边际私人成本和利益与边际社会成本和利益之间的差异导致外部性产生。外部效益由正负外部性组成，一般数学表达式为：$U_A = U_A(X_{A1}, X_{A2}, X_{A3}, \cdots, X_{An}, Y_{Bj})$（Buchanan，1962），解释为经济主体 A 的效益或者福利若被其他的经济主体影响，只有让负外部性消失，整个社会的经济效率才能达到最优化水平，称为帕累托最优。在耕地生态系统中，耕地向整个社会提供了经济效益，在市场作用下，企业、政府和农户都是受益的经济体，共同享有由耕地提供的正外部性。但是当耕地被人类过度开发利用后，所产生的生态效益急剧下降，私人效益大于社会整体效益，负外部性由此产生。为了消除或者减少负外部性（又称外部性的内部化），庇古提出在市场作用失灵的情况下，政府进行干预调控，"庇古税"应运而生。简单来说，"庇古税"就是当私人边际成本大于社会边际成本时，以税收的手段对相应经济主体进行惩罚，而对社会受益大于私人边际效益的经济主体给予一定的补贴。而 Coase（1960）认为若为了消除一方发生负外部性，两个经济主体最终可能都会受到损失，所以将产权作为处理这种问题的解决方法，从而建立了科斯产权定理。科斯产权定理是指只要产权是明确的，并且交易费用为零或很低，那么无论开始时将产权赋予谁，市场均衡的最终结果都是有效率的，都会实现资源配置的帕累托最优，或者说市场机制的作用最优。换句话说，只要产权明确，经济利益主体间会在市场作用下达成一致，最终实现资源的最优配置（即帕累托最优），反之，一旦产权难以确定，则科斯产权定理就失去了意义。一般来说，在耕地生态系统中，土地产权主要属于集体，但由其产生的生态效益和社会效益是由社会大众共享，同时交易所产生的成本也很高，但如果为了避免负外部性而放弃利用土地，对集体和农户来说都是较大的损失，同时也是不现实的。因此，科斯产权定理无法实现资源的最优配置，只有在产权明确的前提下，政府配合采取一定手段，制定合理的制度才能实现整个社会的帕累托最优。综上可知，负外部性难以完全消除。中国的休耕是市场调节与政府宏观调控相结合的方式。在休耕过程中，要明晰产权及处置，必须清楚耕地的效益并由此确定耕地的交易费用，即各种补偿（支付）、补贴、奖励的评定标准。由于耕地质量和土地利用特点及耕作制度差异等客观状况，现行耕地休耕试点的三类区域补偿标准各不相同。因此，在考虑可持续休耕的影响因素时，需要考虑当地的补贴标准是否合理、农户期望的补贴标准与补偿方式是否合适、补贴发放是否及时、农户对补贴标准满意度的高低等方面，只有实行合适的补贴制度才能保障休耕的可持续推行。

8.1.2.2　公共产品理论与可持续休耕

公共产品是针对私人产品提出来的，当前普遍公认的公共产品理论来源于萨缪尔森的《公共支出纯理论》和《公共支出理论图解》（Coase，1960）。私人产品最重要的特征是消费和使用上具有排他性和独立性（Musgrave，1959）。公共产品则相反，无论个人是否愿意主动消费，均能使所有社会公众受益。在《公共支出纯理论》一书中，公共产品被定义为如果每个人消费一种物品或劳务且不会导致他人对该物品或劳务的减少，则该物品或劳务就是纯粹的公共产品或劳务。经济学家在此基础上进行了引申，总结出了公共产品不同于私人产品的特点：第一，效用的不可分割性。公共产品的服务对象是整个社会群体，并非个体或者某些小团体。第二，消费的非竞争性。个人或某些小团体在使用公共产品的同时不排斥其他个体使用。第三，受益的非排他性。没有一种手段或者技术可以将个人排除在公共产品消费范围之外（徐德信，2005）。

Goldin（1977）提出，只有通过排他性的制度、技术或者方法，才有可能解决公共产品私人供给的效率问题。所以，在公共物品领域，市场机制无法发挥作用，只有通过政府的行政手段进行调控，明确公共产品中的需求量和供给量，确立合理的制度才能促进供求均衡。土地资源属于准公共物品，但耕地生态系统服务功能却属于纯公共产品，由于耕地资源的稀缺性，如果不注重保护耕地资源，就会导致耕地资源越来越紧张。我国休耕的着眼点更侧重于耕地地力提高、耕地生态保护与粮食供应间的平衡。休耕是由政府出面提供环境产品，这类公共产品是由农户受政府委托所产生的产品，可以称之为环境产品。环境产品的个人利益（私人利益）远远小于社会利益。基于土地的公共资源属性和耕地生态系统服务功能的纯公共品性，政府始终是休耕的参与者和主导者。因此，需在休耕政策的实施中对农户进行一定的补贴，同时，也需要考虑政策的推行效果和执行情况，及时调整政策，以推动休耕的可持续发展。基于公共产品理论和农户视角，可持续休耕的影响因素包括农户对政策的满意程度、休耕信息对农户的公开程度、休耕政策的宣传情况、农户对休耕实施的效果评价和农户对休耕必要性的认识等方面。

8.1.2.3 福利经济学理论与可持续休耕

福利经济学概念最早由经济学家帕累托提出，主要包括帕累托改进和最优两个方面。通常情况下常用帕累托改进来表示福利经济学，即在一种经济状态下，由于改变能提高至少一个人的生活水平（福利水平）但又不会影响他人生活质量，整个社会的福利水平都会得到提高。而帕累托最优是指福利水平已经不需要任何改进，社会经济水平和自然资源状态都得到最优配置。但是这种状态过于理想化，一般只能在完全竞争经济框架内实现。卡尔多的补偿检验标准认为，如果受益者充分补偿虽然受到损失，但生活水平依旧可以得到改善，那这种社会福利的提高是可取的，希克斯在卡尔多的基础上提出了希克斯标准（徐德信等，2005），指受损者若不能通过不当手段以期从改变社会经济状态变化中受益，那就说明社会福利得到了改善。卡尔多和希克斯标准都假设补偿是存在的，则可判断社会福利的改进（韩枫，2016）。

在耕地保护与可持续发展中，农户最关心的是本身福利水平的变动，只有不断提高农户的福利水平（生活水平），才能提高农户参与的积极性。国家在实行休耕制度试点中对农户的补偿标准如果只是与农户损失的机会成本相同，农户的福利水平是难以得到改善的，只有整个社会的福利水平得到提升，农户个人的福利水平才能得以改善。本章基于农户视角，从农户的生活水平（农户家庭经济特征）、对政策的直观认知即政策满意度出发研究可持续休耕。如果对耕地只是过度利用而不去加以保护，不仅会大大影响耕地质量，也会影响到农业的可持续发展，导致农户生活质量和福利水平的下降。因此，在考虑农户福利因素时，应优先考虑全社会的利益最大化，以提高整体水平，毕竟耕地质量改善在短期内对于农户福利增加的效果是不明显的，在长期休耕后才会逐渐表现出来，且具有较大潜力。如果农户既获得休耕相应补贴，同时又获得更好的经济发展机会，其福利水平就能得到提升。因此，在本研究中，在了解农户对政策的满意度的同时，还需要考虑农户在休耕后家庭收入的变化情况、家庭外出务工人员情况、农户自身家庭情况，如家庭人均收入和家庭拥有承包耕地等农户地块情况，以便全面剖析可持续休耕的影响因素。

8.1.3　可持续休耕的内容框架

耕地属于准公共产品，而休耕属于耕地保护的一种措施，是一项由政府主导、农户参与、全民受益的政策，利益主体包括政府、农户、集体经济组织以及受休耕影响的其他群体（社会公众）。

本研究中所涉及的利益主体主要依据公共产品理论和福利经济学理论确定，主要包括公共产权主体（政府）、参与者（农户）及受益者（包括农户自身、当地合作社组织等营利性单位）。农户既是参与者也是受益者，既可以作为补偿主体，又可以作为受偿主体。虽然在我国耕地属于集体所有，农户作为集体经济组织中的一员，理应享有权利，但由于我国的休耕主要由政府主导，是一项自上而下的制度运行模式，因而农户作为补偿主体的角色就被弱化了，更多扮演的是受偿主体的角色。由于耕地作为公共产品的特殊性，在实施休耕政策时，政府承担补偿主体的角色，受偿主体则是农户。政府是休耕的主要推动者和引导者，只有其他利益主体的配合，才能确保休耕的可持续。在休耕中，农户是最为直接和重要的利益主体，利益主体的满意度与补贴标准密切相关，补贴标准是休耕受益主体最为关心的部分，会因为自然、社会等条件的不同而不同，标准的设定会直接影响农户的态度，进而影响农户对政策的满意程度。因此，休耕利益主体的确定具有十分重要的意义。

基于上述分析，本研究提出如下研究框架：基于农户视角，从休耕经济和社会可持续两个方面探讨休耕政策满意度的影响因素，并将农户对休耕政策的满意度研究从微观层面上升到可持续休耕的宏观层面，结合农户家庭特征、农户地块特征和农户休耕管护意愿等方面，找到影响可持续休耕的关键因素，为实现耕地恢复和生态可持续、农户生计可持续和社会可持续的发展模式提供案例支持。但目前休耕试行时间较短，耕地在短期内恢复效果并不明显，参考价值受到限制，所以本研究主要侧重于探讨社会可持续和经济可持续两方面（图 8-1）。

8.1.4　可持续休耕影响因素指标体系构建

8.1.4.1　指标构建原则

为构建一套科学实用的休耕可持续发展评价指标体系，既要遵循一般休耕可持续发展的基本原则，又要考虑甘肃省环县的实际情况和发展趋势，主要遵循以下原则：

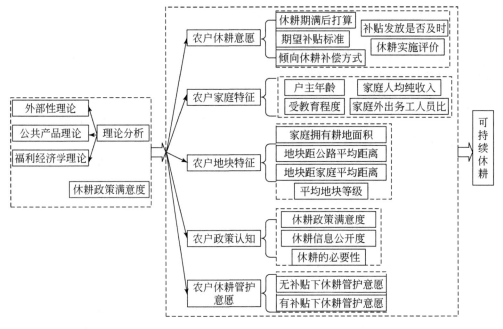

图 8-1　研究内容框架图

1）科学性。评价指标体系的框架应条理清晰，结构严谨；指标概念明确，代表性强，科学合理，能够度量和体现可持续休耕目标的实现程度。

2）目的性。目的性原则是评价指标体系构建的根本性原则，它要求指标体系能较为直接有效地反映可持续休耕各项指标的变化，以便更加有效地为政策的推进和顺利实施提供较为可靠的依据。

3）定性与定量相结合。在评价指标的构建过程当中，当指标可定量化时则采用定量的方法；当指标无法定量化时，就需要用定性的方法，以增加指标的可信度。

4）可行性及可操作性。可操作性是指数据便于获取、方便计算，方法简单实用。一是指标体系简明，对最终评价结果影响较大，以提高评价结果的准确性；二是定量指标真实和有效，定性指标则通过分级或间接赋值转换为定量数据；三是指标体系要能够重复和验证；四是指标数据可获取。

5）独立性。既要考虑指标的全面性，又要避免指标信息的交叉重叠及存在隶属关系，能够说明不同问题或问题的不同方面。

8.1.4.2　可持续休耕的影响因素分析

根据对可持续休耕相关理论以及农户对休耕政策满意度，结合可持续休耕的特点，具体分析可持续休耕影响因素的内容，筛选出可能对可持续休耕有影响的因子。

（1）农户休耕意愿

农户是休耕制度试点的主要参与主体之一，农户对休耕的认知情况很大程度上会影响休耕的实施情况和社会效益，良好的认知能够推动休耕的可持续发展。农户休耕意愿主要包括休耕期满后打算、期望补贴标准、倾向休耕补偿方式、休耕实施评价和补贴发放是否及时五个方面。

（2）农户家庭特征

若长期实施休耕，则必须考虑农户的经济条件，至少要保证休耕后农户收入不会降低。同时，农户的年龄和受教育程度也可能会影响农户对政策的了解程度，进而影响休耕的可持续发展。农户家庭特征主要包括户主年龄、受教育程度、家庭人均纯收入和家庭外出务工人员比。

（3）农户地块特征

耕地质量会直接影响到休耕效果，而农户家庭拥有耕地面积则会影响农户对政策的满意程度。同时，地块距离家庭和公路的距离也可能会影响农户对休耕地的管护，距离越近，管护成本越低，便捷度越好，更利于休耕的生态可持续发展。

（4）农户政策认知

农户对政策认识越深越能够推动政策的顺利实施。休耕信息公开度越高，农户对信息掌握和了解的程度越深，对休耕必要性的认识就越深，就越能提高农户对政策的满意程度和休耕的管护意愿，进而推动休耕的可持续发展。

（5）农户休耕管护意愿

休耕的最终目的在于恢复地力，提高耕地质量，需要前期政策实施和后期管护，农户的管护意愿对休耕的生态可持续影响很大，必须引起高度重视。农户休耕管护意愿分为有补贴和无补贴的休耕管护意愿。

8.1.4.3　可持续休耕评价指标体系构建

根据上述分析，主要从农户休耕意愿、农户家庭特征、农户地块特征、农户政策认知和农户休耕管护意愿五个方面构建可持续休耕指标体系（图8-2）。

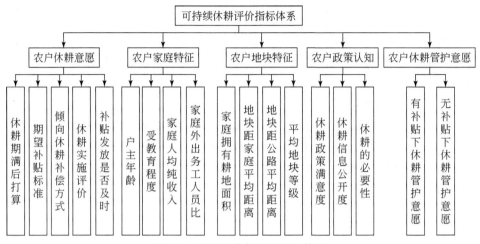

图 8-2　可持续休耕评价指标体系

8.1.5　模型选择及构建

8.1.5.1　传统评价方法

（1）层次分析法

层次分析法是一种系统分析方法，最早由美国著名运筹学家 Saaty 教授于 20 世纪 70 年代提出，他认为研究系统的首要步骤就是研究它的层次，因为在时空维度中任何系统都可以实现逐级分解，最终形成一个类似于金字塔式的层次结构，通过层次分解可以更好地表现出系统的层次性和本质。层次分析法更适合于难以定量化的问题，将问题中的各因素划分成不同层次但又相互联系的结构，使相互间更加有逻辑性。依据现实条件对其进行模糊判断，逐层给出定量的相对重要程度，再利用数学方法确定权重。

层次分析法把定性和定量分析很好地结合起来，在方案选择、资源配置等问题上有很好的应用。但是，层次分析法是以合理的结构层次划分为基础的，对主观性判断依赖较大，存在一定的局限性。

（2）模糊综合评价法

模糊综合评价法是一种基于模糊数学和应用模糊关系合成的原理，对一些难以定量的因素进行定量化的综合评价方法。模糊综合评价法通过构造等级模糊子集对被评价事物的模糊指标进行量化，然后利用模糊变换原理对各指标进行综合。

一个被评价事物在某个因素 u_i 方面的表现，是通过模糊向量 $(R \mid u_i) = (r_{i1}, r_{i2}, \cdots, r_{im})$ 来表现的，而在其他评价方法中更多是由一个指标实际值来表示，因此，从这个角度来讲，模糊综合评价法需要更多的信息（韩枫，2016）。

（3）因子分析法

因子分析法是 20 世纪初期在心理学领域发展出来的一种多变量统计技术，最初应用于人类行为的研究，后来逐步扩展到社会学、地理学及管理学等学科领域。因子分析法在多元统计中属于降维思想中的一种，通过较少的公共因子反映复杂现象的基本结构，更多是为了简化数据。如果原始评价因素较少，且界限较为清晰又能够客观描述指标含义，可以不使用因子分析法。使用因子分析法的过程中，需要评价因素间有较强的相关性，如果相关性较低，因素间不可能共享公共因子，公共因子对于因素的综合能力就偏低。一般会对因素的相关矩阵进行检验，若大部分相关系数都小于 0.3，则不适合做因子分析。

8.1.5.2　结构方程模型及其优点

瑞典统计学家 Jereskog 在 20 世纪 70 年代首次提出了结构方程模型（structural equation modeling，SEM）。结构方程模型是以变量的协方差矩阵为基础，通过分析变量之间的关系，最后进行综合统计的技术，因此，又被称为协方差结构分析。结构方程模型是一种既考虑因素的内部结构，又注重因素间因果关系的多变量测量模型，该模型结合路径分析、验证性因子分析和一般统计检验方法，能够分析变量之间的相互因果关系，同时也考虑了误差因素，避免了路径分析中假设前提的约束，这也是因子分析法无法完成的。

层次分析法、模糊综合评价法和因子分析法都属于探索性分析，探索性分析可以求得测验量表所包含的共同特质或抽象构念。结构方程模型主要用来处理潜变量与观测变量以及潜变量之间的关系，进而获得自变量对因变量影响的直接效果、间接效果或总效果。如果没有足够理论进行支撑，变量间关系不明确，可以选择探索性分析；若有理论基础，可以选择验证性分析来进行验证。

相较于传统分析法，结构方程模型具有以下优点：

第一，可检验个别测验题项的测量误差，剔除这些测量误差，进而提高因子负荷量的精确度。

第二，可依据相关理论、文献或经验，提前决定部分因子是属于哪个共同因素，或置于哪几个共同因素中，同时可以提前假设某些共同因素之间是否具有相关性。

第三，能够在统计层面上对模型进行提取评估，以便了解构建的模型能否与实际所获得的数据相符合，即模型的适配度检验。

基于这些优点，本研究引入结构方程模型对可持续休耕影响因素进行研究。

8.1.5.3 模型框架建立

根据结构方程模型的基本操作方法，运用 AMOS 软件进行模型构建。AMOS 软件主要包括基本情况（analysis summary）、变量基本情况（variable summary）、模型信息（notes for model）、估计结果（estimates）、修正指数（modification indices）和模型拟合（model fit）六部分。一般通过基本情况、变量基本情况和模型信息三方面了解模型，根据估计结果和模型拟合对模型进行评价，修正指数则用于模型修正改进。在构建出相应的测量模型和结构模型的基础上，根据结构模型理论中对变量类型、模型变量关系的规定，并依据路径图中对不同变量与对应形状之间的规定，依据 8.1.4.3 节所构建的指标体系建立可持续休耕影响因素理论模型，如图 8-3 所示。

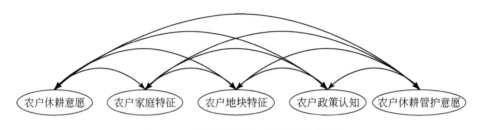

图 8-3　可持续休耕影响因素理论模型

8.2　调研区域与样本农户特征

8.2.1　研究区选择

2016 年 6 月，农业部印发的《探索实行耕地轮作休耕制度试点方案》指出，我国将在地下水漏斗区、重金属污染区和生态严重退化地区开展休耕试点，安排甘肃省生态严重退化地区连年休耕 1333.33hm²（2 万亩），甘肃省环县被列为国家休耕试点县。

现有文献对地下水漏斗区等类型区域关注较多，对生态严重退化区研究较少，环县位于西北干旱区，具有生态严重退化区的典型特征，同时，在社会经济条件方面也具有一定的代表性，因此，本研究选择环县为研究区域。

8.2.2　研究区概况

（1）环县自然地理概况

环县隶属于甘肃省庆阳市，位于甘肃省东部、庆阳市西北部，介于 $36°1'N \sim 37°9'N$，$106°21'E \sim 107°44'E$。环县位于陕、甘、宁三省区交界（图7-6），鄂尔多斯盆地之腹中，西部为掌地丘陵沟壑区、北部为塬峁丘陵沟壑区、南部为残塬丘陵沟壑区、中部为环江河谷区。境内丘陵起伏，沟壑纵横，地势西北高、东南低，海拔在 1200 ~ 2089m。年均气温 9.2℃，无霜期 200 天，日照时间 2600 小时，常年平均降水量 300mm 左右，且时空分布不均，降水时段主要集中在 7 ~ 9 月，是典型的干旱生态严重退化区。银（川）—（长）武大动脉纵贯全境，神府、宁东、华亭、彬长四大煤田分布四周，中石化、中石油、延长油矿开采区块均有分布。

（2）环县社会经济情况

环县全县辖 20 个乡镇、1 个旅游开发办，包含 251 个行政村、1487 个村民小组，土地总面积 9236km²，2017 年末全县户籍人口 36.06 万人，常住人口 31.23 万人，是一个人口外流县。户籍农业人口 30.25 万人，2017 年全县完成地区生产总值 77.79 亿元，人均 GDP 23 983 元，第一、第二和第三产业分别占 11.1%、51.9% 和 37%；社会消费品零售总额 18.83 亿元；财政收入 6.04 亿元，同比增长 23.18%；城乡居民人均可支配收入分别为 27 199.8 元和 7708.3 元，城乡居民收入差距比高达 3.53∶1，城乡居民收入差距较大，远低于全国的平均水平；城镇化率仅 27.99%，城镇化率较低，是一个经济欠发达的农业县。

（3）环县休耕情况

自 2016 年环县被确定为全国休耕试点县以来，累计休耕面积 3333.33hm²（5 万亩）。全县休耕试点工作涉及洪德、甜水、南湫等 7 个乡镇 22 个行政村，休耕地块 10 916 块。2016 年休耕区域采用地力综合培肥与种植绿肥作物相结合的技术模式，按照增施有机肥→种植绿肥→杀青还田→深翻晒垡→旋耕保墒→翌年再种植绿肥的流程，分年度进行休耕。2017 年技术模式采用一年生绿肥作物种植模式，分区域种植芸芥、箭筈豌豆与毛苕子混种、草豌豆，面积各占 1/3，三年为一个轮作周期。2017 年开始进行耕地质量监测及核心示范区建设，全县休耕区域布设固定监测点和对照监测点各 50 个，委托甘肃省农业科学院农业资源与环境监测中心进行土样化验，现已初步完成，并建立了耕地质量监测数据平台。

8.2.3 问卷设计

8.2.3.1 初始调研设计原则

调研方式主要采取问卷调查法，在调研前对要研究的问题进行梳理，并设计问题，然后对调研人员进行培训，使其了解每个问题的真实含义以便提高问卷的准确性，再根据问卷对农户进行访谈，最后对数据进行清理检查。问卷的有效性和可靠度直接影响着调研结果，问卷的设计需要遵循以下几个原则：

1）明确合理性。在设计问卷题目时应和预期得到的调研结果保持基本一致，问题描述要清晰明确无歧义，要让调研人员和被调研人员均清楚题目的含义。

2）简洁易懂性。设计问卷通俗易懂，尽量少用专业术语，即使有专业术语也必须让调研人员能够解释清楚，否则会降低效率且影响问卷准确性和有效性。

3）统计便利性。目前，数据处理多使用统计软件（本研究使用 SPSS 22.0 软件），为了方便后续处理分析，问卷的答案需要易于统计。

4）逻辑明晰性。在设计问题时需要保证一定的逻辑性，将同一类问题进行分类归纳，便于问卷调查双方的提问和理解，也便于提高处理效率，还可以此逻辑关系检验被调查人员回答问题的真伪。

8.2.3.2 问卷设计方法

本研究旨在了解农户对休耕的认知、满意度和休耕管护等情况，课题组设计调查问卷主要包括以下三个部分，第一部分为农户户主个人情况及家庭社会经济特征，包括个人基本情况、家庭基本情况及家庭收入支出情况；第二部分为土地生产情况，主要了解家庭拥有的土地基本特征及作物种植投入产出情况，包括家庭拥有的土地面积、土地等级及作物产出等情况；第三部分为休耕情况，主要了解休耕实施情况、对休耕政策的认知以及满意度，包括农户对休耕的倾向补偿方式和补偿金额。

本研究所设计的指标包括农户对政策的认知等一些主观指标即农户对休耕政策的感受或评价，这类指标调查最直接的方法就是访谈询问，但是访谈法很难全面概括农户的感受和认知，也很难对农户的口头表达予以定量统计分析，因此要将其进行量化处理，将农户的认知或者感受用数字进行客观表达，这种衡量"态度"的测量工具，称为量表。量表的设计包括两步：第一步是赋值，按照相应的数学规则，针对具体问题将农户的不同认知或者感受进行赋值，不同数字代表不同认知；第二步是定位，将数字按照一定的规律排序，农户根据自己的感受进行选择判断。

8.2.4　数据来源

研究数据由课题组 2017 年 9 月对试点区进行入户调研得来。数据来源分为两个部分，第一部分为预调查阶段，以访谈的形式向县农牧局、村镇干部等相关人员了解休耕基本情况和农业种植基本情况，第二部分为入户调研数据，采取分层随机抽样法，原则有三：一是要兼顾休耕户和非休耕户，二是兼顾 5 个乡镇的经济发展水平和人口规模，三是每个抽样的行政村需保证 20 ~ 30 个农户的样本量。调研组在每个村按照适当的比例分别调研休耕农户和非休耕户，对甘肃省环县休耕涉及的耿湾、洪德、山城、天池和环城 5 个乡镇，采取入户访谈与调查问卷相结合的方式，共发放问卷 400 份，实际回收 380 份，有效问卷 376 份，研究所用分析数据来源于休耕户的 339 份问卷，占总有效样本问卷的 90%。调查内容涉及休耕地居民对现行休耕政策的态度和认知情况，还包括居民的个体基本特征、社会经济特征和对休耕的意愿等。此外，对于调查中农户口述的有关对休耕政策的态度、意见及建议等非问卷调查内容，本研究采取录音和与文字相结合的方式进行了记录，并在后期进行了整理。

8.2.5　样本农户特征

样本农户社会特征主要涉及被调查农户的性别、年龄、受教育程度、职业及家庭年收入等指标（表 8-1）。

调查样本中，男性占 93.51%，女性占 6.49%；调查对象年龄最小的为 21 岁，最大的为 82 岁，平均年龄为 49.8 岁；受教育程度多为初中以下学历，其中比例最大的是小学学历者，占 43.07%，其次是初中学历者，占 32.74%；大专及以上学历者最少，仅占 0.59%。家庭年收入为 25 001 元 ~ 50 000 元的人数最多，占 45.72%；25 000 元以下者次之，占 33.63%；100 001 元以上的人数最少，仅占 3.54%。家中人口最多的是 4 ~ 6 人，占 62.24%；1 ~ 3 人次之，占 21.53%；约 16.23% 的被调查家庭人口数超过 7 人。在被调查者的职业中，80.24% 是农民，比例最大；工人（外出务工）和单位工作者次之，占比为 12.09%；最少的是学生，占比仅为 0.29%。在被调查的 339 户农户中，有 95.28% 的农户家中没有村干部，有村干部的占比为 4.72%。同时通过访谈了解，67.6% 的被调查者家庭主要收入来源于外出务工，种植业和养殖业收入次之，其他收入最少。

表 8-1　样本农户社会经济特征

指标	指标分类	频数	占比（%）	指标	指标分类	频数	占比（%）
性别	男	317	93.51	职业	农民	272	80.24
	女	22	6.49		工人（外出务工）	40	11.80
年龄（岁）	30 及以下	15	4.43		单位工作者	1	0.29
	31~40	49	14.45		自营工商业	3	0.89
	41~50	91	26.84		学生	1	0.29
	51~60	120	35.40		其他	22	6.49
	61 及以上	64	18.88	家庭年收入（元）	25 000 及以下	114	33.63
受教育程度	未受教育	61	17.99		25 001~50 000	155	45.72
	小学	146	43.07		50 001~100 000	58	17.11
	初中	111	32.74		100 001 及以上	12	3.54
	高（职）中	19	5.60	家中是否有村干部	否	323	95.28
	大专及以上	2	0.59		是	16	4.72
家庭总人口（人）	1~3	73	21.53				
	4~6	211	62.24				
	7 及以上	55	16.23				

8.3　休耕农户对休耕政策满意度分析

基于前文的基础理论和文献综述可以知道农户对休耕政策的满意程度，直接或间接影响休耕政策的可持续推行和项目的建设效果。作为休耕政策最重要的受偿主体，农户对休耕政策的满意程度很大程度上反映了休耕政策的实施情况，由于各休耕试点区域自然、社会和经济条件不同，影响农户休耕政策满意度的因素也各不相同。本章拟通过分析甘肃省环县农户休耕政策满意度，剖析影响满意度的关键因素，为实现休耕社会可持续提供科学依据和参考。

8.3.1　农户对休耕政策的满意度及认知

在实际操作中，制度要求和制度实施是两个方面的问题。农户是否接受并按照国家政策等正式制度的规定行事具有不确定性，因此，休耕制度实施要坚持自上而下要求与自下而上意愿相结合，休耕区域农户作为被补偿的对象，对休耕补偿的满意程度直接或间接影响休耕制度的实施及休耕制度的建设效果。因此，了解现行休耕制度下休耕农户的满意度及其影响因素对完善休耕制度，降低休耕补偿的负面影响，更好地推行休耕制度有重要作用。

了解当地农户对休耕政策的认知和态度，是制定和完善休耕政策的基础性工作。通过对调查问卷数据的整理，得到休耕试点区域农户对现行休耕政策的态度及认知情况（表8-2）。

表 8-2　休耕农户对现行休耕政策的态度及认知

认知项目	选项	样本数	占比（%）
休耕政策满意度	非常不满意	1	0.3
	不满意	6	1.8
	一般	32	9.4
	满意	205	60.5
	非常满意	95	28.0
休耕政策宣传情况	不到位	15	4.4
	比较到位	86	25.4
	非常到位	238	70.2
休耕实施效果	不知道	72	21.2
	非常差	1	0.3
	不好	5	1.5
	一般	17	5.0
	好	211	62.3
	非常好	33	9.7
休耕必要性认识程度	根本没必要	0	0
	可有可无	4	1.2
	有一定必要	141	41.6
	非常有必要	194	57.2
倾向休耕补偿方式	实物补偿	15	4.4
	货币补偿	282	83.2
	技术补偿	22	6.5
	金融贷款	8	2.4
	其他	12	3.5

续表

认知项目	选项	样本数	占比（%）
休耕补偿标准满意度	非常不满意	1	0.3
	不满意	22	6.5
	一般	82	24.2
	满意	184	54.3
	非常满意	50	14.7
休耕后家庭收入变化	收入减少	18	5.3
	不变	217	64.0
	收入增加	104	30.7

从表 8-2 可知，大部分农户对休耕政策的宣传和必要性具有了良好的认识，但在休耕实施效果方面认识不足。同时，关于休耕补偿方式，选择货币补偿的农户达到 83.2%；选择实物补偿、技术补偿和金融贷款及其他方式的农户占16.8%，这说明当地农户比较依赖于货币补偿的方式，普遍认为现金补偿较其他方式更具有可行性和实用性。在休耕补偿标准满意度方面，只有 0.3% 的农户对休耕补偿标准非常不满意，69% 的农户为满意和非常满意，说明大部分农户认为现行休耕补偿标准很合适。在休耕后家庭收入变化方面，64% 的农户认为休耕后家庭收入没有变化，30.7% 的农户认为休耕后家庭收入有所增加，这与上述农户对于休耕补偿标准的满意度一致。

在 339 户受访农户中，对休耕政策满意和非常满意的农户有 300 户，占样本总量的 88.5%；一般满意的 32 户，占样本总量的 9.4%；只有 7 户对休耕政策的态度为不满意和非常不满意，占 2.1%。绝大部分受访农户对休耕政策持满意态度。

通过入户走访，绝大多数农户对休耕政策较为满意，这是由于甘肃省地处西北生态脆弱区，土壤沙化严重且易发生旱灾，耕地质量较差，农户种植的粮食作物仅能满足自己使用，农作物经济效益较低。此外，大部分农户年龄较大，很难通过外出打工或者其他方式获得稳定收入。休耕一方面可以缓解用地压力，提高土地质量，有助于作物产量的提高；另一方面，休耕后，农户家庭有多余的劳动力，有更多的时间从事其他非农工作，增加收入。通过调研得知，环县当地休耕补贴为 400 元/亩，基本能满足农户生活开销。部分对休耕政策持一般和不满意态度的农户表示，休耕补贴收入比种植收入低，即休耕后，农户收入减少。也有一部分农户是因为休耕补贴没有及时发放，对政策满意度较低。

8.3.2　农户对休耕政策满意度的 Logistic 回归分析

8.3.2.1　变量定义及赋值解释

除了农户的认知外，本研究从农户的社会和经济特征方面选择了可能影响休耕政策满意度的因素：性别、年龄、受教育程度、职业、家庭年收入、家庭总人口和家庭成员中是否有村干部等 14 项。将这 14 个变量作为模型的解释变量，而休耕政策满意度的评价作为被解释变量，所选变量及定义详见表 8-3。

表 8-3　变量定义、赋值及描述性统计

变量	变量定义及取值	最大值	均值	最小值	标准差
休耕政策满意度	1＝非常不满意，2＝不满意，3＝一般，4＝满意，5＝非常满意	5	4.17	1	0.62
性别	1＝男，2＝女	2	1.06	1	0.24
年龄	1＝30 岁及以下，2＝31～40 岁，3＝41～50 岁，4＝51～60 岁，5＝61 岁及以上	5	3.49	1	1.09
受教育程度	1＝未受教育，2＝小学，3＝初中，4＝高（职）中，5＝大专及以上	5	2.28	1	0.84
职业	1＝农民，2＝工人（外出务工），3＝单位工作者，4＝自营工商业，5＝学生，6＝其他	6	1.46	1	1.26
家庭年收入	1＝25 000 元及以下，2＝25 001～50 000 元，3＝50 001～100 000 元，4＝100 001 元及以上	4	1.69	1	0.88
家庭总人口	1＝1～3 人，2＝4～6 人，3＝7 人及以上	3	1.95	1	0.61
家庭成员中是否有村干部	1＝是，0＝否	1	0.05	0	0.21
休耕政策宣传情况	1＝不到位，2＝比较到位，3＝非常到位	3	2.62	1	0.57
休耕的实施效果	1＝不知道，2＝非常差，3＝不好，4＝一般，5＝好，6＝非常好	6	4.16	1	1.71
休耕必要性认识程度	1＝根本没必要，2＝可有可无，3＝有一定必要，4＝非常有必要	4	3.56	2	0.52
休耕补偿标准满意度	1＝非常不满意，2＝不满意，3＝一般，4＝满意，5＝非常满意	5	3.77	1	0.79
倾向休耕补偿方式	1＝实物补偿，2＝货币补偿，3＝技术补偿，4＝金融贷款，5＝其他	5	2.17	1	0.70
休耕后家庭收入变化	1＝收入减少，2＝不变，3＝收入增加	3	2.26	1	0.55

8.3.2.2 Logistic 回归模型

Logistic 回归是一种广义的线性回归分析模型，即分析因变量与多个自变量之间的关联。Logistic 回归的因变量可以是二分类的，也可以是多分类的。当因变量中的等级超过 2 个时，不能简单地将其中两个等级单独拟合二分类的 Logistic 回归（张文彤和董伟，2013），即因变量之间存在等级和程度的差异时，要选择有序多分类 Logistic 回归。

本研究立足农户对休耕政策的满意度及其影响因素，因变量类型——满意度（具体分为 5 类：非常不满意、不满意、一般、满意和非常满意）是一个有序分类变量，可以采用有序 Logistic 模型进行分析，具体模型如下（王丽佳和刘兴元，2017；胡欢等，2017）：

$$P(y = j/x_i) = \frac{1}{1 + \exp[-(\alpha + \beta x_i)]} \tag{8-1}$$

式中，y 为农户对休耕政策的满意度，给各满意度 y 赋值（$j = 1$，2，3，4，5），$j = 1$ 代表非常不满意，$j = 2$ 代表不满意，$j = 3$ 代表一般，$j = 4$ 代表满意，$j = 5$ 代表非常满意；x_i 为影响农户对政策满意度的第 i 个因素（$i = 1$，2，$\cdots$，m），m 为影响因素的个数。建立累计模型：

$$\text{Logit}(P_j) = \ln[P(y \leq j)/P(y \geq i + 1)] = -\alpha_j + \beta x \tag{8-2}$$

式中，P_j 为农户对政策满意度的评价属于某一程度的概率，$P_j = P(y = j)$，$j = 1$，2，3，4，5；$(x_1，x_2，\cdots，x_i)^T$ 表示一组自变量；α_j 为模型的截距；β 为一组与 x 对应的回归系数。在得到 α_j 和 β 的参数估计后，某种特定情况（如 $y = j$）发生的概率就可以通过以下等式得到：

$$P(y \leq j/x) = \frac{\exp[-(\alpha_j + \beta x_i)]}{1 + \exp[-(\alpha_j + \beta x)]} \tag{8-3}$$

8.3.3 实证结果分析

8.3.3.1 模型检验

利用 SPSS 22.0 软件进行统计分析，采用多分类有序 Logistic 回归模型进行多因素分析。筛选出对休耕政策满意度具有显著性影响的因素，将家庭成员中是否有村干部、家庭年收入、休耕补偿标准满意度、休耕必要性认识程度、休耕政策宣传情况和倾向的休耕补偿方式选择 6 个指标作为自变量，因变量为休耕政策满意度，进行有序 Logistic 回归，得出检验结果（表 8-4）。拟合信息显示模型通过卡方检验，Sig. 值小于 0.01，模型拟合效果较好。平行性检验结果显示，Sig.

值大于 0.05，说明各回归方程互相平行，可以使用有序 Logistic 回归进行分析。

表 8-4　模型拟合信息及平行性检验

模型	模型拟合信息		平行性检验	
	仅截距	最终	零假设	广义
−2 对数似然值	650.731	465.895	465.895	375.369[b]
Chi-square	—	184.837	—	90.526[a]
df	—	26	—	78
Sig.	—	0.000	—	0.157

a 代表在达到最大步骤对分次数后，无法进一步增加对数似然值；b 代表卡方统计量的计算基于广义模型最后一次迭代得到的对数似然值

8.3.3.2　结果分析

运用有序 Logistic 回归模型对于数据的拟合度较好，相比于二分类 Logistic 模型，有序多分类 Logistic 模型的优势在于可以检验自变量的不同次序对因变量的影响是否存在显著差异，结合有序 Logistic 模型，分析农户对休耕政策满意度的影响因素，结果如表 8-5 所示。

表 8-5　休耕政策影响因素的有序 Logistic 回归模型分析

项目	选项	估计值	标准值	Wald 检验	显著性	95% 置信区间	
						下限	上限
Threshold（阈值，用来表示常数项估计值）	休耕政策满意度=1	−7.682	1.795	18.304	0.000	−11.201	−4.163
	休耕政策满意度=2	−5.425	1.471	13.602	0.000	−8.309	−2.542
	休耕政策满意度=3	−3.247	1.424	5.198	0.023	−6.038	−0.456
	休耕政策满意度=4	0.995	1.438	0.478	0.489	−1.824	3.813
Location（位置，用来估计偏回归系数）	家庭成员中是否有村干部	1.473	0.614	5.749	0.017	0.269	2.677
	家庭年收入	0.377	0.176	4.596	0.032	0.032	0.722
	休耕补偿标准满意度=1	−7.570	2.215	11.683	0.001	−11.911	−3.229
	休耕补偿标准满意度=2	−4.555	0.752	36.678	0.000	−6.029	−3.081
	休耕补偿标准满意度=3	−4.505	0.651	47.854	0.000	−5.781	−3.229
	休耕补偿标准满意度=4	−4.008	0.589	46.378	0.000	−5.162	−2.855
	休耕补偿标准满意度=5	0[a]					

续表

项目	选项	估计值	标准值	Wald 检验	显著性	95% 置信区间	
						下限	上限
Location（位置，用来估计偏回归系数）	休耕必要性认识程度=2	−2.711	1.061	6.529	0.011	−4.791	−0.632
	休耕必要性认识程度=3	−0.962	0.303	10.101	0.001	−1.555	−0.369
	休耕必要性认识程度=4	0ª					
	休耕政策宣传情况=1	−0.215	0.608	0.124	0.724	−1.407	0.978
	休耕政策宣传情况=2	0.993	0.313	10.036	0.002	0.379	1.607
	休耕政策宣传情况=3	0ª					
	倾向休耕补偿方式=1	0.855	0.906	0.891	0.345	−0.920	2.631
	倾向休耕补偿方式=2	1.747	0.691	6.385	0.012	0.392	3.102
	倾向休耕补偿方式=3	1.869	0.848	4.855	0.028	0.207	3.532
	倾向休耕补偿方式=4	3.211	1.102	8.493	0.004	1.051	5.370
	倾向休耕补偿方式=5	0ª					

a 代表该参数冗余，所以将其设置为 0

注：在问卷设计时，"休耕必要性认知程度=1"代表"完全没必要"，在进行问卷调查时，没农户选择这个选项，所以软件运行后，也不反馈该项信息

家庭成员中是否有村干部、家庭年收入、休耕补偿标准满意度、休耕必要性认识程度、休耕政策宣传情况和倾向的休耕补偿方式是影响农户休耕政策满意度的显著因素（$P<0.05$），而性别、年龄、受教育程度、职业、家庭总人口、休耕的实施效果和休耕后家庭收入变化对农户休耕政策满意度的影响在统计中并不显著（$P>0.05$）。

1）家庭成员中是否有村干部与农户休耕政策满意度的关系。由计算可知，相比于家庭成员中无村干部的农户，家庭成员中有村干部农户的休耕政策满意度约为 exp（1.473）=4.36 倍，即家庭成员中有村干部的农户比无村干部的农户的休耕政策满意度更高。根据实地调查访问得知，原因在于村干部的文化水平较普通农户要高，对休耕政策的内容及保障措施等知晓的时间要早，对休耕政策的理解程度要深，对政策的认可程度更高，所以当家庭成员中有村干部时，农户休耕政策满意度较高。

2）家庭年收入与农户休耕政策满意度的关系。通过计算家庭年收入的 OR值可知，exp（0.377）=1.46 倍，说明家庭年收入越高，农户休耕政策满意度越高。主要原因可能是当地耕地质量普遍不高，大部分农户仅能通过耕作保持口粮，而家庭年收入较高的农户其收入主要来源于外出务工或其他，对土地产出本来就不寄予希望，有了休耕补贴后，反倒增加了收入，所以家庭年收入越高的农

户，对休耕政策满意度越高。

3）休耕补偿标准满意度与农户休耕政策满意度的关系。以"休耕补偿标准满意度=5"（即补偿标准满意度最高）为参照，exp（−7.570）=0.00052，exp（−4.555）=0.0105，exp（−4.505）=0.011，exp（−4.008）=0.018，说明农户对休耕补偿标准满意度和对休耕政策的满意度具有高度一致性。主要原因可能是当地经济发展较落后，且老年人居多，收入来源较少且单一，当地的耕地功能主要体现为经济功能，只要休耕的经济补偿到位，农民对休耕政策的满意度自然就高。因此，农户对休耕补偿标准的满意度在很大程度上决定了农户对休耕政策的满意度。

4）休耕必要性认识程度与对休耕政策满意度的关系。以"休耕必要性认识程度=4"（即休耕非常有必要）为参照，exp（−2.711）=0.066，exp（−0.962）=0.382，说明越认为休耕有必要的农户，对政策的满意度越高。通过实地访问得知，经过环县农委等部门的努力，环县休耕政策落实较好，绝大多数农户对政策有一定了解，能够认识到休耕有助于地力的恢复，因此，关注休耕的进展，对休耕政策的满意度也较高。

5）休耕政策宣传情况与农户休耕政策满意度的关系。以"休耕宣传情况=3"（即休耕宣传非常到位）为参照，exp（−0.215）=0.807，exp（0.993）=2.699，说明休耕政策宣传是否到位是影响农户对休耕政策满意度的重要因素。这是由于大部分普通农户受文化水平和经济水平等条件的限制，未能及时全面地了解到休耕政策的内容，村委会宣传越到位，农户对休耕政策的了解程度会越高，对政策的满意度也越高。

6）倾向的休耕补偿方式与农户休耕政策满意度的关系。以"倾向的补偿方式=5"（即倾向的补偿方式为其他）为参考，组2、组3、组4即货币补偿、技术补偿和金融贷款对政策满意度的影响更显著，这可能是因为甘肃省环县经济发展较为落后，耕地质量也较低，且农户平均年龄偏大，家庭收入来源单一，常年的旱灾导致收入也不稳定等。货币补偿、技术补偿和金融贷款相较于其他补偿方式能给农户带来最直接的变化，同时也最能满足当地农户的需求，因此补偿方式会直接影响农户休耕政策满意度。甘肃省环县选择的是以货币补偿为主的简单、直接的补偿方式，所以农户对休耕政策满意度较高。

8.4　甘肃省环县可持续休耕影响因素模型运用及结果分析

根据上文所构建的模型框架，本章基于甘肃省环县的实地调研数据，运用结构方程模型对可持续休耕影响因素进行辨识，以期定量分析影响休耕可持续的主要因素，为后续休耕项目的实施和可持续发展提供参考依据，从而为制定差异化休耕政策和休耕的推广提供一定借鉴。

8.4.1 数据检验

本研究的调查问卷采用了利克特（Likert）量表法，被调查人员根据自身对问卷的理解选择答案。本研究将农户的态度和认知分为五级利克特量表，代表农户的五级态度，分别是非常满意、满意、一般、不满意、非常不满意，对应赋值为5、4、3、2、1。农户可以根据自己的实际认知和感受对问题中的做法或者行为进行重要性判断并打分。有些指标答案若不满足5级条件则先完成统计，之后在计算时再转换成同一数量级以方便计算。

8.4.1.1 数据信度检验

对调研得到的数据进行分析之前，利用SPSS 22.0软件对数据的信度和效度进行分析。信度检验是指数据的可靠性，运用不同的方法对一个研究对象进行反复的测算和检验，如果相同则可以判断数据具有一致性和稳定性，数据也较为可靠。通常以Cronbach's Alpha系数（即Cronbach α 系数）来进行判断，若系数越大，则说明数据的可信度越高。Cronbach α 系数与信度高低的对应关系是：Cronbach α 值≥0.70时，属于高信度；0.35≤Cronbach α 值<0.70时，属于尚可；Cronbach α 值<0.35则为低信度（陈胜可和刘荣，2015）。在实际研究中，如果Cronbach α 值≥0.70，则认为信度可以接受。若小于这个范围，表示该指标需要删除或进行修改（表8-6）。

表8-6　总变量信度

Cronbach's Alpha	N of Items［项目（显变量）的个数］
0.736	18

表8-7　变量信度

Item	Cronbach's Alpha	N of Items［项目（显变量）的个数］
农户家庭特征	0.735	4
农户地块特征	0.724	4
农户休耕意愿	0.727	5
农户政策认知	0.722	3
农户休耕管护意愿	0.724	2

总量表的 Cronbach's Alpha 的值为 0.736 （表 8-6），系数>0.7，证明本研究的数据信用度可以接受；从表 8-7 可以看到，所有变量的 Cronbaca's Alpha 系数均大于 0.7，证明该量表具有良好的信度，所有指标都可以接受。

8.4.1.2　数据效度检验

效度检验是指数据的有效性，即结果能否客观反映现实程度的检验。具体来说，效度检验需要针对特定的目标和范围，从各方面收集资料进行。常用的效度检验包括内容效度、实用效度和建构效度等。

在因子分析前先进行 KMO 抽样适合性检验（Kaiser-Meyer-Olkin）和 Bartlett's 球形检验（Bartlett's Test of Sphericity），即利用 SPSS 22.0 软件进行 KMO 检验，KMO 检验是为了验证各因子之间的相关性情况，一般取值为 0～1，结果越接近于 1，表示各因子之间的相关性越强，越适合进行因子分析；结果越接近于 0，则说明变量之间相关性越低，越不适合进行因子分析。Bartlett's 球形检验则可表示出卡方值、自由度以及显著性程度。

通常来说，KMO 的值小于 0.5 表示极不适合进行因子分析；KMO 值介于 0.5～0.6 表示不太适合，但可以进行因子分析；KMO 值介于 0.6～0.7 表示一般适合进行因子分析；KMO 值介于 0.7～0.9 表示适合进行因子分析；KMO 值大于 0.9 表示非常适合进行因子分析，同时表示各变量之间的相关度很高。对本次调研中的变量进行 KMO 检验 Bartlett's 球形检验得到的结果如表 8-8 和表 8-9 所示。

表 8-8　各指标 KMO 检验与 Bartlett's 球形检验

指标变量	KMO	Bartlett's 球形检验		
		Approx. Chi-Square	df	Sig.
农户家庭特征	0.589	137.156	6	0.000
农户地块特征	0.740	311.504	6	0.000
农户休耕意愿	0.684	386.942	10	0.000
农户政策认知	0.664	183.293	3	0.000
农户休耕管护意愿	0.600	76.689	1	0.000

表 8-9　总体 KMO 检验与 Bartlett's 球形检验

Kaiser-Meyer-Olkin Measure of Sampling Adequacy		0.762
Bartlett's Test of Sphericity	Approx. Chi-Square	3217.142
Bartlett's Test of Sphericity	df	153
	Sig.	0.000

从表8-8和表8-9可知，各个潜变量KMO值介于0.5~0.8，总体KMO值为0.762，Sig. =0.000表明差异显著，说明问卷数据适合进行因子分析。

因子分析是一种对多个变量进行降维处理的分析方法。根据主要相关性对变量进行分类，以此来降低数据的维度，这也是减少数据量的做法。通过因子分析找到合适的因子数，再通过分析每个样本的因子得分，对所有的样本进行聚类分析，根据因子得分总结各个类别的特点（段瑞飞和朱建平，2005）。

假设观测变量 α 可以由几个不可观测的随机变量 F_1，F_2，K，F_n 表示：

$$\alpha_i = \beta_{i1} F_1 + \beta_{i2} F_2 + K \beta_{in} F_n + \varepsilon_i \tag{8-4}$$

式中，ε_i 为各对应变量 α_i 的特殊因子；β_{in} 为第 i 个变量在第 n 个因子的载荷。因子载荷矩阵的每行数值的平方之和表示相应因子的共同度。共同度越大，因子越可能反映对应的指标。一般来说，共同度大于0.4就认为因子能够较好地反映相应指标，小于0.4的因子则可以删除。观测变量的提取量都在0.647~0.878，说明因子提取的效果比较理想，可以较好地反映拟定指标（表8-10）。

表8-10　各观测变量共同度

显变量编号	Initial	Extraction
a1	1.000	0.764
a2	1.000	0.714
a3	1.000	0.669
a4	1.000	0.746
b1	1.000	0.740
b2	1.000	0.670
b3	1.000	0.858
b4	1.000	0.779
c1	1.000	0.878
c2	1.000	0.753
c3	1.000	0.648
c4	1.000	0.728
c5	1.000	0.647
d1	1.000	0.694
d2	1.000	0.731
d3	1.000	0.724
e1	1.000	0.836
e2	1.000	0.705

注：Initial 为提取因子前的各量的共同度；Extraction 为按特定条件（如特征值>1）提取公因子时的共同度；提取方法为主成分分析法

表 8-11 是利用主成分提取法，采取具有 Kaiser 标准化的正交旋转法，在 7 次迭代后收敛，剔除任意因子负荷小于 0.5 或者在多个因子上负荷大于 0.5 的因子得到的成分矩阵。在此基础上结合实际最终确定可持续休耕影响因素评价指标体系，并对各影响因素进行编号，用于构建结构方程模型（表 8-12）。

表 8-11　旋转后的成分矩阵[a]

序号	指标	成分					
		1	2	3	4	5	6
1	有补贴下休耕管护意愿	0.865	0.273	0.052	0.070	−0.070	−0.034
2	休耕信息公开度	0.839	0.072	0.097	0.093	0.043	0.042
3	休耕实施评价	0.731	0.349	0.087	0.202	0.146	−0.040
4	休耕的必要性	0.580	0.108	0.231	0.388	0.411	0.056
5	倾向休耕补偿方式	0.066	0.779	−0.171	−0.006	−0.063	−0.058
6	期望补贴标准	0.218	0.698	0.419	0.165	0.109	0.062
7	休耕政策满意程度	0.217	0.670	0.305	0.202	0.218	0.130
8	无补贴下休耕管护意愿	0.356	0.642	0.007	0.405	−0.045	−0.028
9	补贴发放是否及时	0.502	0.534	−0.073	−0.205	0.251	0.014
10	休耕期满后打算	0.001	0.066	0.899	0.145	−0.207	−0.044
11	平均地块等级	0.408	−0.066	0.642	0.007	0.424	0.125
12	地块距离家庭平均距离	0.081	0.084	0.635	0.105	0.489	0.05
13	家庭外出务工人员比	−0.065	0.333	0.078	0.784	0.086	−0.057
14	家庭人均纯收入	0.379	−0.130	0.123	0.690	0.093	0.096
15	家庭拥有耕地面积	0.367	0.397	0.253	0.500	0.362	0.049
16	地块距公路平均距离	0.049	0.080	−0.001	0.130	0.904	0.124
17	户主年龄	−0.105	0.033	0	−0.085	0.005	0.863
18	受教育程度	0.115	−0.009	0.042	0.116	0.146	0.815

a 7 次迭代收敛的旋转

表 8-12　可持续休耕影响因素评价指标体系

潜变量	显变量	解释	编号
农户家庭特征	户主年龄	1=30 岁及以下，2=31~40 岁，3=41~50 岁，4=51~60 岁，5=61 岁及以上	a1
	受教育程度	1=未受教育，2=小学，3=初中，4=高（职）中，5=大专及以上	a2
	家庭人均纯收入	将人均纯收入水平从低到高进行排列，最低收入（10%）=1；较低收入（20%）=2；中等收入（40%）=3；较高收入（20%）=4；最高收入（10%）=5	a3
	家庭外出务工人员比	家庭外出务工人数与家庭总人数的比值	a4
农户地块特征	家庭拥有耕地面积	<3 亩=1；3~6 亩=2；6~15 亩=3；15~45 亩=4；>45 亩=5	b1
	地块距家庭平均距离	将地块到家庭的平均距离从远到近排列，最远（10%）=1；较远（20%）=2；适中（40%）=3；较近（20%）=4；最近（10%）=5	b2
	地块距公路平均距离	将地块到公路的平均距离从远到近排列，最远（10%）=1；较远（20%）=2；适中（40%）=3；较近（20%）=4；最近（10%）=5	b3
	平均地块等级	一等地=5，二等地=4，三等地=3，四等地=2，五等地=1	b4
农户休耕意愿	休耕期满后打算	自己耕种=1；撂荒=2；继续休耕=3；其他=4	c1
	期望补贴标准	>400 元=5；200~400 元=4；100~200 元=3；0~100 元=2；0=1	c2
	补贴发放是否及时	不及时=1；一般=2；及时=3	c5
	休耕实施评价	1=不知道，2=非常差，3=不好，4=一般，5=好，6=非常好	c4
	倾向耕地补偿方式	1=实物补偿，2=货币补偿，3=技术补偿，4=金融贷款，5=其他	c3
农户政策认知	休耕政策满意度	1=非常不满意，2=不满意，3=一般，4=满意，5=非常满意	d1
	休耕信息公开度	1=完全未公开，2=信息较少，部分公开，3=信息完全公开	d2
	休耕的必要性	1=根本没必要，2=可有可无，3=有一定必要，4=非常有必要	d3

续表

潜变量	显变量	解释	编号
农户休耕 管护意愿	有补贴下休耕管护意愿	低休耕意愿，低管护意愿 = 1；低休耕意愿，高管护意愿或高休耕意愿，低管护意愿 = 2；高休耕意愿，高管护意愿 = 3	e1
	无补贴下休耕管护意愿	低休耕意愿，低管护意愿 = 1；低休耕意愿，高管护意愿或高休耕意愿，低管护意愿 = 2；高休耕意愿，高管护意愿 = 3	e2

8.4.2　验证性因子分析

8.4.2.1　结构方程路径图构建

基于上述影响因素，依据路径图中对不同变量与对应形状之间的规定，建立可持续休耕影响因素结构方程路径图，如图 8-4 所示。

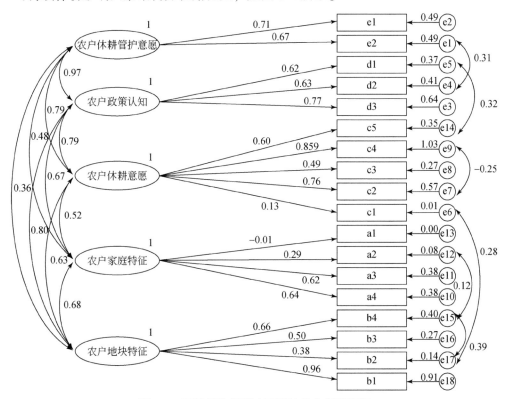

图 8-4　可持续休耕影响因素结构方程路径图

根据已经建立好的结构方程模型及其路径图，运用 AMOS 22.0 软件对其进行验证性因子分析。通过查看 Notes for Model 了解模型的基本信息，结果如图 8-5 所示。

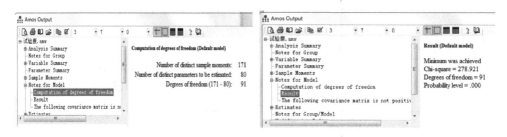

图 8-5　模型信息

导入经过数据检验的 339 份数据并运行 AMOS 22.0 软件，通过点击 View the output path diagram 查看参数估计结果图，得出路径系数未经标准化处理后的可持续休耕影响因素结构方程路径图（图 8-6）。

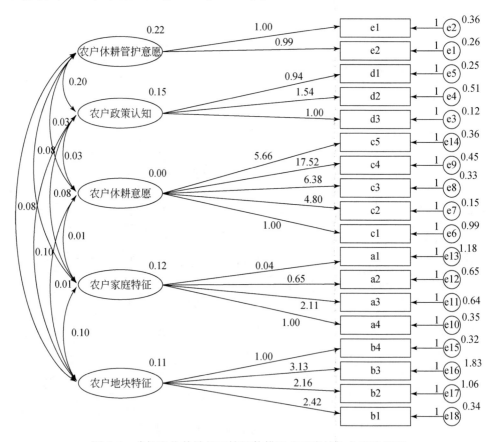

图 8-6　非标准化估计的可持续休耕影响因素结构方程路径图

图 8-6 中的路径系数因为依赖于有关变量的测量单位，未经标准化是不能直接使用的。只有通过标准化的路径系数才可以用来解释因子之间、因子与变量之间的关系，进而根据参数估计值得到哪种变量对因子的解释力最强，哪几个因子之间的关联性最强，从而为模型的实际应用提供有力的实证支持。

图 8-7 为参数标准化估计的可持续休耕影响因素结构方程路径图，各潜在变量间的参数表示潜在变量间的相关系数，各潜在变量与观测变量间的参数表示各观测变量在相应潜在变量上的因子负荷量。标准路径回归系数如表 8-13 所示。

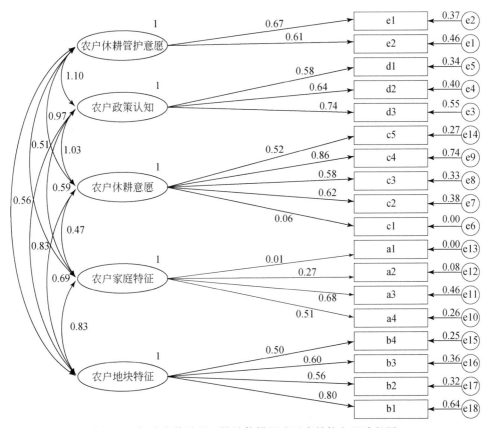

图 8-7 标准化估计的可持续休耕影响因素结构方程路径图

表 8-13 标准路径回归系数

显变量	潜变量	参数估计值
有补贴下休耕管护意愿	农户休耕管护意愿	0.675
无补贴下休耕管护意愿	农户休耕管护意愿	0.608

显变量	潜变量	参数估计值
休耕的必要性	农户政策认知	0.745
休耕信息公开度	农户政策认知	0.635
休耕政策满意程度	农户政策认知	0.580
休耕期满后打算	农户休耕意愿	0.064
期望补贴标准	农户休耕意愿	0.616
倾向休耕补偿方式	农户休耕意愿	0.578
休耕实施评价	农户休耕意愿	0.859
补贴发放是否及时	农户休耕意愿	0.518
家庭外出务工人员比	农户家庭特征	0.514
家庭人均纯收入	农户家庭特征	0.681
受教育程度	农户家庭特征	0.274
户主年龄	农户家庭特征	0.012
平均地块等级	农户地块特征	0.496
地块距公路平均距离	农户地块特征	0.601
地块距离家庭平均距离	农户地块特征	0.565
家庭拥有承包耕地面积	农户地块特征	0.802

从表8-13中可以得知所有观测变量在各维度上的负荷量大部分都在0.01~0.86，变量间相关性较好，其中"农户休耕管护意愿"维度上2个观测变量的因子负荷量分别是0.675和0.608；"农户政策认知"维度上3个观测变量的因子负荷量分别为0.580、0.635和0.745；"农户休耕意愿"维度上5个观测变量的因子负荷量分别为0.518、0.859、0.578、0.616和0.064；"农户家庭特征"维度上4个观测变量的因子负荷量分别为0.012、0.274、0.681和0.514；"农户地块特征"维度上4个观测变量的因子负荷量分别为0.496、0.601、0.565和0.802。

8.4.2.2 模型拟合度检验

拟合度检验是指理论结构模型与样本数据的拟合程度。不同类别的模型拟合指数从不同的方面对理论模型的拟合度进行度量，包括模型复杂性、样本大小、相对性与绝对性等。

（1）绝对拟合指数

绝对拟合指数是指将提前假设的模型与饱和模型（saturated model）进行比较得到的一个统计量。其中，饱和模型代表各观测变量间全部相关，可以 100% 反映数据的关系。常用的绝对拟合指数有：χ^2、χ^2/df、GFI（拟合优度指数）、RMSEA（近似误差均方根）、RMR（残差均方根）、SRMR（标准化残差均方根）、AGFI（调整的拟合优度指数）、CMIN/DF（卡方自由度地）。

（2）相对拟合指数

常用的相对拟合指数有：TLI（不规范拟合指数）、NFI（规范拟合指数）、IFI（递增拟合指数）、CFI（比较拟合指数）。

（3）简约拟合指数

简约拟合指数是将绝对拟合指数和相对拟合指数引入简约原则后产生的一种指数，为的是分辨复杂模型。就同一个拟合指数而言，如果两个模型指数相同，简约指数较低的为复杂模型。常用的简约拟合指数有：PGFI、PNFI 和 PCFI，界值均为 0.5，大于界值为拟合良好。

这里采用 CMIN/DF、GFI、RMSEA、AGFI、NFI、IFI、CFI、TLI、PNFI 和 PCFI 10 个指标来评价研究模型。利用 AMOS22.0 软件对图 8-5 中的初始模型进行模型参数拟合，拟合结果见表 8-14。

表 8-14　模型拟合指标

指数名称		评价标准	输出结果
绝对拟合指数	CMIN/DF	一般介于 1~3，认为模型拟合较好	5.608
	GFI	一般介于 0~1，>0.8 以上则认为模型拟合较好	0.794
	AGFI	一般介于 0~1，>0.8 以上则认为模型拟合较好	0.696
	RMSEA	一般<0.08，则认为模型拟合较好	0.094
相对拟合指数	NFI	一般介于 0~1，>0.8 以上则认为模型拟合较好	0.731
	TLI	>0.9，越接近 1 越好	0.677
	CFI	>0.9，越接近 1 越好	0.755
	IFI	>0.9，越接近 1 越好	0.758
简约拟合指数	PNFI	>0.5，则认为模型拟合较好	0.554
	PCFI	>0.5，则认为模型拟合较好	0.573

表 8-14 显示该模型 PNFI 和 PCFI 值分别为 0.554 和 0.573，均大于 0.5，但 CMIN/DF 值为 5.608>3，表明该模型的拟合优度不够。RMSEA = 0.094<1，但未小于 0.08 且 GFI、AGFI、NFI、TLI、CFI 和 IFI 均没有达到大于标准值 0.9。假设的理论模型不能配合数据，必须对其进行修正。

8.4.2.3 模型结构参数评价

模型结构参数指变量与变量之间的路径系数（或相关系数）。表 8-15 为初始模型的回归系数及其显著性检验表。如果 $t>1.95$，则 $p<0.05$；如果 $t>2.58$，则 $p<0.01$。＊表示 $p<0.05$，＊＊表示 $p<0.01$，＊＊＊表示 $p<0.001$，即在 0.001 水平上显著。从表 8-15 可以知道，农户休耕意愿和农户家庭特征均不具有显著性的影响，因此该模型需要修正。

表 8-15 初始模型的回归系数及其显著性检验

显变量	潜变量	参数估计值（Estimate）	标准误（SE）	临界比率（CR）	p	标注（Label）
有补贴下休耕管护意愿	农户休耕管护意愿	1				
无补贴下休耕管护意愿	农户休耕管护意愿	0.991	0.085	11.659	＊＊＊	par_1
休耕的必要性	农户政策认知	1				
休耕信息公开度	农户政策认知	1.543	0.129	11.961	＊＊＊	par_2
休耕政策满意程度	农户政策认知	0.937	0.085	11.024	＊＊＊	par_3
休耕期满后打算	农户休耕意愿	1				
期望补贴标准	农户休耕意愿	4.8	3.866	1.242	0.214	par_4
倾向休耕补偿方式	农户休耕意愿	6.381	5.248	1.216	0.224	par_5
休耕实施评价	农户休耕意愿	17.522	14.435	1.214	0.225	par_6
家庭外出务工人员比	农户家庭特征	1				
家庭人均纯收入	农户家庭特征	2.113	0.296	7.139	＊＊＊	par_7
受教育程度	农户家庭特征	0.654	0.162	4.037	＊＊＊	par_8
户主年龄	农户家庭特征	0.036	0.195	0.185	0.855	par_9
补贴发放是否及时	农户休耕意愿	5.665	4.815	1.177	0.239	par_10
平均地块等级	农户地块特征	1				
地块距公路平均距离	农户地块特征	3.131	0.357	8.770	＊＊＊	par_11
地块距离家庭平均距离	农户地块特征	2.16	0.27	8.000	＊＊＊	par_12
家庭拥有承包耕地面积	农户地块特征	2.421	0.257	9.420	＊＊＊	par_13

8.4.2.4　模型修正

AMOS 提供了两种模型修正指标，一是修正指数（MI），用于模型扩展；二是临界比率（CR），即回归系数的估计值除以它的标准误，用于模型限制。模型修正主要依据修正指数和临界比率的大小进行比较，但也要考虑修正时是否有理论根据。本研究采用的模型修正方法是改变修正指数，修正指数主要用于模型扩展，是指对于模型中某个受限制的参数，如果在模型中添加一条路径，整个模型修正后将会减少的最小卡方值。在运用修正指数时，原则上每次只修改一个参数，一般从最大值开始估算。实际情况中还需要考虑该参数的自由估计是否有理论依据。表 8-16 为初始模型修正指数表。

表 8-16　初始模型修正指数

不能解释的残差	潜变量/不能解释的残差	修正指数（MI）	参数的变化值（Par Change）
e17	农户休耕意愿	5.228	−0.005
e17	e18	4.072	−0.068
e16	农户地块特征	6.764	0.043
e16	农户休耕管护意愿	10.621	−0.07
e16	e17	8.126	0.201
e15	农户家庭特征	6.151	−0.026
e15	e18	9.619	−0.051
e15	e17	13.693	0.105
e14	e17	6.752	0.075
e14	e16	4.924	0.077
e12	农户家庭特征	4.277	−0.031
e12	e15	11.922	0.069
e10	e18	8.92	0.058
e10	e17	5.309	−0.076
e10	e15	12.968	−0.058
e10	e12	8.241	−0.067
e9	e17	6.654	−0.093
e8	农户地块特征	16.914	−0.025
e8	农户家庭特征	4.55	−0.02
e8	农户休耕意愿	12.972	0.003

续表

不能解释的残差	潜变量/不能解释的残差	修正指数（MI）	参数的变化值（Par Change）
e8	e16	13.104	-0.109
e8	e11	4.62	-0.047
e8	e9	6.957	0.037
e7	e9	6.399	-0.027
e6	农户地块特征	14.258	0.036
e6	e17	15.155	0.153
e6	e8	10.226	-0.055
e5	e17	12.139	0.085
e5	e16	5.432	0.069
e5	e15	9.422	-0.036
e5	e14	18.301	0.052
e5	e10	6.596	0.036
e5	e8	4.674	-0.023
e5	e6	13.682	0.06
e4	农户地块特征	5.654	-0.018
e4	农户休耕管护意愿	6.628	0.024
e4	e16	6.738	-0.1
e4	e10	4.127	-0.037
e3	e14	4.462	-0.018
e3	e9	4.206	0.021
e2	e7	4.12	0.017
e2	e6	4.702	-0.042
e2	e5	5.736	0.029
e1	e18	5.976	0.032
e1	e17	4.766	-0.049
e1	e16	7.566	-0.075
e1	e10	4.626	-0.028
e1	e5	5.716	-0.022
e1	e4	10.248	0.039

先对修正指数大于 7 的残差变量进行修正，运行模型初步检验修正效果，然后依次选取较大的参数继续修正。随着逐步修正，原先修正指数值较大的参数会发生改变，所以需要通过逐次修正相对最大值以便获得最大的改进。经过多次修正，修正指数均在 4 以下，相对之前的修正结果有了明显改善。此时，各拟合指标也基本达到要求，修正模型的拟合优度统计见表 8-17。

表 8-17　修正模型拟合指标

指数名称		输出结果	是否符合
绝对拟合指数	CMIN/DF	2.598	符合
	GFI	0.934	符合
	AGFI	0.869	符合
	RMSEA	0.069	符合
相对拟合指数	NFI	0.932	符合
	TLI	0.922	符合
	CFI	0.956	符合
	IFI	0.957	符合
简约拟合指数	PNFI	0.524	符合
	PCFI	0.537	符合

从表 8-17 可以看出，CMIN/DF = 2.598 已经小于 3，p 值 0.08 > 0.05，AGFI 大于 0.8，NFI、CFI 和 IFI 均大于 0.9，RMSEA = 0.069 < 0.08，所有指标较修正前均有所提高，表明修正后的模型比初始模型各项指标有所优化，模型拟合良好。该模型的设定是合理的，具有应用价值。

增加 6 条修正路径后，模型总体拟合良好，同时也得到修正后结构方程模型的路径系数图（图 8-8）和修正后的各路径回归系数表（表 8-18）。

表 8-18　修正后的各路径回归系数

显变量	潜变量	参数估计值
有补贴下休耕管护意愿	休耕管护意愿	0.712
无补贴下休耕管护意愿	休耕管护意愿	0.674
休耕的必要性	农户政策认知	0.773
休耕信息公开度	农户政策认知	0.631
休耕政策满意程度	农户政策认知	0.619
休耕期满后打算	农户休耕意愿	0.127
期望补贴标准	农户休耕意愿	0.762

续表

显变量	潜变量	参数估计值
倾向休耕补偿方式	农户休耕意愿	0.491
休耕实施评价	农户休耕意愿	0.859
家庭外出务工人员比	农户家庭特征	0.644
家庭人均纯收入	农户家庭特征	0.615
受教育程度	农户家庭特征	0.295
户主年龄	农户家庭特征	−0.012
补贴发放是否及时	农户休耕意愿	0.602
平均地块等级	农户地块特征	0.664
地块距公路平均距离	农户地块特征	0.496
地块距离家庭平均距离	农户地块特征	0.376
家庭拥有承包耕地面积	农户地块特征	0.96

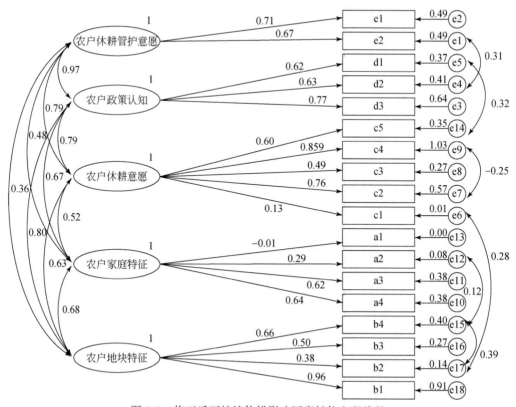

图 8-8　修正后可持续休耕影响因素结构方程路径

结构方程模型主要是为了揭示潜变量之间的结构关系，这些关系在模型中通过路径系数来表现。根据修正后可持续休耕影响因素结构方程路径图（图 8-8），可以得出各因子对可持续休耕的效应关系如表 8-19 所示，通过修正后的总效应表也可以直观反映各指标影响程度。

由表 8-18 可知，平均地块等级、家庭拥有承包耕地面积、家庭人均纯收入、家庭外出务工人员比、补贴发放是否及时、休耕实施评价、期望补贴标准、休耕政策的满意程度、休耕信息公开度、休耕的必要性和有补贴下的休耕及管护意愿、无补贴下的休耕及管护意愿的回归系数均大于 0.6，说明其影响较为显著。

表 8-19　模型各潜在变量总效应（标准化后结果）

变量	地块特征	农户家庭特征	农户认知	政策因素	休耕管护意愿
平均地块等级	0.664	0	0	0	0
地块距公路平均距离	0.496	0	0	0	0
地块距离家庭平均距离	0.376	0	0	0	0
家庭拥有承包耕地面积	0.96	0	0	0	0
补贴发放是否及时	0	0	0.602	0	0
户主年龄	0	−0.012	0	0	0
受教育程度	0	0.295	0	0	0
家庭人均纯收入	0	0.615	0	0	0
家庭外出务工人员比	0	0.644	0	0	0
休耕实施评价	0	0	0.859	0	0
倾向休耕补偿方式	0	0	0.491	0	0
期望补贴标准	0	0	0.762	0	0
休耕期满后打算	0	0	0.127	0	0
休耕政策满意程度	0	0	0	0.619	0
休耕信息公开度	0	0	0	0.631	0
休耕的必要性	0	0	0	0.773	0
无补贴下休耕管护意愿	0	0	0	0	0.674
有补贴下休耕管护意愿	0	0	0	0	0.712

8.4.3 模型检验结果分析

经过模型拟合度的分析和数据的效度信度检验，模型与数据拟合良好，数据具有较好的信度和效度，可持续休耕影响因素结构方程模型可以被接受。

根据模型系数估计结果可得如下结论：

1）在农户休耕管护意愿中，有补贴和无补贴的休耕及管护意愿的标准化路径系数分别为 0.712 和 0.674，表明两者均与休耕的可持续性呈正相关。在休耕的同时进行一定的补贴，可以很大程度上提高农户参与休耕的积极性，后期的管护意愿也会提高。无补贴的休耕及管护意愿的标准化路径系数相较于有补贴也很高，说明即使没有补贴，农户对休耕也依旧保持积极态度，愿意主动管护。这是因为环县耕地质量较低，大部分农户原本仅能通过耕地解决温饱问题，休耕既可以恢复当地的耕地质量，又可以进一步提高农户收入和生活水平，导致农户对其积极性和配合度都较高，更有利于休耕的社会可持续性和生态可持续性。当然适当的补贴更有利于保障休耕的正常运行，也有利于提高休耕政策执行效率。

2）在农户政策认知中，休耕信息公开度、休耕政策满意程度和休耕的必要性三项均与可持续性休耕呈正相关，三者的标准化路径系数分别为 0.631、0.619 和 0.773。在政策因素中，影响最大的是休耕的必要性，其次为休耕信息公开度和休耕政策的满意程度。这表明如果要推动休耕政策的可持续发展，必须要加强对休耕的宣传，村委会对休耕的宣传和讲解越充分，农户对其必要性认识越深，越能提高休耕及管护意愿。同时，休耕信息公开度和休耕政策的满意程度也不可忽视，农户掌握的休耕信息越充分，越有利于对政策的理解，对休耕政策的满意程度越高，越有利于提高休耕的社会可持续发展。

3）在农户休耕意愿中，休耕期满后打算、期望补贴标准、倾向休耕补偿方式、休耕实施评价和补贴发放是否及时与可持续性休耕呈正相关，其标准化路径系数分别为 0.127、0.762、0.491、0.859 和 0.602。休耕实施评价是农户认知中影响最大的因素，其次是期望补贴标准和补贴发放是否及时，最后是倾向休耕补偿方式和休耕期满后打算。这说明休耕实施效果的好坏是农户对休耕的最直观认知，只有在休耕推行过程中保证项目的顺利实施，才有利于后期进行管护以保证耕地质量的恢复，有利于休耕的生态可持续。同时政府要对休耕的期望补助和补贴发放时间足够重视，及时采纳农户意见，因地制宜开展多样化补偿方式，最大化地解决农户实际需求，这对推动休耕的经济可持续和社会可持续发展会起到重要作用。此外也要多注意农户倾向的休耕补偿方式和休耕后打算，以便及时制定适合的方案政策，合理解决农户的生计问题。

4）在农户家庭特征中，家庭外出务工人员比、家庭人均纯收入、受教育程度与可持续休耕呈正相关，标准化路径系数为 0.644、0.615、0.295。家庭外出务工人员比越大，说明家里外出务工人员越多，在农业生产中对劳动力投入要求越少，对耕地的依赖程度越低，农户越愿意配合休耕工作的开展。通过调研发现，环县耕地质量等级较低，农民从耕地中可获得的经济收益也较低，家庭人均纯收入大都来源于非农收入。家庭人均纯收入越多，农户越有能力获得其他生存和发展的资源和机会，对耕地需求越少，进而对休耕政策的认同度越高，更愿意休耕；受教育程度越高，对休耕知识接纳程度越高，越了解休耕的重要性，对耕地的保护意识越强，越有利于推动政策的可持续进行。户主年龄的标准化路径系数为-0.01，表明户主年龄与可持续休耕呈负相关。说明户主年龄越年轻，对外界知识的接受度越高，对休耕可持续的认同度也越高，同时年轻人也更愿意从事非农工作，更愿意通过休耕解放劳动力进而获取更多收入来源。在农户家庭特征中，家庭外出务工人员比和家庭人均纯收入对休耕可持续均有较大程度的影响。

5）在农户地块特征中，家庭拥有承包耕地面积的标准化路径系数为 0.96，远远大于其他影响因素，说明其对休耕可持续性有较大影响，农户拥有的承包耕地面积越多，越有利于休耕的可持续发展。这是由于环县耕地质量较差，且自然灾害频发，大部分农户从耕地中获取的经济收入低于休耕补贴，且休耕有利于耕地质量的恢复，拥有承包耕地面积越多，可能获得的休耕补贴越多，农户越愿意参加休耕及休耕地管护，越有利于休耕的生态可持续发展。平均地块等级、地块距公路平均距离、地块距离家庭平均距离的标准化路径系数分别为 0.66、0.50和0.38，均与可持续休耕呈正相关。土地地块等级越高，农户对土地的重视程度也越高，通过休耕可以提高耕地的质量，农户可获得的农业收入在休耕后也会有所增加，农户对休耕的推行也会越重视；地块距公路平均距离和地块距家庭平均距离越远，农户在生产过程中对其投入的成本可能越多，将这些土地休耕农户的生产成本节约也会越多，农户也更愿意参与休耕地管护工作，更有利于推动休耕的社会可持续和生态可持续发展。

8.5　本　章　小　结

8.5.1　主要结论

本章以可持续休耕为研究主题，运用外部性理论、公共产品理论和福利经济学理论界定了可持续休耕的内涵，以 2017 年甘肃省环县休耕农户的入户调查数据为基础，分析了甘肃省环县休耕的现状和农户对休耕政策的满意度，在此基础上构建了甘肃省环县可持续休耕影响因素指标体系，运用结构方程模型，从农户家庭特征、农户地块特征、农户休耕意愿等 5 个方面进行了实证研究，考察影响休耕可持续性的因素，得到了如下研究结论：

1）农户对休耕政策的满意度较高，且受多种因素影响。有 88.5% 的被调研农户对当前实施的休耕政策满意及非常满意。同时调研也发现农户家庭成员中是否有村干部、家庭年收入、休耕补偿标准满意度、对休耕的必要性认识程度、休耕政策的宣传情况和倾向的休耕补偿方式是影响农户休耕政策满意度的显著因素。家庭成员中有村干部的休耕农户对休耕政策的满意度高于无村干部的休耕农户；家庭年收入越高，对休耕政策的满意度越高；对休耕补偿标准的满意度越高，对休耕政策的满意度越高；农户对休耕的必要性认识越深，对休耕政策的满意度越高；休耕政策宣传越到位，农户对休耕政策的满意度越高；获得的休耕补偿越符合农户获偿形式倾向，农户对休耕政策的满意度越高。

2）可持续休耕受到多种因素的共同影响。选用结构方程模型对休耕的可持续性进行研究，并通过 SPSS 软件和 AMOS 运行结果对模型进行了修正，最终得到农户家庭特征、农户地块特征、农户休耕意愿、农户政策认知和农户休耕管护意愿这 5 方面均会对休耕的可持续性产生影响。在正负向影响方面，户主年龄对可持续休耕起负向作用，但影响较小；对休耕必要性的认识、休耕信息公开度、休耕政策满意程度、休耕期满后打算、期望补贴标准、倾向休耕补偿方式、休耕实施评价、家庭外出务工人员比、家庭人均纯收入、受教育程度、补贴发放是否及时、平均地块等级、地块距公路平均距离、地块距家庭平均距离和家庭拥有承包耕地面积起正向作用。其中家庭拥有承包耕地面积、休耕实施评价、对休耕必要性的认识、期望补贴标准和有补贴下的休耕管护意愿是影响休耕可持续发展的关键因素，标准化路径系数均大于 0.7；无补贴下的休耕及管护意愿、平均地块等级、家庭外出务工人员比、休耕信息公开度、家庭平均纯收入和补贴发放是否及时影响较为显著，标准化路径系数均在 0.6~0.7。

3）综合农户政策满意度和可持续休耕影响因素的研究，与补偿、政策和经济有关的因素影响都较为明显。与政策相关的指标中，休耕必要性、休耕信息公开度和休耕政策满意度均起到重要作用。在休耕推行过程中，农户对休耕信息的了解主要来源于当地政府，要重视休耕政策的宣传和公开度，提高农户对休耕政策的满意度；与补偿相关的影响因素为期望补贴标准、对休耕补偿标准的满意度和倾向补偿方式；土地是农户赖以生存的物质基础和主要经济来源，只有健全相关补偿机制，才能保证休耕的可持续实施；与经济相关的指标中，家庭年收入、家庭人均纯收入和家庭外出务工人员比影响较大，说明经济发展对可持续休耕影响起着至关重要的作用，在推行休耕的过程中，需要加快当地经济发展，完善相关制度建设。

4）采用修正后的结构方程模型构建可持续休耕影响指标体系具有可行性。为了使各指标和模型更加适配，对模型进行路径修正，并以实地调研和访谈所得数据进行实证验证，结果表明，经过修正后的模型相关适配度指标基本符合适配标准，说明所构建的可持续休耕影响因素模型具有合理性和可行性。

8.5.2　讨论

1）尽管有外部性理论和福利经济学作为理论基础，但是对休耕可持续性研究理论成果较少，模型的构建仅从上述理论中提取变量，可能造成部分指标分配不均。评价指标的选择也主要参考退耕还林可持续性的相关研究成果，因此，所构建的评价指标体系还有待不断完善。本研究仅从农户视角进行研究，而可持续休耕涉及多个视角，今后还需从更全面的角度去构建指标体系，从所要研究的问题和可获得的数据着手，设定观测变量，并诠释问题。

2）由于耕地休耕制度实施时间较短，且数据样本采集困难，指标中又包含了很多主观性问题，一定程度上影响了研究结论的可靠性，若是能够在休耕开展一定年限的基础上再进行研究，效果应该更佳。在未来的研究中，特别是数据处理与分析中，应增加数据样本量，尽可能涵盖各个年龄段人群对休耕的认知。由于甘肃省环县位置比较偏远，农户家中大多中青年外出打工，影响了调查范围的覆盖面，调查结果有一定片面性。另外，因本次调研时间较早，调研数据为 2017 年末数据，存在一定滞后性，可以在后续研究中进行追踪调查或者电话访问，及时更新信息，弥补数据时效性上的缺陷，以期更好地推动耕地休耕研究。

3）本研究建立了可持续休耕影响因素指标体系及相关结构方程模型，数据多基于主观问卷或量表收集而来，缺乏客观的测量工具与结果，主观性较强，指标选择不够全面，且仅在甘肃省环县开展了实证研究。在今后的研究中应纳入统计指标和更多非农特征等变量进一步测量影响休耕可持续性的变量，进行更多可能性的尝试，并以其他试点区域为实证建立相关休耕的可持续性影响因素指标体系，识别出休耕可持续影响因素的共性和特性，以期为国家制定差异化的政策提供决策参考。

4）关于休耕的可持续的实质或判断标准是农户休耕后的状态要优于休耕前的状态、休耕外部环境持续向好、休耕的机会成本持续低廉。本研究着重于农户视角，对政府层面等其他的可持续休耕影响因素，在今后的研究中应给予足够的重视。

参 考 文 献

陈胜可，刘荣.2015. SPSS 统计分析从入门到精通 ［M］. 3 版. 北京：清华大学出版社.

韩枫.2016. 草场生态保护对牧民生活的影响研究 ［D］. 北京：中国农业科学院.

胡欢，章锦河，刘泽华，等.2017. 国家公园游客旅游生态补偿支付意愿及影响因素研究——以黄山风景区为例 ［J］. 长江流域资源与环境，26（12）：2012-2022.

田家华，黄德林.2006. 公共管理学若干前沿问题研究 ［M］. 武汉：中国地质大学出版社.

王丽佳，刘兴元.2017. 牧民对草地生态补偿政策的满意度实证研究 ［J］. 生态学报，37（17）：5798-5806.

徐德信，后小仙，张庆满.2005. 政府经济学基础 ［M］. 北京：北京大学出版社.

杨先斌.2007. 退耕还林政策的可持续性研究 ［D］. 重庆：重庆大学.

殷瑞飞，朱建平.2005. 关于利用因子分析方法对变量分类的探讨 ［J］. 统计与决策，26（3）：20-21.

张宏军.2007. 西方外部性理论研究述评 ［J］. 经济问题，29（2）：14-16.

张文彤，董伟.2013. SPSS 统计分析高级教程 ［M］. 北京：高等教育出版社.

Buchanan J M. 1962. Externality ［J］. Economica, 29（116）：371-384.

Coase R H. 1960. The problem of social cost ［J］. Journal of Law and Economics, 3（1）：1-44.

Goldin K D. 1977. Equal access vs. Selective access：A critique of public goods theory ［J］. Public Choice, 29（1），53-71.

Musgrave R A. 1959. The Theory of Public Finance ［M］. New York：Mc Graw Hill.

第9章 主要结论、政策建议及研究展望

9.1 主要研究结论

9.1.1 休耕利益主体多样，利益诉求差异大，休耕需求强烈

中国休耕的利益主体分为确定型利益相关者（中央政府）、预期型利益相关者（地方政府和农民）和潜在型利益相关者（社会公众）三类。其中中央政府关注社会、生态、经济效益的协调，追求整体利益最大化；地方政府谋求公共利益与个人利益的协调，追求地方利益的最大化，同时保障地方经济、社会和生态的协调发展；休耕农民一方面希望获得足够的休耕补偿，另一方面希望通过职业技能培训等方式获取更多个人发展机会，最终实现个人利益最大化；社会公众期望享受耕地带来的粮食安全和社会稳定等公共利益，由于休耕政策并没有直接影响其经济利益，社会公众一般都积极支持政策实施，并起着重要的监督作用。

9.1.2 休耕区域农户生计脆弱性强，休耕从多个方面影响农户福利变化

1）休耕区域农户生计脆弱性指数总体不高，农户生计脆弱性较强。对云南石林及砚山等休耕试点区的研究表明，生计资本得分平均值为 1.12，说明多数受访农户生计资本具有一定积累，但现状并不容乐观；所面临的灾害和伤病状况等风险存在个体差异，部分农户生计现状不足以抵御大型的自然灾害。农户生计脆弱性指数最高值与最低值之差约为 2.7，说明农户生计状况户均差异较大，受休耕影响的程度也存在较大差异，因此，确定农户生计脆弱性的差异对分析休耕农户的福利变化具有重要价值。

2）休耕对于农户福利的影响并不局限于经济福利，在社会保障、心理状况等非经济福利方面也产生了不同程度的影响。由于生计脆弱性的差异，不同类型农户福利的整体状况及各项福利功能水平都存在较大差异。农户生计脆弱性越

低，整体福利水平越高，而农户生计脆弱性越高，其福利水平越低，农户间福利水平分化进一步加剧。

9.1.3 不同视角测算的休耕补偿标准不同，基于效用视角的休耕补偿标准研究适用性较强

1）构建效用函数进行测算，得到云南省石林县和砚山县农户参与休耕的最低受偿意愿为 17 597.4 元/hm²（1173.16 元/亩）。休耕受偿意愿受多种因素的共同作用，农户的生产特征是关键影响因素。具体而言，家庭户主的健康状况、家庭劳动力平均受教育年限、农户类型、耕地破碎度、作物投入产出比、意愿金额与农户休耕受偿意愿有着显著的正向相关关系；家庭规模、有效劳动力比以及人均耕地面积与农户休耕受偿意愿有着显著的负向相关关系；其中作物投入产出比过高是农户选择休耕最重要的原因，各项指标所涵盖的农户脆弱性是休耕受偿意愿强烈的根本原因。

2）运用倾向得分匹配法，综合横向社会性比较和纵向习惯性比较，测算休耕农户的家庭经济福利净效应。从农业收入指标来看，17 597.4 元/hm²（1173.16 元/亩）的休耕受偿意愿会使农业收入损失 5.76%，但休耕会释放部分劳动力转移到非农产业；从非农收入指标来看，经过倾向评分匹配法匹配后，非农收入提升了 17.22%，非农收入的提升幅度大于农业收入的损失幅度。因此，从总体上讲，农户的人均纯收入提升了 15.89%。根据判断标准，总体家庭经济福利水平变化幅度大于 10%，因此从效用理论视角测算得出的农户受偿意愿是科学合理的。

3）基于效用视角，从农户受偿意愿出发测算休耕补偿标准，能够满足休耕补偿需求，具有现实可行性。在休耕农户与参照组之间的横向社会性对比和纵向习惯性比较中，农户的效用最大化得到了验证。说明该效用水平影响下的农业行为是良性行为，对推动农户积极主动参与休耕项目，促进休耕政策的可持续运行有重要意义。因此，基于效用视角的休耕补偿标准可以作为确定云南省休耕试点区域休耕补偿标准的参考，通过效用函数所构建的补偿标准测算体系也可以在休耕区域推广。

9.1.4 农业劳动力休耕机会成本过低会降低休耕补偿效率，不利于休耕可持续发展

1）在休耕期内，农业劳动力与非农劳动力的机会成本存在明显区别，农业

劳动力休耕的机会成本为 443.2 元/亩，非农劳动力休耕的机会成本为 231.4 元/亩，两者均小于当前国家制定的 500 元/亩休耕补偿标准。

2）在劳动力转移补偿模式中，以 2016 年为基准年，随着研究区劳动力结构的变化，未来十年农业劳动力补偿总额将从基准年的 739.1 万元下降至 124.7 万元，非农劳动力补偿总额将从基准年的 794.5 万元增加到 1115.2 万元，休耕补偿总额将从基准年的 1533.6 万元下降至 1239.9 万元。

3）当前的休耕补偿不仅未能着重补贴到农业劳动力上，未能切实增加农业劳动力收入，发挥农业劳动力休耕的主导作用，反而拉大了农业劳动力与非农劳动力的收入差距，同时也增加了政府财政负担，使得休耕补偿效率较低。

9.1.5　休耕模式包括区域模式、技术模式和组织运行模式，模式选择应因地制宜

1）在生态严重退化地区，基本形成了以"休耕+培肥"为主的养地式休耕模式。无论是在西南石漠化地区还是在西北生态严重退化地区，均将"翻耕+播种管理+种植绿肥"作为休耕的主要技术路径，同时辅以调研谋划、组织推广、舆论宣传等一系列手段措施，有效保证了休耕制度的落地实施。

2）西南石漠化地区和西北生态严重退化地区两类试点区的休耕模式在实施过程、技术内容等方面存在一定差异。云南省（西南石漠化地区）针对当地耕地资源本底条件、劳动力状况、农业经济结构、人粮矛盾、石漠化程度等的差异状况，设计了"免耕净种绿肥""少耕肥豆轮作""免耕肥草间套种""免耕净种绿肥"四种耕地休耕培肥方式，而甘肃省（西北生态严重退化区）以"地力综合培肥与种植绿肥作物相结合"作为耕地休耕培肥的主要方式，但设置了差异化的绿肥种植顺序及对比试验，以选择休耕培肥效果最好的绿肥品种，探索最优的绿肥种植次序。

3）当前休耕试点主要存在区域选择主观性强、县级休耕配套资金缺口大、休耕补偿标准不稳定、休耕工作队伍建设偏薄弱等问题。未来有必要在休耕地的诊断与识别、休耕资金的来源与管理、休耕补偿标准与方式的优化、基层休耕管理队伍建设、休耕配套政策体系建设等方面加以优化，以推动休耕工作可持续开展。

9.1.6　可持续休耕是中国生态文明建设和"藏粮于地"战略的长远需求，但休耕的可持续性受到多方面因素影响

1）调研发现，88.5% 的农户对休耕政策持满意或非常满意的态度。农户对

休耕政策的满意度较高，受多种因素影响，其中农户家庭成员中是否有村干部、家庭年收入、休耕补偿标准满意度、对休耕的必要性认识程度、休耕政策的宣传情况和倾向的休耕补偿方式是影响农户对休耕政策满意度的重要因素。

2）休耕是否能够持续推进受到多种因素的共同影响，主要涉及农户家庭特征、农户地块特征、农户休耕意愿、农户政策认知和农户休耕管护意愿5方面。其中户主年龄对可持续休耕起负向作用，但影响较小；对休耕必要性的认识、休耕信息公开度、休耕政策满意程度、休耕期满后打算、期望补贴标准、倾向休耕补偿方式、休耕实施评价、家庭外出务工人员比、家庭人均纯收入、受教育程度、补贴发放是否及时、平均地块等级、地块距公路平均距离、地块距家庭平均距离和家庭拥有承包耕地面积起正向作用。此外，家庭拥有承包耕地面积、休耕实施评价、对休耕必要性的认识、期望补贴标准和有补贴下休耕管护意愿是影响休耕可持续发展的关键因素。

3）综合农户政策满意度和可持续休耕影响因素分析，与补偿、政策和经济有关的因素影响都较为明显。其中，与补偿相关的影响因素为期望补贴标准、对休耕补偿标准满意度和倾向补偿方式，土地是农户赖以生存的物质基础和主要经济来源，只有加强相关补偿机制建设，才能保证休耕的可持续实施；与政策相关的影响因素为休耕必要性、休耕信息公开度和休耕政策满意度。在休耕推行过程中，农户对休耕信息的了解主要来源于当地政府，要重视休耕政策的宣传和公开度，提高农户对休耕政策的满意度；与经济相关的指标中，家庭年收入、家庭人均纯收入和家庭外出务工人员比影响较大，说明经济发展对休耕可持续影响起到至关重要的作用，实行耕地休耕制度需要加强当地经济发展，完善相关制度作为保障。

9.2 政 策 建 议

9.2.1 加快构建具有中国特色的休耕制度体系

休耕是新时期促进中国土地可持续利用、农业可持续发展的一项制度安排。新时代的理论创新和现实国情为建立有中国特色的休耕制度提供了理论前提和现实基础。中国特色的轮作休耕制度以土地公有制和现有耕地保护制度为基础，未来应在现有耕地利用制度的基础上进行完善创新，加快构建具有中国特色的休耕制度体系，包括休耕法律法规制度、长期规划和短期计划相结合的休耕调控制度、与轮作休耕相配套的土地综合整治制度等。

（1）建立与现有耕地保护相兼容的休耕及其管理的法律法规制度

将休耕制度通过法律法规固定下来，提升轮作休耕的法律地位。第一，建立休耕相关法律法规体系，将休耕作为农业政策和土地管理政策的重要内容。2019 年 1 月 1 日起实施的《中华人民共和国土壤污染防治法》将"轮作休耕"写入了该法，要求"地方人民政府农业农村主管部门应当鼓励农业生产者采取有利于防治土壤污染的种养结合、轮作休耕等农业耕作措施""各级人民政府及其有关部门应当鼓励对严格管控类农用地采取调整种植结构、退耕还林还草、退耕还湿、轮作休耕、轮牧休牧等风险管控措施，并给予相应的政策支持"，轮作休耕制度的合法性得到确定。未来，应将轮作休耕纳入《中华人民共和国农业法》《中华人民共和国土地管理法》等法律法规的条文当中，形成轮作休耕的法律法规体系。第二，作为耕地保护制度新的重要组成部分，轮作休耕制度要与现有的土地产权制度、土地管理制度、退耕还林还草等制度相兼容、相衔接。中国实行耕地家庭承包经营制度，与私有制国家（地区）的土地制度和经营利用方式存在显著差异，因此，中国不能直接套用私有制国家（地区）农场实行休耕的经验和做法。土地承包经营权本身是一种不断发展完善的权益，且目前学术界对承包权、经营权的法律属性仍然存在较大分歧，这种分歧必然会传导到休耕的权利主体上，一些地方承包地的频繁调整会增加休耕制度的设计成本。休耕制度必须在已完成土地承包经营权确权登记的地区实施，否则，一旦承包经营使用主体发生变更，将会引起休耕相关权益纠纷。对已经发生土地流转的承包地实行休耕，法律应明确规定休耕的补偿主体、监督主体、实施主体等，以明确休耕补偿的归属。第三，逐步建立并完善与轮作休耕相配套的政策，如土地登记制、税收和信用制等，此外还有地方政府粮食生产目标的考核制度改革等也应与之相适应。

（2）建立长期规划和短期计划相结合的调控制度

法律法规确立下来后就要靠规划和计划来执行、实施，因此，需建立与法律法规相适应和相对应的规划、计划制度。第一，顺应土地行政管理体制改革由多部门分散管理走向集中统一管理的趋势，建议国家出台相关政策，由自然资源部和农业农村部统筹研究制定耕地轮作休耕专项规划或计划，明确轮作休耕耕地的规模、分布和时限，强化对轮作休耕定量、定位、定序的"三定"调控，并与土地整治规划和高标准农田建设规划等相衔接。第二，在中国，除退耕还林、还草等制度有较强的计划性外，民间的季休、年休都带有很强的自发性，撂荒、闲置、弃耕等又有很大的随意性。建议在种植结构调整、相关产业发展过程中，引入市场手段激励耕地承包、撂荒、闲置、弃耕的责任主体自觉参与休耕，将轮作休耕由消极应对转变为积极作为；强化国土空间规划和"用途管制"的法律效力，明确"撂荒、闲置、弃耕"的经济责任和法律责任，运用罚款、收回等手段约束责任主体，降低其随意性。第三，建议中央将轮作休耕规模的控制权下放到各省，由省级政府自行制定轮作休耕规模、时序安排和空间布局，既维持了中央对全国轮作休耕的管控力，又能调动地方的积极性，激发各地针对自身情况做出较为合理的休耕安排。第四，适度保持规划的弹性，建立与休耕地区粮食安全相挂钩的应急性复耕机制，如遇到民工大量返乡则允许改变时序和时长安排计划，灵活复耕。

（3）完善与轮作休耕相结合的耕地综合整治制度

轮作休耕和耕地综合治理都是"藏粮于地"战略的重要抓手。第一，建议在轮作休耕区域重点进行耕地综合治理，将轮作休耕区域作为耕地整治的重点区域。例如三峡库区、东北黑土地区、黄土高原区、南方红壤区、青藏高寒区等都是独特的地理单元，也是土地整治的重点、难点区域。未来随着中国轮作休耕制度逐步推广，耕地轮作休耕与土地治理协同推进的现实需求将愈发强烈，迫切需要根据各地理单元特殊的土地利用问题，探索耕地休养与土地治理协同推进的耦合机制，建立两者协同的耕地休养制度。第二，在微观项目配置方面，建议探索轮作休耕与耕地治理同时进行的协同机制。如在耕地轮作休耕期间同时进行农田基础设施建设，在高标准农田建设中协同安排轮作休耕。第三，建立区域差异化的轮作休耕与耕地治理模式。如地下水漏斗区应通过连续多年季节性休耕制度，实行最严格的地下水管理制度，探索"水票"制度、发展节水型农业等，形成地下水漏斗区休耕的优化模式；重金属污染区推行种植制度改革，并建立农产品质量安全制度；生态严重退化区建立耕地生态安全保护制度，实施生态式休耕。

（4）建立和完善休耕耕地的管理、保护和再利用制度

轮作休耕并非耕地利用的目的，而是耕地利用的手段，实行轮作休耕是以期未来土地利用获得更大的产出、更高的效益。因此，需要建立轮作休耕期间耕地的管理、保护和再利用制度，采取积极措施，加强对耕地的管理和保护，恢复和保持耕地的产能。休耕期间，休耕地应交由休耕主管部门统一管理。禁止轮作休耕地撂荒、非农化，不得在休耕地上种植主粮作物，只能用于休耕主管部门统一组织的耕地管护活动。建立完善处罚机制，对签订了轮作休耕协议却不履行轮作休耕责任的农户进行惩戒。要将休耕规模的扩大与耕地规模化利用有机结合起来，设法对轮作休耕土地进行整合利用，形成规模效应，与农业供给侧结构性改革、农业结构调整有效对接。

9.2.2 逐步完善休耕补偿机制，维护好农户生计权益

（1）科学制定休耕补偿标准，充分体现耕地综合价值

耕地除了具有经济功能外，还承担着社会保障功能。即使是经济功能，也不仅仅限于种植业本身，还有可能涉及养殖业等其他产业。因此，中国轮作休耕补偿应是对耕地生态功能、经济功能和社会功能的综合补偿，补偿方式的确定也应充分考虑轮作休耕地区的自然条件、经济社会状况。应全面分析休耕补偿所涉及的主体和对象，明确补偿影响因素，构建科学合理的休耕补偿估算体系。建议设置浮动的休耕补偿标准：河北省维持现有统一标准；甘肃省补偿标准下限为 3000 元/（hm²·a）[200 元/（亩·年）]，上限为 12 000 元/（hm²·a）[800 元/（亩·年）]；云南省补偿标准下限为 6750 元/（hm²·a）[450 元/（亩·年）]，上限为 16 500 元/（hm²·a）[1100 元/（亩·年）]。合理的补偿既能提高农户的休耕意愿，也能降低财政压力，有利于休耕制度的长期实施。

（2）建立差异化、复合化、动态化的休耕补偿机制

在休耕过程中要避免补偿"一刀切"，应确定差别化和多样化的补偿标准。可依据最新农用地分等定级成果及农户土地证的耕地等级登记情况，针对不同质量等别的耕地，实行补偿标准的适度差别化。除经济损失补偿外，还应该将绿色补偿、奖励性补偿以及技术指导纳入未来的补偿范围。绿色补偿是对主动实施绿色种植以促进耕地休养生息的农户予以技术指导或现金补贴；奖励性补偿是对休耕后主动采取农田生态环境保护措施行为的农户，以及主动进行水利整修、田间道维护等行为的农户提供现金奖励。同时，应促进单一经济补偿方式向复合化补偿方式转变，分解政府压力，发挥农户的主体作用。如充分发挥休耕补偿金的激励机制，探索将休耕补偿资金与"田园综合体"建设、农业产业化、土地整治等项目相结合，促进土地有序流转，促进一二三产业融合，创造更多就业机会，并实行农户经济补偿+就业指导的复合补偿，引导农业劳动力平稳有序转移。此外，休耕补偿标准还应实行动态化管理，制定休耕补偿标准调整周期，按期考察补偿标准影响因素，重新测算补偿标准并及时进行调整，保证补偿标准符合休耕区域社会经济的发展，符合休耕农户的基本利益。休耕补偿应反映土地的区位差异和物价上涨等因素，建议参照土地流转价格的一般做法，休耕补偿在基期标准基础上进行递增，以稳定农户预期。

（3）加强涉农项目和资金整合，拓宽补偿资金来源渠道

休耕试点县一般都是农业大县，以农业经济为主，县级财政十分有限，在休耕制度顶层设计中应考虑到基层政府的现实财政状况，配套相应的工作经费。要

建立由中央财政支付、地方财政配套的央地结合休耕补贴制度，形成中央与地方休耕财政合理分担机制。应加强休耕项目和资金与农业、自然资源、水利等部门项目和资金的整合力度，并将其与土地综合整治、中低产田改造、高标准农田建设、土壤培肥等项目相结合起来，统筹管理，协同推进。

9.2.3 建立和完善休耕组织保障机制和监测机制，促进可持续休耕

(1) 充实完善基层休耕组织机构，加强基层工作队伍建设

休耕工作的制度化、常态化、长期化需要组织保障和人才保障。休耕试点省、市、县均成立了相应的休耕试点领导小组和办公室，但组织实施工作具体落实到乡镇人民政府后，因人员不足、技术配备落后等原因，常常导致休耕政策落实不到位，地块落实不精准。在村民小组实施过程中，往往因利益冲突、家庭矛盾造成休耕工作进展受阻。村级组织机构较为薄弱，可考虑设立休耕委员会，成员包括所有参加休耕的农户。休耕委员会将休耕户组织起来，统一管理休耕地，在休耕实施过程中可以提前深入农户了解情况，宣传政策，化解矛盾，落实地块，确保休耕任务顺利落实。同时，加强耕地休耕技术服务和人员培训，加快专业化的休耕支农队伍建设。将休耕的部分工作，如土地深松、采样测试、田间管理等，通过政府购买公共服务的形式逐步转向市场化运作。此外，可以建立和科研院所、高等院校、企业的人员培训和技术咨询机制，抽调农业、土壤、遥感、测量等相关专业高校毕业生组建技术服务团队，进一步提升技术含量。

(2) 加快休耕监测体系建设，适时开展休耕制度运行绩效评估

休耕只是暂时不种植粮食作物，但休耕期间必须对耕地进行管理和保护，防止废耕或撂荒。在已有的休耕试点耕地质量监测指标基础上，增加水土流失、休耕地生物量、土壤结构和孔隙性、土壤水分、土壤质地等指标的监测，以期全面反应休耕对土壤理化性质的影响。逐步完善国家、省、市、县四级土壤环境监测网络，建立土壤环境数据库，实现土壤环境信息化、动态化管理。加强对农户休耕行为的监测，防止休耕地非农化，防止休耕户开发利用新的边际土地。加强对休耕地区人口流动、人地压力的监测，建立与休耕地区粮食安全相挂钩的复耕机制。以休耕片区为基本评价单元，在一个休耕周期结束后，由第三方开展包括地力提升、生态环境效益、经济效益和社会效益的休耕制度绩效综合评估。

(3) 逐步完善休耕政策体系，推动休耕工作可持续开展

耕地休耕目前正处于试点试行阶段，相关的政策体系需要逐步健全和完善。

建议进一步健全试点县区的县乡村三级联动机制，形成县区统筹、乡镇监管、村组落实的工作机制。完善建立耕地休耕监督监察政策、建档立卡政策、资金审计政策和遥感监测制度、动态巡视制度和效果评价制度"三政策、三制度"，从政策上确保精准试点、休耕效果及时反馈。同时，建议尽快建立第三方评估制度，对试点县区休耕成效进行科学评判，每年年底形成年度评价报告上报省市主管部门。休耕过程中，要及时认真总结做法和经验，列举典型事例，为全国其他地区耕地休耕体系的建立提供借鉴。在政策方面建议探索实施村组农户+合作社模式或休耕农户代表大会制度，由实施村组成立专业合作社，本村干部担任合作社负责人，社员广泛参与，负责本村组的休耕地块初步调查和耕作任务执行。

9.3 研究展望

本书围绕"耕地休耕的利益主体及其行为策略研究、休耕农户福利变化及补偿策略研究、差异化休耕模式研究、可持续休耕影响因素研究"等四个方面对中国实行耕地休耕的制度建设和制度实践进行了全面系统的研究。初步构建了适应中国小农经济和土地细碎化特征的耕地轮作休耕制度体系，包括基于主体行为特征的休耕利益主体识别及其博弈关系；基于休耕多维目标的"社会、经济、生态"三维目标休耕补偿体系；基于区域差异"休耕模式、休耕技术"体系等一系列现实问题，为中国实行耕地轮作休耕制度提供了重要的理论指导和技术支撑。但受研究时限较短、休耕试点时间不长、数据资料可获取程度有限等客观因素限制，仍存在一些不足之处，有待在未来进一步深化。主要表现在：

一是休耕补偿研究的对象有待深化。本研究只考虑休耕补偿主要的主体——农户。然而除农户外，国有农场、民营农业企业、村集体组织、农民专业化合作社也是重要的耕地经营主体。由于数据资料的缺乏，本研究没有涉及这些经营主体的利益诉求及补偿标准的分析。今后可对该四类经营主体深入调研，深化和细化对休耕补偿标准的研究，探讨适合中国国情且具地方特色的休耕补偿方案。

二是休耕试点时间较短，对农户生计脆弱性及其福利变化的研究还处于起始阶段。可在后期研究中将研究时间段延长，定期对受访农户进行回访和跟踪调查，对休耕一年、二年和三年后的农户生计资本数据进行对比，综合讨论休耕制度对农户生计脆弱性的长期影响。从而更加科学合理地把握休耕制度对农户福利的影响，制定更加合理的补偿策略。

三是探索动态优化休耕补偿标准区间。对于休耕农户的经济补偿标准目前只在理论层面探讨了补偿的下限，这是因为休耕经济补偿标准的制定要明确警戒线和临界点才能够预判制度运行的风险，以防患于未然，实际上是坚持底线思维。因此有必要在未来研究中系统考虑退耕还林还草、耕地保护以及休耕补偿之间的关系，除坚守补偿底线外，还应与退耕还林、耕地保护等政策实施的补偿标准相匹配、相协调，据此研究休耕补偿标准的区间范围，为休耕补偿政策的动态调整提供决策参考。